Springer-Lehrbuch

Harald Dyckhoff · Rainer Souren

Nachhaltige Unternehmensführung

Grundzüge industriellen Umweltmanagements

Mit 38 Abbildungen und 13 Tabellen

Professor Dr. Harald Dyckhoff
Lehrstuhl für Unternehmenstheorie
RWTH Aachen
Templergraben 64
52056 Aachen
lut@lut.rwth-aachen.de

Professor Dr. Rainer Souren
Fachgebiet Produktionswirtschaft und Industriebetriebslehre
TU Ilmenau
Helmholtzplatz 3
98693 Ilmenau
rainer.souren@tu-ilmenau.de

ISSN 0937-7433

ISBN 978-3-540-74052-0 Springer Berlin Heidelberg New York

Bibliografische Information der Deutschen Nationalbibliothek
Die Deutsche Nationalbibliothek verzeichnet diese Publikation in der Deutschen Nationalbibliografie; detaillierte bibliografische Daten sind im Internet über http://dnb.d-nb.de abrufbar.

Dieses Werk ist urheberrechtlich geschützt. Die dadurch begründeten Rechte, insbesondere die der Übersetzung, des Nachdrucks, des Vortrags, der Entnahme von Abbildungen und Tabellen, der Funksendung, der Mikroverfilmung oder der Vervielfältigung auf anderen Wegen und der Speicherung in Datenverarbeitungsanlagen, bleiben, auch bei nur auszugsweiser Verwertung, vorbehalten. Eine Vervielfältigung dieses Werkes oder von Teilen dieses Werkes ist auch im Einzelfall nur in den Grenzen der gesetzlichen Bestimmungen des Urheberrechtsgesetzes der Bundesrepublik Deutschland vom 9. September 1965 in der jeweils geltenden Fassung zulässig. Sie ist grundsätzlich vergütungspflichtig. Zuwiderhandlungen unterliegen den Strafbestimmungen des Urheberrechtsgesetzes.

Springer ist ein Unternehmen von Springer Science+Business Media

springer.de

© Springer-Verlag Berlin Heidelberg 2008

Die Wiedergabe von Gebrauchsnamen, Handelsnamen, Warenbezeichnungen usw. in diesem Werk berechtigt auch ohne besondere Kennzeichnung nicht zu der Annahme, dass solche Namen im Sinne der Warenzeichen- und Markenschutz-Gesetzgebung als frei zu betrachten wären und daher von jedermann benutzt werden dürften.

Herstellung: LE-TeX Jelonek, Schmidt & Vöckler GbR, Leipzig
Umschlaggestaltung: WMX Design GmbH, Heidelberg

SPIN 12098187   43/3180YL - 5 4 3 2 1 0   Gedruckt auf säurefreiem Papier

Vorwort

Nachhaltige Unternehmensführung ist für viele land- und forstwirtschaftliche Betriebe seit jeher Gang und Gäbe. Würde z. B. ein Forstbetrieb die Abholzungsquote seines Baumbestands nicht am Nachwachsen junger Bäume orientieren, könnte er langfristig nicht überleben. Je weiter sich Unternehmungen in ihrem Unternehmenszweck von natürlichen Prozessen entfernen, umso stärker gelangt das Postulat der Ressourcenschonung in Vergessenheit und die natürliche Umwelt wird gedankenlos als Aufnahmemedium für Abfälle missbraucht.

Es ist daher das Anliegen dieses Lehrbuchs, angehenden Managern die Notwendigkeit einer ökonomisch, ökologisch und sozial verträglichen Unternehmensführung zu vermitteln. Da ein ausgewogenes Verhältnis dieser drei Nachhaltigkeitsdimensionen oft mit Einschränkungen der (ökonomischen) Ertragskraft verbunden ist, sind Manager selten bereit, sich über das gesetzlich geforderte Maß hinaus umweltgerecht und sozialverträglich zu verhalten. Es ist unsere feste Überzeugung, dass die freiwillige Übernahme der gesellschaftlichen Verantwortung jedoch nicht nur mit ökonomischen Restriktionen verbunden ist, sondern, zumindest langfristig, auch ökonomische Erfolgspotenziale eröffnet.

Das vorliegende Lehrbuch soll den Leser mit den wesentlichen konzeptionellen Gedanken einer nachhaltigen Unternehmensführung vertraut machen. Während die grundlegenden moralischen Implikationen der hier vorgestellten Managementkonzeption sowohl auf die ökologische als auch die soziale Dimension abzielen, beschränkt sich die Darstellung betrieblicher Planungs- und Gestaltungsaspekte vornehmlich auf das *industrielle Umweltmanagement*. Neben der inhaltlichen Beschränkung auf grundsätzliche Fragestellungen des Umweltmanagements erleichtert die weitgehende Abkopplung von aktuellen, spezifisch deutschen Problemen und Rahmenbedingungen den Blick auf das Wesentliche.

Zielgruppe des Buches ist eine breite, akademisch interessierte Leserschaft ohne besondere wirtschaftswissenschaftliche Vorbildung. Als Grundlage dienen uns umfangreiche Erfahrungen, die wir seit 1994 vornehmlich in einer an der RWTH Aachen jährlich gehaltenen Vorlesung gesammelt haben, die von Hörern unterschiedlicher Studiengänge und Fakultäten besucht wird.

Bei der Erstellung des Lehrbuchs hat eine Reihe Mitarbeiter unserer beiden Lehrstühle mit hohem Engagement, großer Akribie und bewundernswertem Geschick mitgeholfen. Hier seien drei von ihnen genannt, die besonders zum Gelingen des Buchprojekts beigetragen haben. Unser Dank gilt Frau *Judith Flory*, Master in Economics (NL), für ihre unermüdliche Recherchetätigkeiten und zahlreiche inhaltliche Anregungen. Ferner schulden wir Frau Dipl.-Wirtsch.-Inf. *Manja Krümmer* und Frau Dipl.-Ing. Dipl.-Wirt.-Ing. *Sigrun Leipe* höchste Anerkennung. Sie haben am Ilmenauer Lehrstuhl die Hauptlast der redaktionellen Arbeit getragen und sich um die Verständlichkeit des Buches verdient gemacht. Ohne ihren fortwährenden Einsatz wäre aus dem ursprünglichen Typoskript und den wenig anschaulichen Skizzen kein derart ansprechendes Buch entstanden. Außerdem gebührt dem Springer-Verlag und hier besonders Frau Dr. *Martina Bihn* unser Dank für die fruchtbare Zusammenarbeit und die Aufnahme des Buches in die Lehrbuchreihe.

Aachen und Ilmenau, im Juli 2007　　　　　　　　　　　　Harald Dyckhoff

　　　　　　　　　　　　　　　　　　　　　　　　　　　Rainer Souren

Inhaltsübersicht

0   Einführung

1   Strukturierungskonzepte für das industrielle Umweltmanagement

Teil A: Rahmenbedingungen des Umweltmanagements

2   Die Natur als produktiver und begrenzender Faktor der Wirtschaft

3   Wirtschaften im Einklang mit den natürlichen Rahmenbedingungen

4   Wirtschaften im gesellschaftlichen Kontext

5   Staatliche Umweltschutzpolitik als Rahmenbedingung des Wirtschaftens

Teil B: Normatives und strategisches Umweltmanagement

6   Legalität und Legitimität der Unternehmenspolitik

7   Nachhaltige Unternehmenspolitik

8   Strategisches Umweltmanagement

Teil C: Umweltorientierung ausgewählter Managementfunktionen

9   Organisation des Umweltschutzes

10 Umweltorientiertes Personalmanagement

11 Ökocontrolling und betriebliches Stoffstrommanagement

Teil D: Umweltorientierung ausgewählter Wertschöpfungsfunktionen

12 Kreislaufgerechte Produktentwicklung

13 Umweltgerechte Produktion und Logistik

14 Umweltorientiertes Marketing

Anhang: Die Zukunft der Menschheit: Balance oder Zerstörung

Inhaltsverzeichnis

0	**Einführung** 1	
	0.1 Umweltschutz: Ein Thema für die Betriebswirtschaftslehre? 2	
	0.2 Thematisierung in der Betriebswirtschaftslehre 5	
	0.3 Zielsetzung und Aufbau des Buches 6	
	0.4 Weiterführende Literatur 9	

1 Strukturierungskonzepte für das industrielle Umweltmanagement 10

    1.1 Ein Analyserahmen für die nachhaltige Unternehmensführung 10
        1.1.1 Entwurf eines schlichten Weltbilds 10
        1.1.2 Systematisierung umweltwirtschaftlicher Forschungsrichtungen 15
    1.2 Managementebenen 17
    1.3 Determinanten menschlichen Verhaltens 19
        1.3.1 Ein einfaches Verhaltensmodell 19
        1.3.2 Umweltbewusstsein und umweltorientiertes Verhalten 22
    1.4 Weiterführende Literatur 24

Teil A: Rahmenbedingungen des Umweltmanagements

2 Die Natur als produktiver und begrenzender Faktor der Wirtschaft 26

    2.1 Energiebilanz der Erde 26
    2.2 Reichweite fossiler Energieträger 31
    2.3 Klimawandel der Erde 35
        2.3.1 Entwicklung der Erdoberflächentemperatur 35
        2.3.2 Ansatzpunkte für Einsparungen von Treibhausgasemissionen 38

2.4 Weiterführende Literatur 43

3 Wirtschaften im Einklang mit den natürlichen Rahmenbedingungen 45
3.1 Umweltschutz und Nachhaltigkeit 45
    3.1.1 Umweltschutz: Ein allgemeingültig kaum definierbarer Begriff 45
    3.1.2 Aspekte ökologisch nachhaltigen Wirtschaftens 48
3.2 Wirtschaften in Kreisläufen 53
    3.2.1 Stoffkreisläufe in Ökosystemen als Vorbild 53
    3.2.2 Ein vereinfachtes Modell des Wirtschaftskreislaufs ... 55
3.3 Weiterführende Literatur 60

4 Wirtschaften im gesellschaftlichen Kontext 62
4.1 Erklärungsansätze für unsoziales Verhalten 63
    4.1.1 Das Gefangenendilemma als spieltheoretischer Ausgangspunkt 63
    4.1.2 Externe Kosten und soziale Dilemmata 64
4.2 Ansätze zur Erreichung gesellschaftlich erwünschten Verhaltens 68
    4.2.1 Soziale Kooperation 68
    4.2.2 Verankerung moralischer Ansprüche in einer (öko-) sozialen Marktwirtschaft 71
4.3 Weiterführende Literatur 73

5 Staatliche Umweltschutzpolitik als Rahmenbedingung des Wirtschaftens 74
5.1 Gestaltungsformen staatlicher Umweltschutzpolitik 75
    5.1.1 Handlungsprinzipien und Instrumente des Staates 75
    5.1.2 Effizienzvergleich von Auflagen und Abgaben 79
    5.1.3 Kooperation zwischen Staat und Unternehmungen 83
5.2 Zentrale Inhalte des Kreislaufwirtschafts- und Abfallgesetzes 87
5.3 Weiterführende Literatur 89

Teil B: Normatives und strategisches Umweltmanagement

6 Legalität und Legitimität der Unternehmenspolitik 92

    6.1   Verankerung der Nachhaltigkeit im normativen Management 93

            6.1.1   Gegenstand und Optionen der Unternehmenspolitik .. 93

            6.1.2   Nachhaltigkeit in Unternehmensleitbildern 95

    6.2   Rationalität illegaler Unternehmenspolitik? 100

            6.2.1   Ein kurzsichtiges Entscheidungskalkül 100

            6.2.2   Abwägung innerhalb eines größeren Entscheidungskontextes 103

    6.3   Weiterführende Literatur 104

7 Nachhaltige Unternehmenspolitik 105

    7.1   Auseinandersetzung mit moralischen Ansprüchen 106

            7.1.1   Unternehmensethischer Entscheidungsprozess 106

            7.1.2   Fallbeispiel „Brent Spar" 109

    7.2   Umsetzung offensiver Umweltschutzpolitik 111

            7.2.1   Potenzielle Defizite bei der Umsetzung nachhaltiger Wertvorstellungen 111

            7.2.2   Umweltmanagementsystem nach ISO 14001 112

    7.3   Weiterführende Literatur 114

8 Strategisches Umweltmanagement 116

    8.1   Typen nachhaltigkeitsorientierter Unternehmensstrategien ... 117

    8.2   Aufgaben und Dimensionen des strategischen Umweltmanagements 123

            8.2.1   Umfeldanalyse 123

            8.2.2   Entwicklung von Strukturen und Verhaltensweisen im Rahmen verschiedener Managementfunktionen .. 125

            8.2.3   Umsetzung strategischer Vorgaben im taktischen Umweltmanagement 128

    8.3   Weiterführende Literatur 130

Teil C: Umweltorientierung ausgewählter Managementfunktionen

9 Organisation des Umweltschutzes 134

    9.1 Organisatorische Verantwortung für den Umweltschutz 135

    9.2 Organisatorische Verankerung der Umweltschutzstrategie ... 137

        9.2.1 Outputorientierte Organisationsgestaltung 137

        9.2.2 Außengerichtete Erweiterungen einer verwertungsorientierten Organisationsgestaltung..... 139

        9.2.3 Innengerichtete Erweiterungen einer prozessorientierten Organisationsgestaltung............ 140

        9.2.4 Komplexe Umgestaltung durch eine zyklusorientierte Organisationsgestaltung 141

    9.3 Weiterführende Literatur.. 143

10 Umweltorientiertes Personalmanagement......................... 144

    10.1 Personalplanung 145

        10.1.1 Personalbedarfsplanung 145

        10.1.2 Personalbeschaffungs- und -freisetzungsplanung..... 146

        10.1.3 Personalausbildungs- und -entwicklungsplanung..... 147

        10.1.4 Personaleinsatzplanung... 148

    10.2 Personalführung und Mitarbeitermotivation 149

        10.2.1 Umweltorientierung betrieblicher Anreizsysteme 150

        10.2.2 Konzepte zur Motivation unterschiedlicher Mitarbeitertypen.. 152

    10.3 Weiterführende Literatur.. 155

11 Ökocontrolling und betriebliches Stoffstrommanagement 157

    11.1 Aufgaben und Aufgabenträger des Ökocontrollings.............. 157

        11.1.1 Zum Verhältnis von (Öko-) Controlling und (Umwelt-) Management.. 157

        11.1.2 Rollenkonflikte zwischen Controllern und Umweltmanagern 160

11.2 Instrumente des Ökocontrollings... 163
    11.2.1 Erhebungs-, Darstellungs- und Analyseinstrumente. 163
    11.2.2 Die Ökobilanzierung als ein umfassendes Instrument 167
11.3 Stoffstromanalyse und -management 169
    11.3.1 Management innerbetrieblicher Materialflüsse......... 169
    11.3.2 Stoffstromanalyse auf Basis von Petri-Netzen.......... 171
11.4 Weiterführende Literatur.. 176

Teil D: Umweltorientierung ausgewählter Wertschöpfungsfunktionen

12 Kreislaufgerechte Produktentwicklung...........................178

12.1 Verankerung des Umweltschutzes in der Produktentwicklung 178
    12.1.1 Nachhaltige Unternehmenspolitik und Produktentstehung.. 178
    12.1.2 Systematisierung kreislaufgerechter Produkt- und Servicekonzepte 181
12.2 Vermeidungsorientierte Produktnutzungskonzepte................ 183
    12.2.1 LPNI-Klassifikation 183
    12.2.2 Kapazitätswirtschaftliche Überlegungen zur umweltfreundlichen Produktnutzung........................ 186
    12.2.3 Möglichkeiten und Grenzen...................................... 190
12.3 Recyclinggerechte Produktkonzepte 192
12.4 Weiterführende Literatur.. 194

13 Umweltgerechte Produktion und Logistik 195

13.1 Kuppelproduktion als ökologischer Regelfall........................ 195
13.2 Einfluss von Umweltschutzvorgaben auf Produktionsentscheidungen.. 198
    13.2.1 Gesetzliche Rahmenbedingungen und generelle Reaktionsmöglichkeiten.. 198
    13.2.2 Exemplarische Darstellung produktionswirtschaftlicher Anpassungsmaßnahmen.................. 200

13.3 Umweltorientierung logistischer Entscheidungen 203
    13.3.1 Ziele und Kennzahlen des Logistikmanagements 203
    13.3.2 Transportmittelwahl 206
    13.3.3 Festlegung der Distributionsstruktur 207
    13.3.4 Liefermengenplanung 209
13.4 Weiterführende Literatur 211

14 Umweltorientiertes Marketing 213

14.1 Ableitung umweltorientierter Marketingziele 213
    14.1.1 Umweltschutz im Zielsystem des Marketings 213
    14.1.2 Umweltorientierung des Kaufentscheidungsprozesses 215
14.2 Umweltorientierte Marketingstrategien 218
    14.2.1 Marktbezug: Marktbearbeitungsstrategien 218
    14.2.2 Konkurrenzbezug: Wettbewerbsstrategien 221
    14.2.3 Zeitbezug: Timingstrategien 222
14.3 Umweltorientierte Marketinginstrumente 222
    14.3.1 Gestaltung anzubietender Leistungen 223
    14.3.2 Gestaltung erwarteter Gegenleistungen 224
    14.3.3 Marktkommunikation 226
14.4 Weiterführende Literatur 228

Anhang: Die Zukunft der Menschheit: Balance oder Zerstörung
(von Franz J. Radermacher) 229

A.1 Weltweite Problemlagen: Szenarien und deren Auswirkungen 230
    A.1.1 Business as usual: Kollaps 231
    A.1.2 Brasilianisierung: Öko-diktatorische (ressourcendiktatorische) Sicherheitsregime 232
    A.1.3 Öko-soziale Marktwirtschaft 233
A.2 Aktuelle Probleme europäischer Politik: Die Bedeutung eines situativen Vorgehens (Doppelstrategie) 233
A.3 Was macht ein Land reich? 235

A.4 Ein Programm für einen neuen Anfang 236
A.5 Weiterführende Literatur 238

Literaturverzeichnis 241

Stichwortverzeichnis 251

0 Einführung

Nachhaltiges Wirtschaften ist erst seit dem Ende der 1980er Jahren zu einem von der breiteren Öffentlichkeit wahrgenommenen Thema geworden. Es wird meistens mit einem auf den Schutz der natürlichen Umwelt ausgerichteten Verhalten verbunden. Auch das vorliegende Lehrbuch ist in diesem Sinne auf die *ökologische Nachhaltigkeit* fokussiert, speziell auf die Frage, wie Unternehmungen nachhaltig geführt werden können. So gesehen geht es um das *betriebliche Umweltmanagement*. Eine rein umweltorientierte Unternehmensführung ist aber in einer Marktwirtschaft aus Wettbewerbsgründen nicht realisierbar, nicht einmal sinnvoll. Nachhaltigkeit umfasst nämlich neben der ökologischen auch eine soziale sowie eine ökonomische Dimension.

Die soziale Dimension kommt unmittelbar in der Forderung zum Ausdruck, „die Bedürfnisse der Gegenwart zu befriedigen, ohne die Möglichkeiten zukünftiger Generationen zu beschneiden, ihre eigenen Bedürfnisse zu befriedigen" (wie es 1987 in dem Bericht „Our Common Future" der Weltkommission für Umwelt und Entwicklung der Vereinten Nationen WCED formuliert worden ist). Der Aspekt der ökonomischen Nachhaltigkeit ist dagegen Hauptgegenstand der allgemeinen betriebswirtschaftlichen Literatur zur Führung von Unternehmungen, welche normalerweise auf eine längere Lebensdauer angelegt sind. Wenn auch das betriebliche Umweltmanagement der Industriebetriebe im Fokus steht, werden hier insoweit wesentliche Aspekte der sozialen und ökonomischen Nachhaltigkeit sowie damit zusammenhängende ethische Fragen mitbehandelt, wie es für das grundlegende Verständnis einer (insgesamt) nachhaltigen Unternehmensführung notwendig ist.

Industriebetriebe sind dadurch gekennzeichnet, dass sie große Mengen gleichartiger (Sach- und/oder Dienst-) Leistungen pro Zeitabschnitt erbringen, typischerweise in räumlich zentrierten Stätten, die Fabriken genannt werden. Dies hat regelmäßig eine starke Maschinisierung bzw. Technisierung zur Folge, verbunden mit einer umfangreichen Standardisierung der Prozesse. Diese Merkmale industrieller Prozesse bedingen hohe, insbesondere lokale Umweltbelastungen, welche die Natur nicht einfach verkraftet. Die Industrialisierung umfasst dabei nicht nur die Erzeugung von Sachgütern sondern auch viele moderne Formen der Dienstleistungsproduktion sowie der Entsorgung.

Eine Einführung in den Gegenstandsbereich sowie die Darlegung der Zielsetzung und des Aufbaus des Buches sollen dem Leser zunächst einen Überblick verschaffen, bevor in den nachfolgenden Lektionen die *Grundzüge des industriellen Umweltmanagements* entwickelt werden. Ein zentrales Anliegen dieser Lektion ist es zu verdeutlichen, warum sich Studierende wirtschaftswissenschaftlicher Studiengänge überhaupt mit ökologischer Nachhaltigkeit beschäftigen sollten. Denn mancher Leser wird sich wohl zunächst fragen: Ist Umweltschutz nicht eher etwas, womit sich Naturwissenschaftler und Ingenieure auseinandersetzen? Und stehen sich Ökonomie und Ökologie trotz ihrer begrifflichen Verwandtschaft nicht eher entgegen? Muss sich ein Wirtschaftsmanager also überhaupt mit Fragen des Umweltschutzes befassen?

Der erste Abschnitt dieser Lektion begründet die Relevanz des Umweltmanagements, indem er der Frage nachgeht, warum Umweltschutz ein Thema für die Betriebswirtschaftslehre ist. Abschnitt 0.2 zeichnet dann grob die Entwicklung des Umweltmanagements als Teil der Betriebswirtschaftslehre nach. Abschnitt 0.3 skizziert schließlich den Aufbau des Buches.

0.1 Umweltschutz: Ein Thema für die Betriebswirtschaftslehre?

Will man die Frage nach dem Verhältnis von Umweltschutz und *Betriebswirtschaftslehre* (BWL) beantworten, so ist zunächst zu klären, was man unter BWL versteht. Denn abhängig vom Verständnis des Fachs ergeben sich unterschiedliche Konsequenzen für den Stellenwert, den der Umweltschutz einnimmt. Erfahrungsobjekt der BWL ist der Betrieb, worunter nicht nur private Betriebe (Unternehmungen) sondern auch öffentliche Betriebe (z. B. Krankenhäuser oder Müllverbrennungsanlagen) fallen.

Ein heutzutage weit verbreitetes Verständnis sieht in der BWL eine *Managementlehre*, d. h. eine Lehre von der Betriebs- bzw. Unternehmensführung. Eine solche Führungslehre braucht Kenntnisse unterschiedlicher Art, neben kaufmännischen Fähigkeiten also z. B. auch technischen Sachverstand, Kenntnisse über Recht und Politik sowie die Befähigung zur Mitarbeiterführung. So verstanden ist BWL weniger als Wissenschaft denn als Kunstlehre zu verstehen, die eine enge Verzahnung mit anderen Wissenschaftsgebieten aufweist. Diese beeinflussen dementsprechend mehr oder minder die BWL bzw. spezielle Teilgebiete, so z. B.:

- die Rechtswissenschaften das externe Rechnungswesen, die Steuerlehre und die Produktentwicklung
- die Psychologie und Soziologie das Marketing sowie die Organisationslehre und Personalwirtschaft
- die diversen Ingenieurwissenschaften das Technologie- und Innovationsmanagement sowie die Produktionswirtschaft und Logistik.

Eine derart interdisziplinär ausgerichtete BWL muss sich immer dann mit Fragestellungen des Umweltschutzes auseinandersetzen, wenn benachbarte Disziplinen dies tun und ein Einfluss auf die Unternehmensführung besteht. So interessieren Veränderungen des Umweltbewusstseins der Bevölkerung nicht nur Psychologen und Soziologen, sondern auch das Marketing und die Personalführung einer Unternehmung. Gleichsam erfordern erhöhte Schadstoffemissionen nicht nur legislatives Handeln des Staates, sondern zwingen Unternehmungen oft zu Umstellungen von Produktkonzepten, Produktionsverfahren und Distributionsstrukturen.

Einem derart weiten Verständnis von BWL als einer interdisziplinären, angewandten Managementwissenschaft steht eine engere Sichtweise entgegen, wonach BWL als *Einzelwirtschaftslehre* lediglich auf wirtschaftliche Aspekte des menschlichen Handelns abstellt. Als ein Hauptvertreter einer solch engen Sichtweise stellt Dieter Schneider (1993, S. 26) fest: „Eine so verstandene Betriebswirtschaftslehre untersucht menschliches Handeln in beliebigen Gemeinschaften (Organisationen) nur unter *einer von mehreren beobachtbaren Folgen*: dem Einkommensaspekt". Unternehmungen werden diesbezüglich in erster Linie gegründet, um Einkommensunsicherheiten einzelner Individuen zu verringern. Das Einkommen der Unternehmung bezeichnet Schneider (1993, S. 5) als Gewinn. Bei dieser engen Sichtweise ist demnach für die BWL als Fundamentalziel nur die Gewinnerzielung relevant. Umweltschutz um seiner selbst willen spielt dagegen keine Rolle.

Ein Einfluss des Umweltschutzes auf den Gewinn (und damit auch auf die Unternehmensführung) lässt sich allerdings heutzutage für nahezu alle Unternehmungen konstatieren. Bei Entsorgungsbetrieben und Herstellern von Umweltschutzgütern ergibt sich dieser Zusammenhang direkt aus dem Unternehmenszweck. Aber auch die meisten anderen Erbringer von Sach- und Dienstleistungen werden in vielfältiger Weise in ihrer Gewinnerzielung durch den Umweltschutz tangiert, so etwa, wenn durch Gesetze neue Grenzwerte für Schadstoffemissionen festgelegt oder bestimmte Einsatzstoffe schlichtweg verboten werden.

Festzuhalten bleibt somit, dass *Umweltschutz unabhängig vom Verständnis des Fachs ein Thema für die BWL sein sollte*. Dies gilt im Übrigen mehr noch für die Ausbildung (d. h. die Lehre) als für die Forschung. Denn während sich Forschungsanstrengungen häufig auf das ureigene Fach konzentrieren, setzt die Berufsbefähigung eher eine umfassende interdisziplinäre Managementlehre voraus.

In welcher Form und in welchem Umfang eine derartige umweltbezogene Ausbildung an Universitäten erfolgen sollte, kann dabei nicht abschließend beantwortet werden. Ein möglicher Weg wäre die organische Integration spezifischer Aspekte in einzelne Teilgebiete der BWL, wobei spezielle Betriebswirtschaftslehren wie die Produktionswirtschaft, das Marketing oder das Technologie- und Innovationsmanagement einer umfassenderen Ergänzung bedürfen als etwa die Finanzwirtschaft oder die Steuerlehre. Als zweite Alternative wird an einigen Universitäten, wenn auch in abnehmendem Maße, sogar eine eigenständige spezielle Vertiefungsrichtung Umweltmanagement angeboten. Die damit verbundene umfassende Beschäftigung mit umweltwirtschaftlichen Fragestellungen ist grundsätzlich zu begrüßen. Im Gegensatz zu natur- und ingenieurwissenschaftlichen Absolventen scheinen für wirtschaftswissenschaftliche Absolventen allerdings nur wenige spezialisierte Berufsfelder vorhanden zu sein, für die eine derart ausgerichtete Ausbildung vonnöten ist.

Das bedeutet jedoch nicht, dass umweltrelevante Kenntnisse und Fähigkeiten von Unternehmungen auf dem Arbeitsmarkt nicht honoriert werden. So zeigt etwa eine bereits Mitte der 1990er Jahre in der Wochenzeitung DIE ZEIT veröffentlichte Stellenanzeige der Unternehmensberatung McKinsey die hohe Relevanz umweltrelevanter Kompetenz:

> „[...] Der schwierige Übergang unserer hochkomplexen Industriegesellschaft in ein ökologisch ausbalanciertes, leistungsfähiges Wirtschaftssystem ist eine gewaltige Aufgabe, die uns in den kommenden Jahrzehnten in Atem halten wird. [...] Das Unternehmensmanagement der Zukunft ist auch Umwelt-Management [...] Als führende Managementberatung kann sich McKinsey nicht damit zufrieden geben, lediglich mit dieser Entwicklung Schritt zu halten. Wir werden sie vielmehr mit allem Nachdruck vorantreiben. [...] Wenn Sie sich durch die oben beschriebenen Aufgaben ebenso herausgefordert fühlen wie wir [...], würden wir gerne mit Ihnen ins Gespräch kommen. [...]"

Wichtiger als vertiefte Kenntnisse spezieller umweltrelevanter Sachverhalte sind für wirtschaftswissenschaftliche Absolventen ein solides Verständnis grundlegender Zusammenhänge sowie die Aufgeschlossenheit gegenüber umweltrelevanten Themen. Eine kompakte, breit angelegte und in sich schlüssige Integration des Umweltschutzes in die (allgemeine) BWL erscheint deshalb als dritte Form der universitären Vermittlung umweltrelevanter Aspekte zweckmäßig und besonders lohnend. Diese Integration liegt auch der Konzeption dieses Lehrbuchs zugrunde.

0.2 Thematisierung in der Betriebswirtschaftslehre

Als wissenschaftliche Disziplin ist das Umweltmanagement im Vergleich zu anderen betriebswirtschaftlichen Teildisziplinen (z. B. Rechnungswesen, Produktionswirtschaft, Marketing) ein noch sehr junges Lehr- und Forschungsfeld. Das verwundert nicht, ist doch der Umweltschutz an sich erst seit den 1970er Jahren zu einem beachteten gesellschaftlichen Phänomen gereift. Auslöser dafür waren u. a. die Ölkrise im Jahr 1973 sowie der damals erschienene und viel beachtete Bericht über die *„Grenzen des Wachstums"* (Meadows et al. 1972). Hierin wurde erstmals aufgezeigt, dass eine Vielzahl der Ressourcen unserer Erde bei unveränderten Verhaltensweisen und in die Zukunft extrapolierten Verbräuchen spätestens im Jahr 2100 oder sogar schon früher aufgebraucht sein würde.

Zu den Reaktionen auf die sich entwickelnde Umweltschutzdebatte gehörten dann auch erste betriebswirtschaftliche Beiträge. Abgesehen von diesen wenigen Pionierarbeiten (in Deutschland ist hier v. a. das Buch „Umwelt und Betriebswirtschaft" von Strebel aus dem Jahre 1980 zu nennen) beschäftigen sich betriebswirtschaftliche Wissenschaftler allerdings erst seit der zweiten Hälfte der 1980er Jahre verstärkt mit der Umweltschutzthematik. Zu den sich dann schlagartig ausweitenden Aktivitäten zählen neben zahlreichen Publikationen:

- das Erscheinen spezialisierter Zeitschriften (z. B. UmweltWirtschaftsForum und Greener Management International)
- eine Vielzahl an Tagungen und Konferenzen zu Themen des Umweltmanagements
- die Gründung spezieller Arbeitskreise, Vereine, Kommissionen (so etwa eine eigenständige Kommission Umweltwirtschaft im Verband der Hochschullehrer für Betriebswirtschaft im Jahr 1990)
- die Einführung der schon erwähnten speziellen Studienrichtungen und -schwerpunkte
- die Umwidmung bzw. Neuausschreibung spezieller Professuren und Lehrstühle.

Zweifelsohne war das Umweltmanagement in den 1990er Jahren zeitweise ein Modethema, an dem das Interesse seitdem wieder stark nachgelassen hat. Vergleicht man die zeitliche Entwicklung der Bedeutung, die dem Umweltschutz in der Gesellschaft zuteil geworden ist, so lässt sich diese rückläufige Tendenz durchaus begründen. Andere Themen, wie die Strukturprobleme aufgrund der Globalisierung und Automatisierung sowie die hohe Arbeitslosenquote, rückten in den Vordergrund.

Unabhängig von solchen Schwankungen der die Bevölkerung bewegenden Themen erscheint die Beschäftigung der BWL mit Umweltfragen jedoch unzweifelhaft auch in Zukunft faktische Relevanz zu haben. Unternehmungen sehen sich heutzutage nämlich einer Vielzahl gesellschaftlicher Anforderungen bezüglich des Umweltschutzes gegenüber. Selbst wenn Unternehmungen ausschließlich auf Gewinnerzielung ausgerichtet sind, zwingen sie die zahlreichen gesetzlichen Bestimmungen zu einem umfassenden Umweltmanagement. Überdies deuten viele Entwicklungen darauf hin, dass die Umweltprobleme in Zukunft eher noch zunehmen. Ein die Umweltschutzthematik völlig negierendes Management wird deshalb in Zukunft kaum Chancen haben, sich zu behaupten. Die in letzter Zeit zu beobachtende verstärkte Beachtung der Nachhaltigkeitsproblematik durch führende Global Player deutet darauf hin, dass die Zeichen der Zukunft bereits von einigen Unternehmenslenkern erkannt worden sind.

0.3 Zielsetzung und Aufbau des Buches

Ziel des Lehrbuchs ist es, dem Leser grundlegende konzeptionelle Überlegungen zur nachhaltigen Unternehmensführung zu vermitteln und ihm damit einen groben Einblick in die Thematik des betrieblichen Umweltmanagements unter besonderer Betonung der Industriebetriebe zu gewähren. Das Buch soll in erster Linie verdeutlichen, wie Manager prinzipiell den nachhaltigkeitsorientierten Forderungen ihrer Anspruchsgruppen begegnen können. Da es dem Verständnis der Autoren entspricht, dass eine nachhaltige Unternehmensführung langfristig auch ökonomischen Erfolg bedingt, legt das Buch in weiten Teilen eine nachhaltige Einstellung des Managements zugrunde. Gleichwohl werden an verschiedenen Stellen auch andere Optionen der Unternehmensführung und des Umweltmanagements angesprochen, die sich aus dem Blickwinkel der Nachhaltigkeit und des Umweltschutzes eher als reaktiv oder gar negativ kennzeichnen lassen.

Obwohl sich betriebswirtschaftliche Forscher erst seit zwei Jahrzehnten intensiv mit umweltwirtschaftlichen Fragestellungen auseinandersetzen, ist die Vielfalt an gewonnenen Erkenntnissen derart umfangreich, dass ein einführendes Lehrbuch eine Auswahl treffen muss. Das Buch verfolgt hierbei eine allgemeine Konzeption und geht bewusst nur auf einige besonders wichtige Themen von grundsätzlicher, dauerhafter Bedeutung ein. Spezifische Gesetzestexte oder Instrumente werden nur dann explizit angesprochen, wenn sie für das Verständnis der allgemeinen Konzeption essenziell erscheinen und so die Zusammenhänge illustrieren helfen. Gleichsam werden aktuelle umweltpolitische Entwicklungen nur am Rande nachgezeichnet. Wegen der Vielzahl der hier in den letzten Jahren zu beobachtenden und in der nahen Zukunft prognostizierbaren Neuerungen würden die Inhalte dieses Buches sonst höchstwahrscheinlich schnell veralten. Die grundsätzliche Konzeption des hier vermittelten Umweltmanagements soll dagegen bewusst *nachhaltig* sein.

Die Lektionen 2 bis 14 des Buches sind zu vier übergeordneten Teilen A bis D zusammengefasst. *Lektion 1* ist diesen Teilen vorangestellt, da sie einen strukturellen Rahmen für das betriebliche Umweltmanagement zur Verfügung stellt, der Typen und Ebenen menschlicher und unternehmerischer Handlungen systematisiert und damit eine gedankliche Einordnung nachfolgender Überlegungen erleichtern soll.

Im *Teil A* des Buches werden ausführlich die zentralen Rahmenbedingungen ökologisch nachhaltiger Unternehmensführung vorgestellt. *Lektion 2* möchte zunächst ein Bewusstsein für die weltweit drängendsten Umweltprobleme schaffen. Darauf aufbauend werden in *Lektion 3* grundsätzliche Leitideen einer nachhaltigen Wirtschaftsweise skizziert. Die Übertragbarkeit der Prinzipien natürlicher Kreisläufe auf den Wirtschaftskreislauf stellt dabei einen zentralen Aspekt dar. Während *Lektion 4* anschließend den gesellschaftlichen Kontext beschreibt, in dem insbesondere die Verankerung moralischer Ansprüche in der Rahmenordnung notwendig erscheint, gibt *Lektion 5* die wesentlichen Aspekte der staatlichen Umweltschutzpolitik wieder. Neben grundsätzlichen Gestaltungsoptionen werden die Kerngedanken des Kreislaufwirtschafts- und Abfallgesetzes als einer besonderen deutschen gesetzlichen Regelung im Bereich Umweltschutz skizziert.

Teil B beschäftigt sich dann mit den grundlegenden normativen und strategischen Aspekten des betrieblichen Umweltmanagements. *Lektion 6* geht zunächst der Frage nach, wie sich nachhaltige Wertvorstellungen in der Unternehmenspolitik verankern lassen und inwiefern die Option einer offensiven Umweltschutzpolitik rational begründbar ist. *Lektion 7* verdeutlicht darauf aufbauend, welche Anforderungen eine nachhaltige, offensive Umweltschutzpolitik für das Management mit sich bringt und wie die Forderungen der verschiedenen Anspruchsgruppen in die unternehmensethischen Entscheidungen Eingang finden. *Lektion 8* konkretisiert schließlich aus dem Blickwinkel von Industriebetrieben, wie sich die normative Grundsatzentscheidung zur Berücksichtigung des Umweltschutzes durch eine entsprechende strategische Ausrichtung der Gesamtunternehmung umsetzen lässt.

Teil C behandelt die Berücksichtigung des Umweltschutzes in ausgewählten Managementfunktionen. Ausgehend von der strategischen Ausrichtung der Unternehmung werden in *Lektion 9* zunächst Optionen zur Organisation des Umweltschutzes vorgestellt. *Lektion 10* befasst sich anschließend mit der Frage, wie die organisatorische Verankerung des Umweltschutzes auch personalwirtschaftlich umgesetzt werden kann. Dabei wird auch der Frage nachgegangen, wie Mitarbeiter zu nachhaltigem Verhalten motiviert werden können. In *Lektion 11* werden schließlich Aufgaben und Instrumente des Ökocontrollings behandelt. Neben der Ökobilanzierung als Instrument zur ökologischen Produkt- und Verfahrensbewertung wird mit dem betrieblichen Stoffstrommanagement ein konzeptioneller Rahmen präsentiert, der es erlaubt, die innerbetrieblichen Materialflüsse umweltfreundlich zu gestalten.

Im *Teil D* wird die Umweltorientierung jener Unternehmensfunktionen näher betrachtet, die unmittelbar mit den unternehmerischen Wertschöpfungsprozessen verbunden sind. *Lektion 12* geht zunächst der Frage nach, wie sich Produkte kreislaufgerecht entwickeln lassen. Einen Schwerpunkt der Überlegungen bilden dabei die sog. vermeidungsorientierten Produktnutzungskonzepte, die auf eine umwelteffiziente Nutzung der Produkte beim Konsumenten abzielen. *Lektion 13* behandelt dann mit der Produktion und Logistik jene unternehmerischen Wertschöpfungsprozesse, bei denen auf dem Wege der Versorgung der Gesellschaft mit Gütern (supply chain) unmittelbar Umweltschädigungen in Form von Abfallstoffen und Emissionen entstehen. Dabei wird verdeutlicht, in welcher Weise ihre Entstehung an die Herstellung und Distribution der Produkte gekoppelt ist und wie sich umweltfreundliche Produktions- und Logistiksysteme gestalten lassen. *Lektion 14* befasst sich mit Fragen des nachhaltigen Marketings. Ausgehend von der Erklärung des umweltorientierten Kaufverhaltens werden zunächst umweltorientierte Marketingziele abgeleitet. Daran anschließend wird analysiert, wie sich diese Ziele durch die Verfolgung umweltorientierter Marketingstrategien und den Einsatz umweltorientierter Marketinginstrumente erreichen lassen.

Der *Anhang* beinhaltet einen kurzen, auf vertiefende Quellen hinweisenden Beitrag von Franz Josef Radermacher über die Initiative für einen Global Marshall Plan. Er enthält konkret formulierte Zielsetzungen zur Erstellung eines verbesserten und verbindlichen globalen Rahmenwerks für die Welt, das die Wirtschaft mit Umwelt, Gesellschaft und Kultur in Einklang bringt. Auf den Global Marshall Plan wird im Lehrbuch zwar nicht explizit Bezug genommen. Er ist nach der festen Auffassung der Autoren jedoch für das Verständnis der Nachhaltigkeit und die Zukunft der Menschheit von eminenter Bedeutung und demgemäß als nachhaltige Lektüre für Manager essenziell.

Neben dieser Ergänzung enthält das Lehrbuch zum Abschluss jeder Lektion Hinweise zum weiterführenden Literaturstudium, die sich insbesondere auf deutschsprachige Monographien und Übersichtsartikel zu den einzelnen Themen beziehen. Hierdurch soll der Leser in die Lage versetzt werden, die in diesem Buch bewusst kurz und prägnant dargestellten Aspekte punktuell zu vertiefen. Im Text sind überdies in kleinerem Schriftgrad eigene Ergänzungen eingefügt, die eine kritische(re) Einordnung der Aspekte ermöglichen oder zusätzliche Informationen bereitstellen sollen. Für das Verständnis der Zusammenhänge kann der Leser allerdings auf die Lektüre dieser Einschübe verzichten.

0.4 Weiterführende Literatur

Das Pionierwerk von Heinz Strebel (1980) über „Umwelt und Betriebswirtschaft" ist auch heute noch in weiten Teilen aktuell. In den 1990er Jahren entstand eine Vielzahl meist praxisorientierter Bücher (z. B. Breidenbach 1999, Wicke et al. 1992). Für die akademische Lehre gedacht sind die Werke von Burschel/Losen/Wiendl (2004), Dyckhoff (2000), Freimann (1996), Haasis (1996), Meffert/Kirchgeorg (1998), Müller-Christ (2001) und Wagner (1997).

Einen kompakten Überblick über das betriebliche Umweltmanagement, wie es hier behandelt wird, gibt die Lektion I von Dyckhoff (2000). Einige Teile dieses Lehrbuchs werden in Dyckhoff (2000) ausführlicher behandelt, so etwa diese einführende Lektion 0 in der dortigen Lektion II, die wiederum auf Dyckhoff (1995) beruht.

1 Strukturierungskonzepte für das industrielle Umweltmanagement

Auf Basis eines schlichten Abbilds des Wirtschaftssystems wird in dieser Lektion ein allgemeiner Bezugsrahmen für die nachhaltige Unternehmensführung entwickelt, in den sich verschiedene Strömungen des industriellen bzw. allgemein des betrieblichen Umweltmanagements einordnen lassen.

Abschnitt 1.1 skizziert dazu zunächst ein Wirtschaftssystem in seinen Grundzügen. Kernelemente sind die Akteure (Individuen und Unternehmungen) und die von ihnen durchgeführten wirtschaftlichen Aktivitäten (Transformationen und Transaktionen), die sich in mehreren Dimensionen (materiell, informationell, wertgeladen) offenbaren können. Anhand verschiedener Teilsichten erlaubt das Modell die Fokussierung auf bestimmte Perspektiven, wie sie in den nachfolgenden Lektionen oftmals bewusst eingenommen werden, um bestimmte Aspekte besser hervortreten zu lassen. Ein solcher Blickwinkel ermöglicht die (vertikale) Aufspaltung der Unternehmensführung bzw. des Umweltmanagements in verschiedene Ebenen (Abschnitt 1.2), wie sie insbesondere zur Strukturierung von Teil B des Buchs verwendet wird. Während damit ein Einblick in die hierarchischen Strukturen von Unternehmungen gegeben wird, präsentiert Abschnitt 1.3 ein Grundmodell zur Erklärung des Verhaltens von Individuen, das als Basis verhaltenswissenschaftlicher Analysen in diesem Buch herangezogen wird.

1.1 Ein Analyserahmen für die nachhaltige Unternehmensführung

1.1.1 Entwurf eines schlichten Weltbilds

Grob vereinfacht lässt sich ein Wirtschaftssystem durch die Aktivitäten bzw. das Verhalten der in ihm wirtschaftenden Subjekte (Akteure) sowie die Beziehungen zwischen den Akteuren kennzeichnen. Zu den betrachteten Akteuren können dabei neben Individuen auch Organisationen (wie Unternehmungen) gezählt werden. Die Aktivitäten der Wirtschaftssubjekte im Wirtschaftssystem sind mannigfaltiger Art; sie sollen hier vereinfachend in nur zwei Kategorien unterschieden werden: Transformationen und Interaktionen.

Mit *Transformationen* sind solche Aktivitäten gemeint, die durch eine quantitative, qualitative, räumliche oder zeitliche Veränderung von (Wirtschafts-) Objekten gekennzeichnet sind. Aus Inputobjekten entstehen durch Transformationsprozesse Outputobjekte. Hierzu zählen neben Produktionsprozessen zur Herstellung von Gütern auch materielle Entsorgungsvorgänge, wie etwa die Müllverbrennung oder die Demontage von Altautos. Logistische Prozesse, wie Transport, Lagerung, Sortierung, Sammlung und Umschlag von Gütern oder Abfällen stellen ebenfalls Transformationen dar; als raum-zeitliche Prozesse werden sie oft auch als Transfer bezeichnet. Und auch der Konsum ist eine Transformation, in der Konsumenten aus dem Ge- oder Verbrauch von Gütern einen unmittelbaren Nutzen ziehen.

Wirtschaftlich relevante Transformationen finden regelmäßig im Verfügungsbereich eines einzelnen Akteurs statt. Dagegen sind für *Interaktionen* die Beziehungen zwischen mindestens zwei Akteuren kennzeichnend. Ökonomisch besonders relevante Interaktionen sind *Transaktionen*, bei denen Leistungen zwischen Akteuren ausgetauscht werden. Eine Transaktion ist mithin als Übergang eines (materiellen oder immateriellen) Objekts zwischen zwei Verfügungsbereichen gekennzeichnet; sie geschieht quasi ohne qualitative und räumliche Veränderung des Objekts in einer unendlich kleinen Zeiteinheit. Hierzu zählen etwa der Kauf von Gütern (Austausch zwischen Händlern und Konsumenten) oder die Übergabe von Abfallstoffen im Rahmen der Hausmüllentsorgung (Austausch zwischen Konsumenten und Entsorgungsbetrieben).

Wirtschaftliche Aktivitäten beruhen physisch auf Stoffwechsel und Energieumwandlungen und sind somit für den Umweltschutz per se relevant. Sie haben allerdings in der Regel nicht nur Auswirkungen auf der *materiellen Ebene*. Auf einer *Informationsebene* werden gleichsam Informationen zwischen Akteuren ausgetauscht (Transaktion) und von den Wirtschaftseinheiten verarbeitet (Transformation). Informationen werden hier als wertneutrale Darstellungen eines Sachverhaltes verstanden. Sie bilden ihrerseits eine unverzichtbare Grundlage für die *Wertebene*, auf der Wertvorstellungen entstehen (Transformation) bzw. zwischen Akteuren ausgetauscht, d. h. kommuniziert werden (Transaktion). Unter Werte fallen hier u. a. alle Bedürfnisse, Motive, Interessen, Einstellungen, Normen, Rechte oder Pflichten eines Akteurs.

Abbildung 1-1 visualisiert die verschiedenen Aktivitäten und Dimensionen eines Wirtschaftssystems. Ein einzelner Akteur wird dabei als eine auf zwei Dimensionen projizierte Pyramide dargestellt, die gemäß der Aktivitätsdimensionen (materiell, informationell, wertgeladen) in drei Ebenen unterteilt ist. Überdies verdeutlicht die Abbildung 1-1 die Transformation von Input in Output bei einem Akteur sowie die Transaktion zwischen dem Akteur und einem (schematisch dargestellten) weiteren Akteur. Wie die hinein- und herauslaufenden Pfeile andeuten, stehen die beiden Akteure nicht nur untereinander in Verbindung, sondern tauschen auch mit anderen – hier nicht explizit gezeigten – Wirtschaftssubjekten materielle Objekte sowie wertneutrale und wertgeladene Informationen aus.

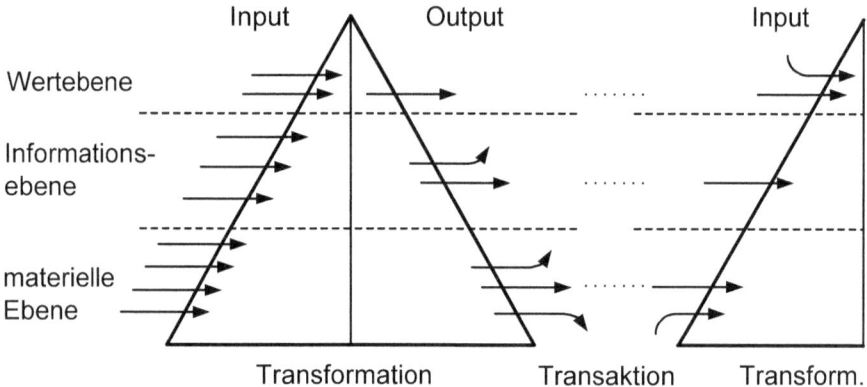

Abb. 1-1: Wirtschaftseinheit innerhalb eines Wirtschaftssystems (nach Dyckhoff 1998, S. 76)

Durch die Austauschvorgänge entsteht ein Netzwerk verschiedener Akteure. In Abbildung 1-2 wird ein solches Netzwerk beispielartig von sieben miteinander verbundenen Akteuren gebildet, die in der Draufsicht auf das Wirtschaftssystem als zweidimensionale Rauten dargestellt sind. Transformationsbezogen lassen sich für jeden Akteur zwei Input- und zwei Outputseiten identifizieren. Auf den Inputseiten werden Stoffe, Energie, Informationen und Werte empfangen, auf den Outputseiten dagegen abgegeben. In Flussrichtung sind jeweils eine linke und eine rechte Input- bzw. Outputseite der Pyramide unterscheidbar. Die nicht schattierten Seiten betreffen die Beziehungen zwischen den Einheiten innerhalb des Wirtschaftssystems (i. d. R. Transaktionen); die schattierten Seiten kennzeichnen demgegenüber die Beziehungen zu den Umsystemen des Wirtschaftssystems. Zu den für das Umweltmanagement besonders relevanten Umsystemen zählt insbesondere die Ökosphäre. Die ein- und ausfließenden Pfeile stellen dann die Aneignung von Stoffen, Energie und Informationen aus der Natur bzw. umgekehrt ihre Überlassung an die Natur dar.

Strukturierungskonzepte für das industrielle Umweltmanagement

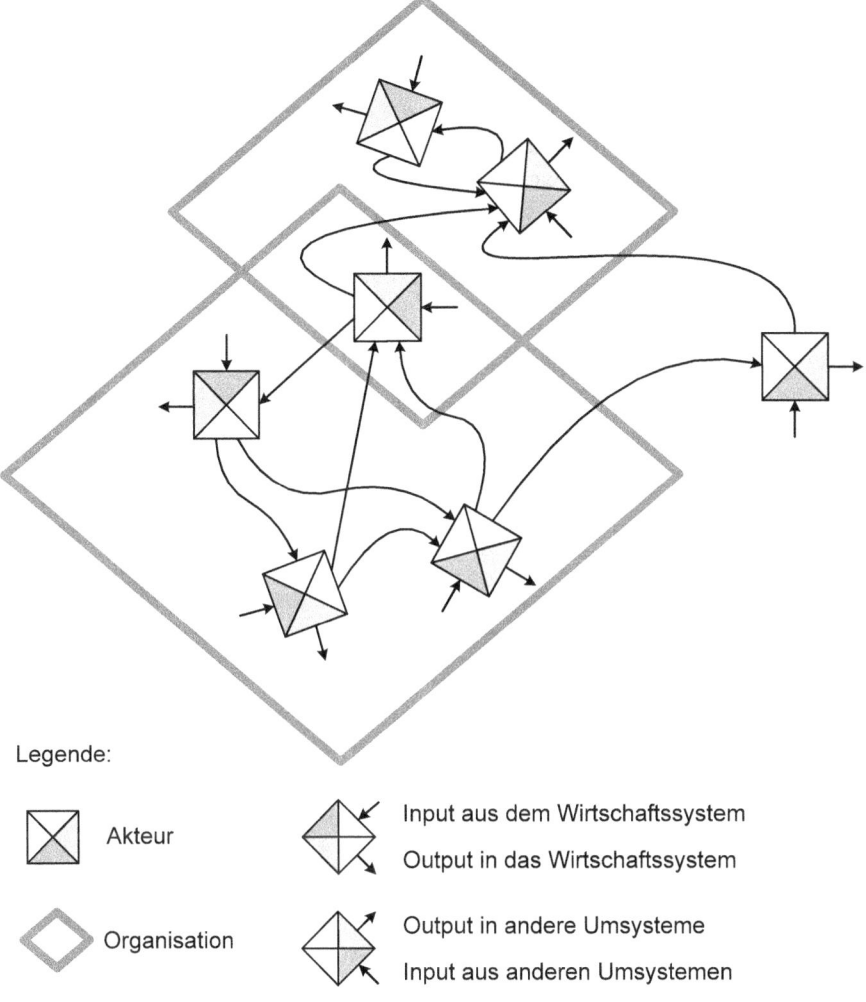

Abb. 1-2: Interaktionen zwischen Wirtschaftseinheiten und mit Umsystemen (nach Dyckhoff 1998, S. 81)

Im Rahmen ihrer Interaktions- bzw. Transaktionsbeziehungen gehen einzelne Akteure in der Realität häufig engere, langfristige Bindungen ein, was sich ökonomisch insbesondere durch mögliche Einsparungen von Transaktionskosten begründen lässt. Sie wachsen dann zu einer größeren Wirtschaftseinheit (Organisation) zusammen, die nach außen als einzelner Akteur auftritt. In Abbildung 1-2 sind zwei solche Organisationen ebenfalls in Gestalt von Rauten skizziert. Dabei wird deutlich, dass ein und dieselbe Einheit je nach Bindungsart verschiedenen übergeordneten Organisationen angehören kann, beispielsweise ein menschliches Individuum sowohl einer Unternehmung als auch einem Haushalt. In diesem Sinne sind die Pyramiden in den Abbildungen 1-1 und 1-2 je nach Kontext wahlweise als Individuen oder als organisatorische Einheiten mehrerer Individuen interpretierbar. Durch eine sukzessive Zusammenfassung zu jeweils übergeordneten Einheiten kann so eine Hierarchie von Organisationen aufgebaut und je nach Zweck eine mehr oder minder aggregierte (Mikro- oder Makro-) Sicht verfolgt werden.

Für verschiedene Fragestellungen der Unternehmensführung und des Umweltmanagements kann es sinnvoll sein, das beschriebene Wirtschaftssystem aus unterschiedlichen Perspektiven zu betrachten, d. h. bestimmte Aspekte in den Vordergrund zu rücken, andere dagegen (völlig oder teilweise) auszublenden. Eine *vertikale Perspektive* erlaubt Einblicke in die Zusammenhänge zwischen den drei Ebenen bei einem einzelnen Akteur. Zu derartigen vertikal integrierenden Analysen zählen etwa die in Abschnitt 1.2 beschriebenen strukturellen Überlegungen zu den Managementebenen sowie der in Abschnitt 1.3 dargestellte Erklärungsansatz für menschliches Verhalten. In einer *horizontalen Perspektive* lassen sich dagegen Akteure und Akteursgruppen im Hinblick auf den Durchfluss und die Verarbeitung sowie den Austausch von Stoffen und Energie, Informationen und Werten untersuchen.

Bei der horizontalen Perspektive besteht überdies die Möglichkeit – und oft auch die Notwendigkeit – zur klareren Analyse eine der beiden Aktivitätsarten (Transformation oder Transaktion) in den Vordergrund zu rücken. So werden bei der Transformationsanalyse im Sinne einer Input/Output-Analyse Zugang und Abgang von Stoffen und Energie sowie Informationen und Werten während definierter Zeiträume erfasst und in einen inneren Zusammenhang gebracht. Die interaktions- bzw. transaktionsorientierte Perspektive betrachtet das Wirtschaftssystem ebenfalls horizontal bezüglich der drei hier betrachteten Ebenen, analysiert jedoch die Beziehungen zwischen den Akteuren. In erster Linie stehen dabei die Austauschprozesse auf allen drei Ebenen im Vordergrund. (Dabei sei nochmals betont, dass diese nicht in einem physischen Sinn zu verstehen sind. Die Transporte zwischen zwei Akteuren stellen demgemäß keine Transaktionen, sondern räumliche Transformationen dar.) Ihre Analyse muss dabei nicht auf bilaterale Transaktionen beschränkt bleiben, sondern kann auch ganze Akteursketten in den Vordergrund stellen. Im Rahmen eines nachhaltigen *Supply Chain Managements* wird etwa der *ökologische Produktlebensweg* eines Rohstoffes untersucht, an dem mehrere Akteure beteiligt sind (z. B. Bergbauunternehmung, Stahlproduzent, Autozulieferer, Automobilhersteller, Autohändler, Autokäufer). Eine strikte Trennung der beiden Aktivitätskategorien kann allerdings für bestimmte Analysen auch hinderlich sein; dann bietet sich eher eine horizontal integrierende

Perspektive an. So spielen bei dem Versuch zu erklären, warum Konsumenten Altprodukte ordnungsgemäß entsorgen, nicht nur die Austauschmodalitäten eine Rolle (Abholgebühr, Terminierung, sonstige Vereinbarungen), sondern auch die vor oder nach dem Austausch notwendigen Transformationen (z. B. Transport der Altprodukte, Entnahme von Batterien).

Gleiches gilt für die Fokussierung auf eine der gedanklichen Ebenen (materiell, informationell, wertgeladen). Zwar kann sie mitunter zweckmäßig sein, es muss jedoch bedacht werden, dass die Prozesse aller drei Ebenen regelmäßig ineinander greifen: Informationsprozesse setzen begleitende stofflich-energetische Prozesse voraus, Werteverarbeitungsprozesse entsprechende Informationsprozesse. Umgekehrt steuern Informationsprozesse, geleitet von zuvor festgelegten Werthaltungen, die stofflich-energetische Transformation.

Folgendes Beispiel soll die enge Verknüpfung der drei Ebenen nochmals deutlich machen: Der Gegenstandsbereich von Stoff- und Energiebilanzen, in denen alle umweltrelevanten materiellen Objektströme aufgelistet sind, die in eine Unternehmung hineinfließen bzw. diese verlassen, ist die materielle (Transformations-) Ebene. Die Stoff- und Energiebilanzen selbst sind jedoch der Informationsebene zuzuordnen. Sie verbleiben entweder in der Unternehmung (als gespeicherte Informationen) oder werden publiziert (als Informationsoutput an andere Akteure). Letztes geschieht häufig im Rahmen von Umweltberichten, die neben den wertneutralen Informationen über die Stoff- und Energieströme auch wertgeladene Informationen, wie z. B. ein nachhaltiges Unternehmensleitbild, enthalten und somit auch die Wertebene betreffen.

1.1.2 Systematisierung umweltwirtschaftlicher Forschungsrichtungen

Der skizzierte Analyserahmen soll in erster Linie als Orientierung für die weiteren Lektionen dieses Buchs dienen. Er lässt sich überdies nutzen, um die ursprünglichen, stark voneinander abweichenden Ansätze der Forschungsdisziplin *Betriebliches Umweltmanagement* besser voneinander abgrenzen zu können. Dabei lassen sich vereinfacht vier Ansätze klassifizieren, deren Unterschiede sich zu einem großen Teil mit der fachlichen Herkunft ihrer Autoren sowie Promotoren und Anhänger erklärt:

- der produktionswirtschaftliche Ansatz (PROD)
- der marketingorientierte Ansatz (MARK)
- der managementorientierte Ansatz (MGMT)
- der sozial-ökologische Ansatz (ÖKOS).

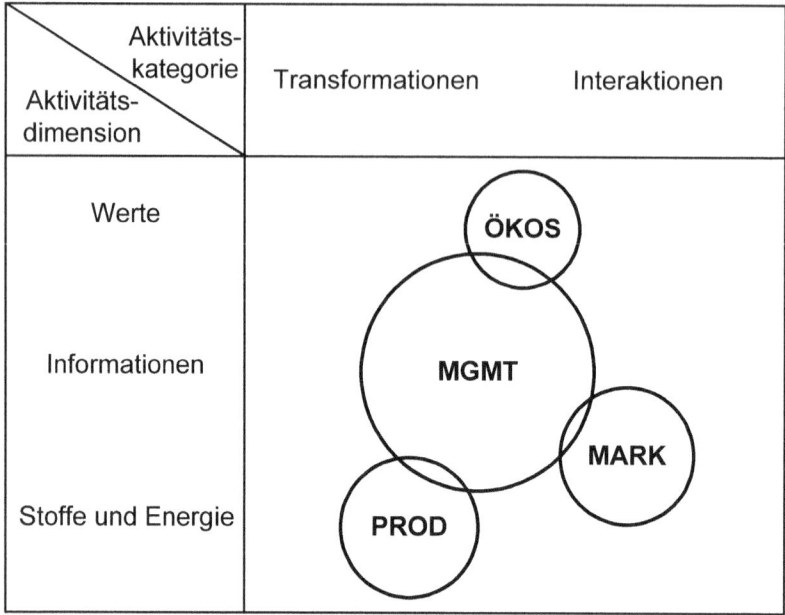

Abb. 1-3: Verschiedene Ansätze betrieblichen Umweltmanagements (nach Dyckhoff 2000, S. 72)

Abbildung 1-3 ordnet die vier Ansätze grob in ein zweidimensionales Schema ein, das durch die beiden Hauptkategorien sowie die drei Dimensionen wirtschaftlicher Aktivitäten aufgespannt wird. Die Kreise beschreiben den gedanklichen Schwerpunkt des jeweiligen Ansatzes. Das schließt eine Behandlung von Fragestellungen außerhalb des Schwerpunktbereiches nicht aus; nur sind diese dann nicht mehr unbedingt so charakteristisch für den betreffenden Ansatz.

Der *produktionswirtschaftliche Ansatz* (PROD) wählt einen transformationsorientierten Zugang und konzentriert sich auf die materielle Ebene. Untersuchungsgegenstand sind neben Produktionsprozessen zur Herstellung von Sachgütern auch Reduktionsprozesse, d. h. Prozesse zur materiellen Umwandlung von Abfällen. Der *marketingorientierte Ansatz* (MARK) bezieht sich in erster Linie auf Interaktionen zwischen Wirtschaftseinheiten, wobei die Information und Kommunikation im Zusammenhang mit dem Leistungsaustausch zwischen Hersteller, Händler und Konsument anfangs im Zentrum standen, zunehmend aber auch Transaktionen auf der Entsorgungsseite des Konsumenten thematisiert werden. Der Bezugsschwerpunkt des *managementorientierten Ansatzes* (MGMT) liegt in der Informationsebene, mit einem größeren Gewicht auf der Informationsverarbeitung innerhalb der Unternehmung als auf dem Informationsaustausch mit anderen Akteuren. Insbesondere durch die erweiterte Sicht des *integrierten Umweltmanagements* im Rahmen des St. Galler Managementkonzepts erstreckt sich der Ansatz allerdings durch die Einbeziehung normativer Elemente auch auf die Wertebene. Dort findet der *sozial-ökologische Ansatz* (ÖKOS) seinen Zugang, indem er die Notwendigkeit einer Abkehr von engen ökonomischen Wertmaßstäben betont. Umweltschutz wird hier gleichrangig mit der Gewinnerzielung als unternehmerische Fundamentalzielsetzung betrachtet.

1.2 Managementebenen

Zum Ende des Abschnitts 1.1.1 wurde schon darauf hingewiesen, dass die einzelnen Aktivitätsebenen letztlich nicht losgelöst voneinander analysiert werden können. Besonders in gestalterischer Absicht, aber auch in erkenntnisorientierten Untersuchungen ist deshalb die *vertikal integrierende* Perspektive unverzichtbar. Will man das Zusammenspiel der Dimensionen innerhalb von Unternehmungen (als einer Akteurskategorie) näher analysieren, so muss ihre innere Struktur offen gelegt werden. An die Stelle der Black-Box-Darstellung, wie sie eine Unternehmung beispielartig in Abbildung 1-1 kennzeichnet, muss somit eine transparente Darstellung ihres Innenlebens treten. Dabei sollen nachfolgend die vertikalen Hierarchieebenen von Unternehmungen mit den drei Dimensionen wirtschaftlicher Aktivitäten gedanklich verbunden werden.

Die Abbildung 1-4 unterscheidet zunächst grob zwei wesentliche Subsysteme der Unternehmung: oben das Managementsystem und unten das Leistungssystem. Das *Leistungssystem* ist bei Industriebetrieben schwerpunktmäßig in der materiellen Ebene, bei Dienstleistungsunternehmungen stärker in der Informationsebene angesiedelt. Das *Managementsystem* befindet sich demgegenüber bei einer funktionalen Betrachtung, bei der von physischen Aspekten wie etwa informations- und kommunikationstechnischen Führungshilfsmitteln abstrahiert werden kann, ausschließlich in der Informationsebene und der Wertebene. Für das betriebliche Umweltmanagement, wie es grundsätzlich in Teil B beschrieben wird, ist eine stärkere Differenzierung des Managementsystems wesentlich. Abbildung 1-4 zeigt das System Unternehmung deshalb in einer feiner detaillierten Schichtensicht, welche die verschiedenen *Managementebenen* und ihre Verbindungen illustrieren soll. Innerhalb des Managementsystems werden so vier Hierarchieebenen unterschieden. Man kann sie plakativ durch folgende Fragen kennzeichnen, welche sich die Entscheidungsträger auf der jeweiligen Ebene zu stellen haben:

- *normativ*: Was sind die Gründe unseres Tuns?
- *strategisch*: In welche Richtung führen uns diese Gründe?
- *taktisch*: Welchen Weg dahin wollen wir gehen?
- *operativ*: Welche Schritte sind auf diesem Weg vorzunehmen?

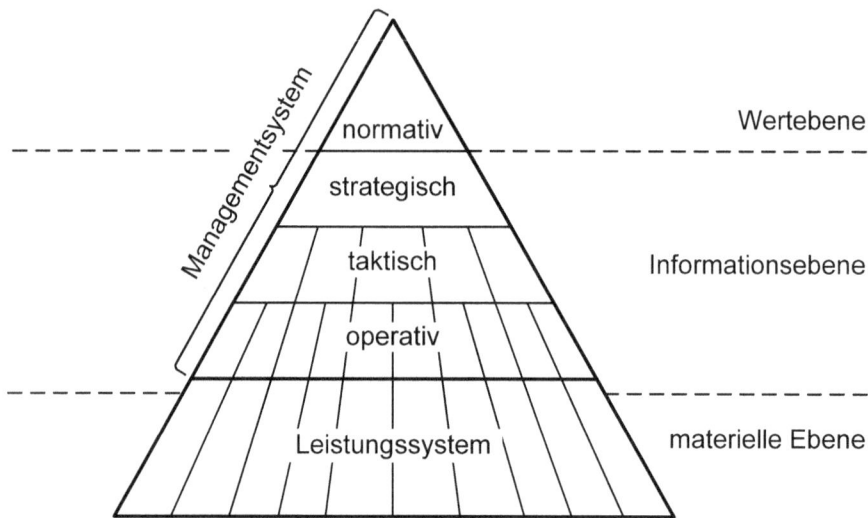

Abb. 1-4: Ebenen des Management- und Leistungssystems einer Unternehmung (nach Dyckhoff 1998, S. 87)

Die normative Ebene ist Bestandteil der Wertebene. Hier begründet die Unternehmung die Prinzipien ihrer Unternehmensführung, d. h. sie entwickelt Visionen und legt darauf aufbauend die Grundsätze ihrer *Unternehmenspolitik* fest. Nach außen kommuniziert sie diese z. B. durch ihr Unternehmensleitbild. Strategisches, taktisches und operatives Management befinden sich in der Informationsebene. Während das strategische Management noch die ganze Unternehmung betrachtet, beziehen sich das taktische und das operative Management regelmäßig nur auf bestimmte Unternehmensbereiche. In der Abbildung 1-4 ist dies durch vertikale, quer zu den horizontalen Ebenen verlaufende Segmente angedeutet.

Der Managementprozess zwischen den Ebenen lässt sich sowohl durch Top-Down- als auch Bottom-Up-Beziehungen kennzeichnen. Erste umfassen die Vermittlung von Vorgaben an tiefer gelegene Ebenen, letzte z. B. das Reporting von Informationen an die Unternehmensleitung. Beides geschieht mittels Interaktionen zwischen Menschen (als Subsysteme von Unternehmungen), deren Verhalten im folgenden Abschnitt erklärt werden soll.

1.3 Determinanten menschlichen Verhaltens

1.3.1 Ein einfaches Verhaltensmodell

Durch die vertikal integrierende Perspektive lässt sich nicht nur ein Einblick in die Strukturen von Unternehmungen gewinnen. Es ist ebenfalls möglich, die (Denk- und Verhaltens-) Strukturen menschlicher Individuen als elementarer Gruppe von Akteuren näher zu kennzeichnen. Dabei spielt für das Umweltmanagement, wie auch für das Management ganz allgemein, die Frage eine Rolle, warum Menschen wirtschaftliche Aktivitäten durchführen, oder anders ausgedrückt, warum sie sich in einem Wirtschaftssystem so verhalten, wie sie sich verhalten. Das im Folgenden erläuterte Verhaltensmodell lässt sich als Analysegrundlage für eine Reihe menschlicher Verhaltenssituationen nutzen. Im Rahmen absatzwirtschaftlicher Untersuchungen dient es etwa zur Erklärung des Kaufverhaltens, in personalwirtschaftlichen Analysen lässt es sich bei der Erörterung des Mitarbeiterverhaltens bzw. der Mitarbeitermotivation nutzen.

Zum Verhalten zählt hier in Anlehnung an das soziologische Begriffsverständnis insbesondere jede von einem Akteur ausgehende Interaktion, die sich zwischen ihm und anderen Akteuren abspielt. Es offenbart sich hauptsächlich durch die den Menschen verlassenden Interaktionspfeile auf den drei gedanklichen Aktivitätsebenen gemäß Abbildung 1-1. Verhaltenskategorien können etwa das Kaufverhalten, das Verwendungsverhalten oder das Kommunikationsverhalten sein.

Das individuelle Verhalten jedes Menschen wird durch seine psychische Prägung bestimmt. Darunter versteht man alle Vorgänge, die zur Aufnahme und Verarbeitung von (wertneutralen und -geladenen) Informationen dienen, oder bildlich gesehen das, was im Kopf eines Menschen abläuft.

Damit sind insbesondere die beiden oberen Aktivitätsebenen angesprochen (vgl. den oberen Teil der Abbildung 1-5). Zur näheren Analyse der Vorgänge, die das menschliche Verhalten bestimmen, wird in Abbildung 1-5 unten versucht, einen genaueren Einblick in die Psyche des Menschen zu geben. Sie wird in verschiedene Elemente aufgespalten und in ein Beziehungsgeflecht zu weiteren, das Verhalten steuernden Einflussgrößen eingebettet. Das Verhalten selbst wird dabei durch die den Akteur verlassenden Interaktionspfeile beschrieben.

Beim Kommunikationsverhalten unterscheidet man häufig zwischen Informationsabgabe- und Informationssuchverhalten. Letztgenanntes ist gedanklich der Inputseite des Akteurs zuzuordnen. Aus Vereinfachungsgründen wird in Abbildung 1-5 allerdings nur das auf der Outputseite ersichtliche Verhalten dargestellt.

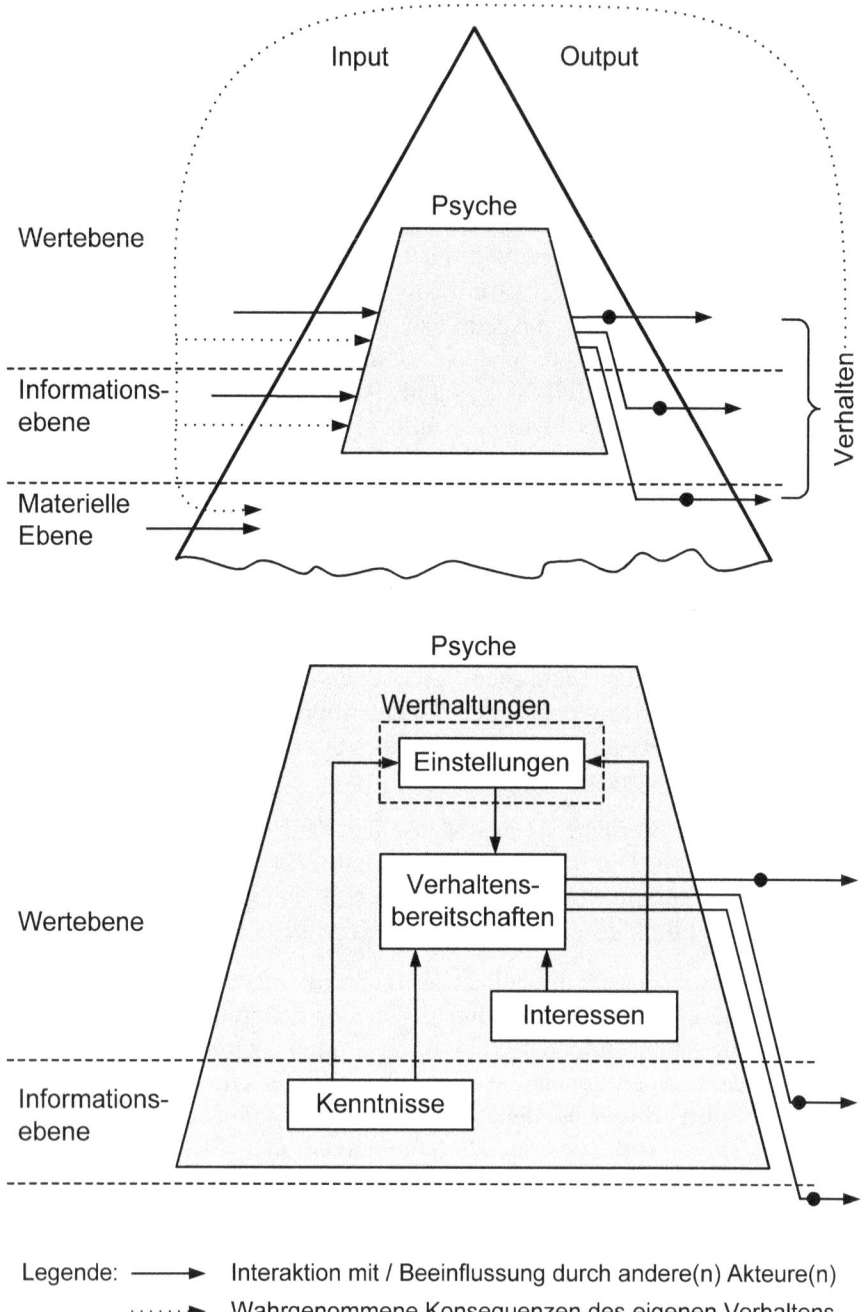

Abb. 1-5: Einflussschema menschlichen Verhaltens

Kernelement der psychischen Prägung sind die *Einstellungen*. Sie lassen sich in die rational bewertende Einschätzung (kognitive Disposition) und die gefühlsbetonte Einschätzung (emotionale Disposition) unterteilen. Welchem Bereich bei der Einstellungsbildung ein höherer Stellenwert zukommt, hängt von der konkret zu beurteilenden Fragestellung ab. Im Rahmen der so genannten Dissonanzverarbeitung versucht der Mensch, Diskrepanzen zwischen emotionaler und kognitiver Disposition zu reduzieren. Einstellungen beziehen sich immer auf ein Objekt, eine Maßnahme oder eine konkrete Fragestellung. Insofern lassen sie sich von *Werthaltungen* (inneren Werten) abgrenzen, die als allgemeine Bewertungsmaßstäbe aufzufassen sind und den Rahmen für die Einstellung zu einer konkreten Fragestellung bilden.

Einstellungen und Werthaltungen werden durch zwei weitere eigenständige Teile der Psyche bestimmt: *Kenntnisse* (synonym: *Wissen*) und *Interessen*. Das Wissen beinhaltet alle gespeicherten (wertneutralen) Informationen; es wird deshalb der Informationsebene zugeordnet. Als Grundlage der kognitiven Disposition manifestiert es sich in Faktenwissen sowie Wissen um Kausalzusammenhänge. Das Interesse spiegelt dagegen die Wichtigkeit bestimmter Aspekte für den Menschen wider und ist als Werturteil Bestandteil der Wertebene. Vereinfacht kann es in Objekt- und Eigenschaftsinteressen unterteilt werden. Objektinteressen sind etwa der Besitz- oder Verwendungswunsch. Eigenschaftsinteressen verdeutlichen dagegen die Wichtigkeit, die ein Mensch einer bestimmten Objekteigenschaft beimisst.

Einstellungen, Kenntnisse und Interessen beeinflussen gemeinsam die *Verhaltensbereitschaften* bzw. Handlungsabsichten. Hierzu zählen Kaufabsichten oder Verhaltensabsichten, wie etwa die Absicht zur getrennten Hausmüllsammlung oder zur Nutzung öffentlicher Verkehrsmittel. Die Verhaltensbereitschaften bilden ihrerseits den Ausgangspunkt für tatsächliche Handlungen bzw. tatsächliches Verhalten. Wie Abbildung 1-5 zeigt, sind allerdings zuweilen situative Einflüsse dafür verantwortlich, dass Handlungsabsichten nicht in Verhalten umgesetzt, sondern noch geändert werden. Überdies ist das Verhalten nicht nur Ergebnis der Psyche, sondern es wirkt selbst wieder auf die Psyche zurück, wenn der Mensch die Konsequenzen seines Verhaltens wahrnimmt und diese Information bei neuerlichen Entscheidungen über gleiche oder ähnliche Sachverhalte verwendet (vgl. Abbildung 1-5).

1.3.2 Umweltbewusstsein und umweltorientiertes Verhalten

Das skizzierte Modell der Psyche ist noch recht grob. Insbesondere ist jedes einzelne Element durch eine Vielzahl unterschiedlicher Teilaspekte (Facetten) gekennzeichnet. So beruht das Interesse auf verschiedenen Bedürfnissen des Menschen, und das Wissen kann z. B. in Allgemeinwissen sowie spezielle Wissensbereiche unterteilt werden. Eine Facette, die in sämtlichen Bereichen der psychischen Prägung eine Rolle spielt, ist die Beschäftigung mit Umweltschutzaspekten. Diese Facette wird gemeinhin mit dem Begriff *Umweltbewusstsein* bezeichnet.

Da die psychische Prägung des Menschen aus mehreren Elementen besteht, ist auch das Umweltbewusstsein ein mehrdimensionales Konstrukt. Soziologische Definitionen des Begriffs Umweltbewusstsein beinhalten die umweltorientierten Einstellungen, Werthaltungen und Handlungsabsichten sowie häufig auch das umweltorientierte Wissen. Darüber hinaus erscheint es zweckmäßig, auch das umweltorientierte Interesse als Teil des Umweltbewusstseins anzusehen. Das für Außenstehende beobachtbare *umweltorientierte Verhalten* bleibt dagegen aus dem Konstrukt Umweltbewusstsein ausgegrenzt.

Untersuchungen von Meffert und Bruhn zufolge haben sich verschiedene Komponenten des Umweltbewusstseins im letzten Viertel des 20. Jahrhunderts in der deutschen Bevölkerung positiv entwickelt. Das hohe Niveau bei den (positiven) umweltorientierten Einstellungen ist dabei eng mit dem gesteigerten umweltorientierten Interesse und dem verbesserten umweltorientierten Wissen verbunden. Bei der letztmaligen Erhebung im Jahr 2004 wurden allerdings erstmalig sinkende Werte bei umweltorientierten Kenntnissen und Einstellungen festgestellt.

Mit der Steigerung des Umweltbewusstseins in der Bevölkerung war gleichzeitig auch eine stärkere Umweltorientierung bei verschiedenen Verhaltensweisen verbunden. (Anders als bei den Kenntnissen und Einstellungen war laut der Studie von Meffert und Bruhn bei der subjektiven Sicht über die eigenen Verhaltensweisen im Jahre 2004 sogar noch eine anhaltend positive Tendenz festzustellen.) Hieraus lässt sich allerdings nicht schlussfolgern, dass hohes Umweltbewusstsein bei einem einzelnen Individuum automatisch zu umweltorientiertem Verhalten führt. Gerade beim Umweltschutz sind zuweilen Divergenzen zwischen Absicht und tatsächlichem Verhalten zu beobachten.

Solche Divergenzen begründen sich in der Hauptsache dadurch, dass das Umweltbewusstsein nur eine Facette der psychischen Prägung ist. Daneben existiert eine Vielzahl weiterer Facetten, die sich aus verschiedenen

Bedürfnissen des Menschen (etwa nach Sicherheit, Anerkennung, Selbstverwirklichung oder Bequemlichkeit) ableiten. Einige dieser Facetten stehen dem Umweltbewusstsein konträr gegenüber, andere weisen positive Korrelationen auf. Tatsächliche Entscheidungen des Menschen ergeben sich durch eine kognitive Abstimmung dieser verschiedenen Facetten im Rahmen der Einstellungsbildung. Daher kann es vorkommen, dass ein Mensch sich selber als umweltbewusst einschätzt, aber in einer konkreten Entscheidungssituation andere Aspekte stärker gewichtet und sich dann nicht umweltfreundlich verhält. Auf diesen Sachverhalt weist auch die aus der umweltsoziologischen Forschung bekannte *Low-Cost-Hypothese* hin, wonach „eine neue Umweltmoral auf breiter Basis und auf Dauer nur [dann überlebensfähig ist], wenn sie ihren Adressaten in Befolgung der auferlegten Pflichten keinen übermäßig hohen Preis abverlang[t]" (Diekmann 1996, S. 108; Ergänzung durch die Autoren). Dabei ist der Begriff Preis nicht auf monetäre Größen beschränkt, sondern steht vielmehr für den zusätzlichen Aufwand bzw. allgemein für Einbußen bei anderen Bedürfnissen.

Neben der dargestellten Barriere, die sich aus dem Abwägungsprozess im Rahmen der Einstellungsbildung ergibt (*Qualitätsbarriere*), bestehen noch weitere *Barrieren*, die als psychisch bedingte Erklärungsfaktoren der Divergenz zwischen Umweltbewusstsein und umweltorientiertem Verhalten dienen können. Hierunter fällt vor allem die *Informationsbarriere* aufgrund fehlenden umweltorientierten Wissens. Zwar ist objektiv betrachtet in diesem Fall eine Komponente des Umweltbewusstseins nicht genügend ausgeprägt und daher die Einordnung des Individuums als umweltbewusst fragwürdig. Dennoch kann das Individuum sich selber als umweltbewusst einschätzen, sei es, weil es dieses Manko nicht empfindet oder weil die anderen Komponenten der psychischen Prägung das fehlende Wissen bei der Beurteilung der Stärke des Umweltbewusstseins überkompensieren.

Zu den psychisch bedingten Barrieren kann überdies noch die *Gewohnheitsbarriere* gezählt werden, die eine gewisse Skepsis gegenüber neuartigen Verhaltensweisen widerspiegelt. Sie wirkt insbesondere beim Kaufverhalten, wenn das Kaufrisiko durch den Kauf bekannter Produkte verringert werden soll. Da die Umweltfreundlichkeit i. d. R. eine Vertrauenseigenschaft darstellt, die vom Konsumenten nicht überprüft werden kann, tritt diese Gewohnheitsbarriere oft gemeinsam mit einer weiteren Informationsbarriere auf.

Über die psychisch bedingten Divergenzen hinaus können auch *situative Einflüsse* für das Auseinanderklaffen zwischen Umweltbewusstsein und umweltorientiertem Verhalten verantwortlich sein (vgl. Abbildung 1-5). So wird ein umweltbewusster Mensch mit dem PKW fahren, wenn er merkt, dass für bestimmte Strecken oder Zeiten umweltfreundliche Verkehrsmittel wie Bus oder Bahn nicht zur Verfügung stehen. Ähnliches gilt etwa auch für die Bereitschaft zur Trennung des Hausmülls, wenn keine entsprechenden Gefäße vorhanden sind oder der Platz zum Aufstellen verschiedener Abfallbehälter nicht ausreicht.

1.4 Weiterführende Literatur

Das in Abschnitt 1.1 dargestellte schlichte Weltbild und der darauf aufbauende Analyserahmen wurden von Dyckhoff (1998) entwickelt. Dort wie auch in Lektion III von Dyckhoff (2000) finden sich ausführlichere Erläuterungen nicht nur des Weltbilds und Analyserahmens, sondern insbesondere auch der Managementebenen und der umweltwirtschaftlichen Forschungsrichtungen.

Weitere Einsichten in die betriebswirtschaftliche Auseinandersetzung mit dem Umweltschutz lassen sich den einschlägigen Werken von Freimann (1996), Pfriem (1995) und Wagner (1997) entnehmen. Eine aktuelle Bestandsaufnahme der betriebswirtschaftlichen Umweltforschung findet sich in Heft 2/2007 der Zeitschrift *UmweltWirtschaftsForum*.

Ökonomischen Analysen liegt standardmäßig das methodische Konzept des auf seinen Eigennutz bedachten, weitgehend rational handelnden *Homo Oeconomicus* zu Grunde. Es stellt eine pessimistische Annahme über menschliches Verhalten dar, die in vielen sozialen Situationen berechtigt ist und sich empirisch häufig bewährt hat. Dies bestätigen teilweise auch umweltsoziologische Untersuchungen, z. B. Diekmann (1998) hinsichtlich der „Low-cost-Hypothese". Letztlich ist tatsächliches menschliches Verhalten aber wesentlich komplexer, was nicht nur alltägliche Beobachtungen sondern auch neuere empirische und experimentelle Forschungsergebnisse der Psychologie, Soziologie und Wirtschaftswissenschaften demonstrieren, worauf etwa Diekmann (1996) und Ruckriegel (2007) hinweisen. Deshalb sind auch verschiedene andere Menschenbilder entwickelt worden, beispielsweise der *Homo Politicus* von Faber/Manstetten/Petersen (1997).

Meffert und Bruhn haben das Umweltbewusstsein und Umweltverhalten der deutschen Bevölkerung seit der Mitte der 1970er Jahre regelmäßig mittels Befragungen untersucht. Die jüngsten Ergebnisse sind in Bruhn/Meffert (2006) dargestellt.

Teil A

Rahmenbedingungen des Umweltmanagements

2 Die Natur als produktiver und begrenzender Faktor der Wirtschaft

Die Wechselwirkungen zwischen der Natur und dem Wirtschaftssystem lassen sich grob in zwei Kategorien einteilen. Zum einen stellt die Natur Rohstoffe zur Verfügung, die von den Akteuren des Wirtschaftssystems in Produkte umgewandelt und verbraucht werden. Zum anderen nimmt die Natur Abfallstoffe aus dem Wirtschaftssystem auf und wandelt diese wieder in Ressourcen um. Über Jahrtausende war der Mensch ein funktionierender Bestandteil des natürlichen Kreislaufs. Spätestens seit der *industriellen Revolution* in der zweiten Hälfte des 18. Jahrhunderts steht die Wirtschaftsweise jedoch in Konflikt zu den natürlichen Rahmenbedingungen, und zwar sowohl bezüglich der übermäßigen Rohstoffentnahme als auch der Assimilationsfähigkeit der Natur.

Es kann nicht das Ziel eines einführenden Lehrbuchs zum industriellen Umweltmanagement sein, die zahlreichen ökologischen Probleme, die durch die überbordende Nutzung der Natur entstehen, ausführlich darzustellen. Ein Unternehmensmanager sollte aber zumindest ein fundiertes Mindestwissen darüber besitzen, welche Probleme auf das Wirtschaftssystem zukommen, wenn die herrschende Wirtschaftsweise nicht grundlegend geändert wird. Aus diesem Grund werden in dieser Lektion zwei zentrale Problembereiche skizziert, die auf einer Analyse der in Abschnitt 2.1 erläuterten Energiebilanz der Erde basieren. Abschnitt 2.2 geht den Fragen nach, welche fossilen Energierohstoffe dem Wirtschaftssystem zur Verfügung stehen und wie lange sie noch ausreichen werden. Während diese Fragen die Inputseite des Wirtschaftssystems in den Vordergrund rücken, behandelt Abschnitt 2.3 mit dem Klimawandel ein Problem, das auf der Outputseite angesiedelt ist. Dabei wird vorrangig zu klären sein, wie sich die den Klimawandel bedingenden Emissionen der Treibhausgase (insbesondere Kohlendioxid) verringern lassen.

2.1 Energiebilanz der Erde

Das Wirtschaftssystem ist als Sub- bzw. Teilsystem in die Ökosphäre eingebettet. Abbildung 2-1 verdeutlicht diesen Zusammenhang, wobei auf der linken Seite der herrschende Zustand einer „vollen Welt" dargestellt ist. In ihr nimmt das Wirtschaftssystem bei der Umwandlung von Materie und Energie heutzutage einen übermäßig großen Raum ein. Die mit der Umwandlung verbundene Produktion von (künstlichem) Kapital innerhalb des Wirtschaftssystems benötigt derart viele natürliche Rohstoffe, dass über kurz oder lang das natürliche Kapital nicht mehr ausreicht. Erst wenn die Wirtschaft, wie im rechten Teil der Abbildung 2-1 angedeutet, wieder ein dem Ökosystem angepasstes Ausmaß annimmt, kann ein harmonisches Gesamtsystem entstehen. Als eine zentrale Strategie kann hierzu das *Recycling* von Materie und Energie innerhalb des Wirtschaftssystems angesehen werden. Es entlastet die Natur sowohl in ihrer Funktion als Rohstofflieferant als auch als Aufnahmemedium für Abfälle.

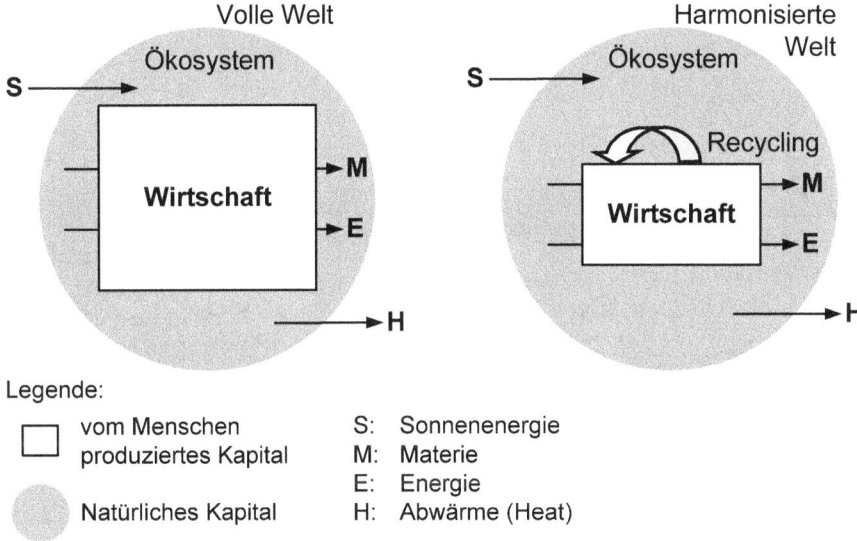

Abb. 2-1: Harmonisierung von Ökosystem und Wirtschaftssystem (nach Costanza et al. 1997, S. 6)

Abbildung 2-1 verdeutlicht überdies, dass die Erde als Ökosystem selbst wieder in ein größeres System (das Weltall) eingebettet ist, aus dem es Input in Form von Sonnenenergie erhält und an das es Output in Form von Abwärme abgibt. Energieinput und -output sind dabei in ihrer Quantität nahezu identisch. Die Sonnenenergie besitzt jedoch eine höhere Qualität, d. h. einen höheren Anteil nutzbarer Energie als die Abwärme (physikalisch spricht man von einem niedrigeren *Entropie*gehalt). Die Sonneneinstrahlung stellt demgemäß die originäre Quelle der Energie dar, die vom Menschen genutzt werden kann.

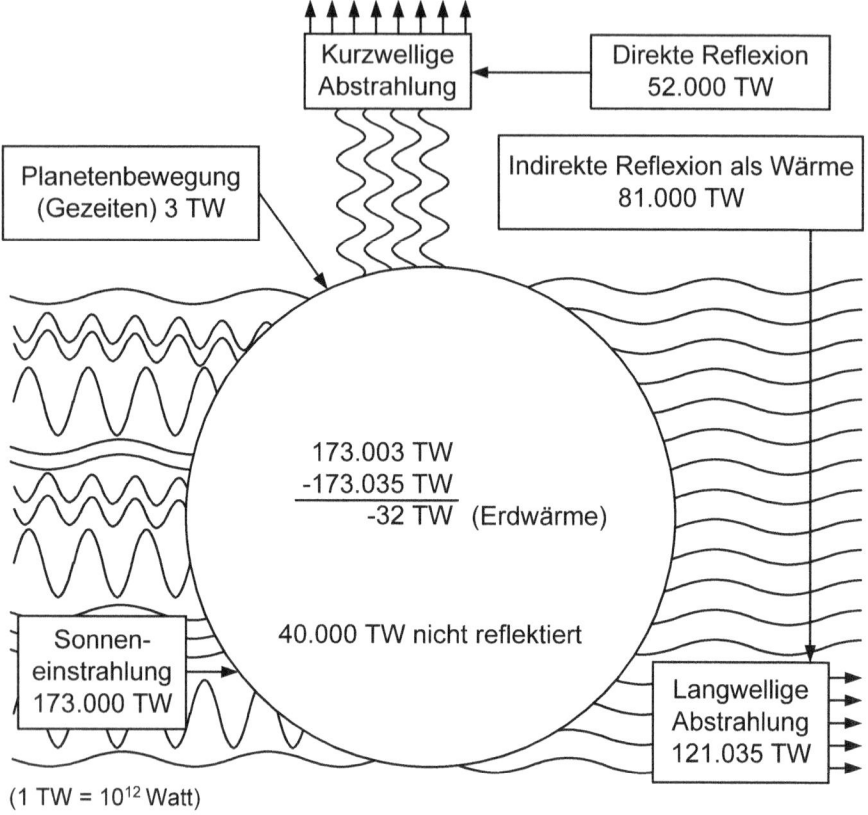

Abb. 2-2: Strahlungsbilanz der Erde als Black Box (nach Hubbert 1971)

Abbildung 2-2 gibt grob die *Strahlungsbilanz der Erde* wieder. (Dabei kommt es hier wie auch im Folgenden weniger auf die genauen Werte als vielmehr auf die Dimensionen der einzelnen Ströme an.) Die Sonneneinstrahlung auf die Erde beträgt ungefähr 173.000 TW (1 TW = 1 Terawatt = 1 Billion Watt = 10^{12} Watt und 1 W = 1 J/sec = 1 Joule pro Sekunde). Das entspricht in etwa der Leistung von 86 Mio. Kohlekraftwerken mit durchschnittlich 2 GW Leistung oder 86 Mrd. Windrädern mit durchschnittlich 2 MW Leistung. Etwa 77 % der Sonneneinstrahlung werden reflektiert und zwar ca. 30 % als kurzwellige Abstrahlung (direkte Reflexion) und ca. 47 % als Wärme (indirekte Reflexion). Die restlichen 23 % bzw. 40.000 TW werden nicht reflektiert, gelangen also bis zur Erdoberfläche und stehen dem Menschen somit grundsätzlich zur Nutzung zur Verfügung. Nachdem sie über verschiedene Prozesse in Wärme umgewandelt wurden, verlassen sie die Erde ebenfalls als Abwärme.

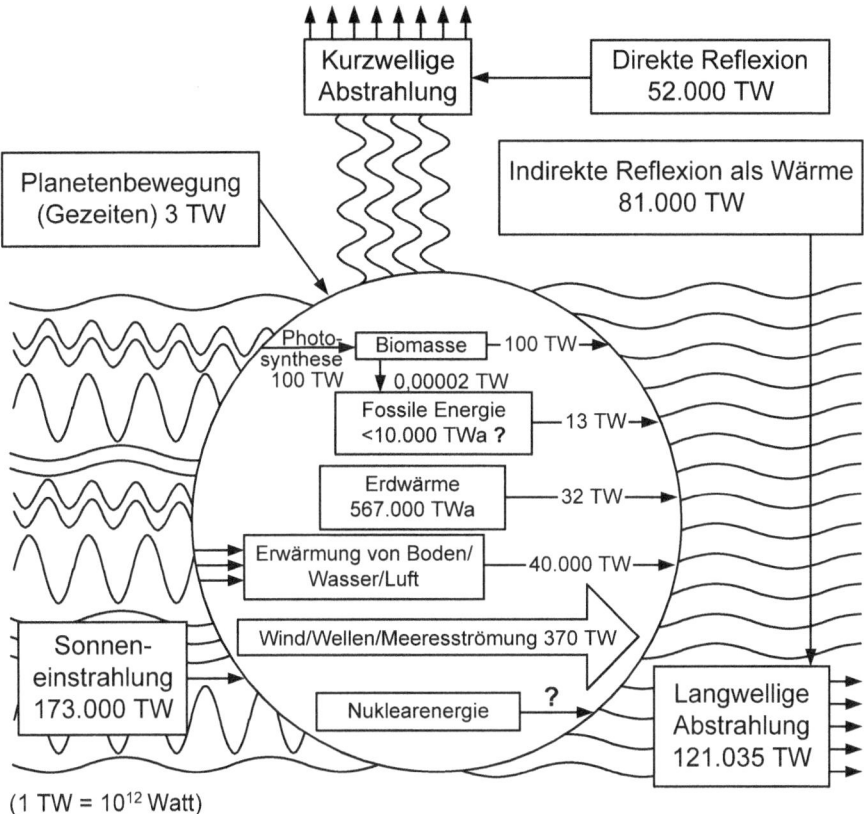

(1 TW = 10^{12} Watt)

Abb. 2-3: Energieströme auf der Erde (nach Hubbert 1971 und Davis 1990)

Beim Vergleich zwischen Einstrahlung und Abstrahlung müssen überdies noch geringe Energieströme bzw. -vorräte berücksichtigt werden, die sich aus den Gravitationskräften der Himmelskörper sowie der Wärme im Erdinneren ergeben.

Um einen genaueren Einblick zu erlangen, was mit dieser Energie im Rahmen der Ökosphäre geschieht, werden in Abbildung 2-3 die Energieströme auf der Erde näher gekennzeichnet. Der mit ca. 98,9 % bei weitem größte Teil der ca. 40.000 TW erwärmt Boden, Wasser und Luft und wird von der Erde wieder abgestrahlt. Etwa 370 TW (1 %) werden in mechanische Energie umgewandelt (Wind, Wellen, Meeresströmung), und ca. 100 TW (0,25 %) werden gegenwärtig zur Photosynthese verwendet.

Bei der *Photosynthese* entstehen in grünen Pflanzen unter Einwirkung der Sonneneinstrahlung aus anorganischen Substanzen, Wasser und Kohlendioxid zum einen Zucker (ca. 150 Gt pro Jahr oder 5.000 t pro Sekunde) und einfache Kohlenstoffverbindungen sowie zum anderen Sauerstoff, der sozusagen als Abfallprodukt anfällt. Die Kohlenstoffverbindungen werden zu organischen Substanzen wie Proteinen und Lipiden weiterverarbeitet. Die so erzeugte *Biomasse* dient dann Tieren und Menschen teilweise als Nahrung. Ein kleiner Teil der Biomasse (gegenwärtig ca. 0,00002 TW = 20 Megawatt) sinkt auf den Grund von Gewässern oder wird in Sümpfen luftdicht abgeschlossen. Er wird dann von Sedimenten überlagert und gelangt in tiefere Erdschichten, wo er im Laufe von Jahrmillionen in *fossile Energieträger* (Kohle, Erdöl, Erdgas) umgewandelt wird. Die sich dabei jede Sekunde durchschnittlich neu bildenden Energieressourcen haben einen Energiegehalt von 20 Megajoule, was lediglich der Leistung von ca. 10 Windrädern entspricht. Umgerechnet in den nutzbaren Energiegehalt von Steinkohle sind das 680 Gramm, also weniger als ein Kilogramm pro Sekunde.

Stellt man die Entstehung fossiler Energie ihrem derzeitigen Verbrauch gegenüber, so wird unmittelbar ein erhebliches Ungleichgewicht deutlich. Denn fast 90 % des gesamten Energieverbrauchs der Menschheit im Jahre 2000 wurden durch fossile Energieträger gedeckt, und zwar im Umfang von umgerechnet 12,3 Mrd. Tonnen Steinkohle, also etwa 390 Tonnen Steinkohle pro Sekunde oder 11,5 TW. Unterstellt man zudem, dass sich die seit dem Jahr 1950 durchschnittlich beobachtete jährliche Wachstumsrate von ca. 3 % in den letzten Jahren fortgesetzt hat, so dürfte die aktuelle Verbrauchsgeschwindigkeit etwa 13 TW betragen. Sie ist demnach mehr als 600.000-mal schneller als die natürliche Produktion in Höhe von 20 MW. Jedes Jahr werden demgemäß so viele fossile Energierohstoffe verbrannt, wie zuvor in 600.000 Jahren durchschnittlich entstanden sind. Schon dieser einfache Vergleich macht deutlich, dass die heutige Energienutzung bei weitem über der Regenerationsrate fossiler Energieträger liegt, sodass sie konsequent auch als nicht regenerierbar angesehen werden.

Legt man die gegenwärtige *Regenerationsrate* von 20 MW zugrunde, so können seit dem Kambrium in den letzten 500 Mio. Jahren maximal Vorräte im Umfang von 10.000 TWa (TWa = Terawattjahr) an fossilen Energieträgern entstanden sein. Trotz möglicher Schwankungen bei der Neuentstehung fossiler Energieträger im Laufe der Jahrmillionen dürfte dieser Wert zumindest im Hinblick auf die gewinnbaren Vorräte an Erdöl und Erdgas eher zu hoch eingeschätzt sein. Allerdings trifft dies nicht ebenso auf die Kohlevorräte zu, welche sich mehrheitlich in der Carbonzeit vor etwa 350 Mio. Jahren dadurch gebildet haben, dass große Farnwälder von Meeren und Sümpfen überspült und unter Sedimenten begraben worden sind. Geht man dennoch vorsichtshalber von maximal 10.000 TWa an förderbaren Vorräten fossiler Energieträger aus, so würden bei einem konstanten weltweiten Verbrauchsniveau von 20 TW, wie es bei unverändert steigendem Verbrauch etwa um das Jahr 2050 zu erwarten ist, spätestens zur Mitte dieses Jahrtausends, also um das Jahr 2500, alle fossilen Energieressourcen aufgebraucht sein.

2.2 Reichweite fossiler Energieträger

Das im vorigen Abschnitt auf Basis der Sonneneinstrahlung und Biomasseumwandlung grob geschätzte *Potenzial* an fossilen Energievorräten, nämlich 10.000 TWa (= 10 Billiarden Wattjahre), würde bei einer weltweiten Verbrauchsrate in Höhe von zukünftig 20 TW immerhin für ein halbes Jahrtausend reichen. Diese *Reichweite* stellt allerdings wohl nur eine optimistische Obergrenze dar. Zu einem realistischeren Bild über die tatsächlich nutzbaren fossilen Vorräte gelangt man, wenn man einerseits Prognosen über die zukünftigen Verbrauchsmengen anstellt und andererseits die Frage zu beantworten versucht, welche Quantitäten tatsächlich wirtschaftlich gefördert werden können.

Die tatsächlich wirtschaftlich gewinnbaren Rohstoffmengen liegen bei Erdöl und Erdgas weit unterhalb der obigen Reichweite. Als *Reserven* bezeichnet man denjenigen Teil der Vorräte eines Rohstoffes in der Erdkruste, dessen Existenz nachgewiesen ist und der mit der gegenwärtigen Technik und zu den geltenden Preisen wirtschaftlich gefördert werden kann. So betrug der Schätzwert für die weltweit technisch und wirtschaftlich gewinnbaren Vorräte aller fossilen Energieträger zusammen zur Jahrtausendwende etwa 1.000 TWa, also nur 10 % des oben abgeleiteten Potenzials. Die Reserven im Jahre 2000 reichten bei dem damaligen Verbrauchsniveau von etwa 11,5 TW also nicht einmal bis zum Jahr 2100.

Da man Vorräte in der Erdkruste nur über Probebohrungen und somit nur mit einer gewissen Wahrscheinlichkeit nachweisen kann, ist die Reserve eigentlich keine sichere Größe, sondern ein Schätzwert. Als Reserve gilt deshalb der Median der Wahrscheinlichkeitsverteilung, d. h. der Wert, an dem die Verteilungsfunktion den Wert 0,5 aufweist, bei dem also die Wahrscheinlichkeit, die Reserven zu hoch geschätzt zu haben, gleich der Wahrscheinlichkeit ist, sie unterschätzt zu haben.

Seit dem Beginn der industriellen Erdölnutzung in der zweiten Hälfte des 19. Jahrhunderts sind bis zum Jahr 2000 fast 1.000 Gb (1 Gb = 1 Gigabarrel = 10^9 Barrel; 1 Barrel = 159 Liter) gefördert worden. Derzeit werden jährlich knapp 30 Gb gefördert und verbraucht. Nach dem im Sommer 2005 erschienenen „Statistical Review of World Energy" des Ölkonzerns BP waren Ende 2004 weltweit noch knapp 1.200 Gb an bestätigten Ölvorräten vorhanden, die künftig mit großer Wahrscheinlichkeit („reasonable certainty") förderbar seien. Demnach betrug die Reichweite der Ölreserven noch gut 40 Jahre. Die Reichweite für Erdgas wurde auf gut 66 Jahre und für Kohle auf 164 Jahre geschätzt.

BP macht selbst deutlich, dass diese Zahlenangaben mit Vorsicht behandelt werden müssen und sieht sich selber nicht in der Lage, sich mit Anfragen zu den Daten im Statistical Review auseinanderzusetzen. Insbesondere aus dem Kreis der Erdölindustrie werden regelmäßig optimistischere Entwicklungen prognostiziert als aus Kreisen unabhängiger Geologen. Allerdings werden auch von Erdölkonzernen die zukünftigen Tendenzen nicht verkannt und deshalb schon verstärkt neuartige Betätigungsfelder, wie regenerative Energieformen, gesucht.

Aufgrund technischen Fortschritts und geänderter Preise erhöht sich mit der Zeit die Gewinnbarkeit der Vorräte, sodass in der Vergangenheit bei vielen Rohstoffen auch ohne Neuentdeckungen die Reserven zeitweise gestiegen sind. Zu den *Ressourcen* eines Rohstoffes zählen daher über die Reserven hinaus auch alle bislang nachgewiesenen oder aufgrund geologischer Indikatoren zu erwartenden Vorräte, die derzeitig noch nicht technisch und wirtschaftlich förderbar sind. Als wichtiges Argument insbesondere gegen die Erdölverknappung werden derartige technische Entwicklungen vorhergesagt, die eine wirtschaftliche Erschließung weiterer Vorräte, insbesondere durch die vollständigere Ausbeutung alter Ölfelder oder die Förderung sog. unkonventioneller Vorräte (Schweröl, Ölsand, Ölschiefer), erlauben. Optimistische Prognosen gehen überdies von der Entdeckung neuer Kohleflöze, Erdölfelder und Erdgasvorkommen aus. Letztendlich bleibt jedoch abzuwarten, ob die Quantensprünge, die man sich von neuen Vorräten und technischen Entwicklungen erhofft, groß genug sind, um die erhöhten Aufwendungen aufgrund schlechter zugänglicher Vorräte auszugleichen oder gar überzukompensieren. Als Indikatoren für diesen Trade-off dürften zumindest langfristig die Rohstoffpreise dienen.

Neben dem Angebot an fossilen Energieträgern ist bei der Bestimmung ihrer Reichweite auch die Nachfrage eine unsichere Größe. Über die Entwicklung des Nutzungsniveaus und damit der notwendigen Fördermengen fossiler Energie lässt sich heutzutage nur spekulieren. Für eine Ausweitung spricht insbesondere die erhöhte Nachfrage momentan stark expandierender Volkswirtschaften (China, Indien).

Auf Basis unterschiedlicher Angebots- und Nachfrageprognosen zeigt Abbildung 2-4 mögliche Entwicklungspfade der bekannten (bis Ende des 20. Jahrhunderts ermittelten) Erdölfördermengen. Diese auf Basis jüngerer Daten erhobene Einschätzung der US-Energiebehörde kann dabei als eher optimistisch eingestuft werden. In der Abbildung werden drei Szenarien betrachtet, die sich durch unterschiedliche Schätzungen für die insgesamt geförderte Rohölmenge unterscheiden. (In die angegebenen Werte fließen dementsprechend auch die bereits geförderten Mengen ein.) Sie gehen allesamt von einer zunächst mit 2 % pro Jahr weiter steigenden Erdölexplorationsrate aus. Die niedrigste, mit 95 %iger Wahrscheinlichkeit gewinnbare Gesamtmenge von 2.248 Gb entspricht dabei in etwa den oben von BP im Jahre 2005 prognostizierten Erdölreserven. Unterstellt wird ferner für alle drei Vorratsschätzungen, dass die Fördermenge nach Erreichen ihres Maximums jährlich um 10 % sinkt. Unter diesen Prämissen wird das weltweite Fördermaximum im Jahre 2026 bzw. bei optimistischeren Schätzungen im Jahre 2037 bzw. 2047 erreicht (bei mit 50 %iger Wahrscheinlichkeit eintretenden insgesamt nutzbaren Vorräten in Höhe von 3.003 Gb, respektive bei einer mit 5 %-Wahrscheinlichkeit eintretenden Fördermenge in Höhe von 3.896 Gb).

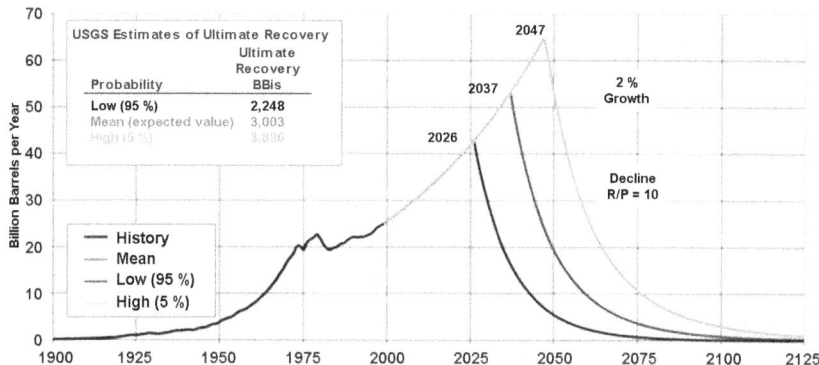

Abb. 2-4: Verschiedene Szenarien zukünftiger Erdölförderung
(Quelle: www.hubbertpeak.com/curves.htm, entnommen aus einer Internetveröffentlichung der US-amerikanischen Energy Information Administration – EIA vom 18.08.2004)

Neben den der Abbildung 2-4 zugrunde liegenden Einschätzungen findet man auch andere Prognosen, die im Gegensatz zu Abbildung 2-4 einen glockenförmigen Verlauf der Erdölförderung unterstellen, wie er in der Vergangenheit oftmals bei einzelnen Ölfeldern beobachtet wurde. Solch ein Verlauf wurde in den 1950er Jahren erstmalig von dem Geologen Hubbert postuliert, weswegen der Maximalwert der Glockenkurven häufig auch als *Hubbert-Peak* bezeichnet wird. Bei den eher pessimistischen Prognosen ist der Hubbert-Peak für konventionell gefördertes Erdöl heutzutage schon erreicht, und auch unter Berücksichtigung unkonventioneller Erdölförderung verschiebt er sich nur um einige wenige Jahre. Weiterführende Analysen der Verläufe machen zudem deutlich, dass aufgrund der wachsenden Weltbevölkerung das Maximum der durchschnittlichen Förderung an Erdöl je Erdbewohner heute schon überschritten ist.

Unabhängig davon, welche zukünftige Entwicklung realistischer erscheint, zeigen alle ernstzunehmenden Studien, dass Einschränkungen in der Nutzung fossiler Energieträger nicht mehr lange auf sich warten lassen. Dabei mag die in Abbildung 2-4 prognostizierte Entwicklung auf den ersten Blick weniger restriktiv sein, weil sie die Einschränkungen noch ca. 20 bis 40 Jahre hinauszögert. Betrachtet man die gegenüber einem Glockenkurvenverlauf viel steileren Absenkungen nach dem Maximum, so wird jedoch deutlich, dass das Erwachen dann umso schmerzhafter sein dürfte. Hier bleibt zu hoffen, dass durch die gesellschaftliche und politische Willensbildung eine frühzeitige, sanfte Drosselung der Fördermengen herbeigeführt wird.

Die Rohstoffpreise besitzen dabei eine wichtige Lenkungsfunktion. Demgemäß sollte es nicht überraschen, wenn der in jüngerer Zeit erstmalig seit den Ölkrisen von 1973 und 1981 wieder stark gestiegene Rohölpreis in den nächsten Jahrzehnten noch deutlich weiter ansteigt. Auch wenn der Preis kurzfristig durch vorübergehend erhöhte Fördermengen sinken kann, wird mittel- bis langfristig wegen geringerer Vorräte das Angebot absinken. Bildlich gesprochen werden die Preise vorrangig nicht mehr nur deshalb steigen, weil der Ölhahn von den Fördernationen (vorübergehend) zugedreht wird bzw. nicht mehr weiter aufgedreht werden kann, sondern weil (längerfristig) der Öltank leer läuft.

Es bleibt festzuhalten, dass eine genauere Analyse der Erdölvorräte ein Umdenken in der Energieversorgung durch fossile Energieträger erzwingt. Insbesondere der Verkehr zu Land und in der Luft beruht außer bei der Bahn bislang fast vollständig auf Erdöl. Umdenken muss man auch im Hinblick auf die hier nicht explizit untersuchten fossilen Energieträger Erdgas und Kohle. Ihre Vorräte reichen zwar relativ gesehen länger aus, aber für sie gelten dennoch ähnliche Kurvenverläufe.

Verlängerungen der Reichweite fossiler Energievorräte sind bei gleich bleibendem Energieverbrauch nur bei stärkerer Nutzung anderer Energieformen möglich. Gemäß Abbildung 2-3 steht der Menschheit prinzipiell eine Reihe von Optionen offen. Das mit Abstand größte Potenzial ist durch die Sonneneinstrahlung selber gegeben, die bei ihrem Auftreffen auf die Erde (oder schon im Weltraum?) durch Solarkollektoren eingefangen werden müsste. Mehr noch als die Photovoltaik scheint die Solarthermie zukunftsträchtig zu sein. Darüber hinaus versuchen Windkraftanlagen und Gezeitenkraftwerke einen Teil der 370 TW mechanischer Energie auf der Erdoberfläche nutzbar zu machen. Weitere potenzielle Energiequellen sind die Erdwärme (Geothermie) sowie die Biomasse (z. B. Holzpellets, Rapsöl oder Biogas). Ob ein Großteil der derzeitigen Leistung von ca. 100 TW natürlicher Biomasseerzeugung für den menschlichen Energieverbrauch genutzt werden kann und soll, ist nicht nur technisch fraglich, sondern auch moralisch fragwürdig. Eine weitere Option bildet die Nuklearenergie aus der Kernspaltung, z. B. von Uran, dessen Vorräte bei einer stärkeren Nutzung allerdings auch in einem absehbaren Zeitraum von unter 100 Jahren erschöpft sein würden, oder von Plutonium, das dagegen wiederaufgearbeitet werden kann. Während die Sicherheit moderner Kernspaltungsreaktoren eher durch menschliches Versagen gefährdet ist, sind viele Fragen der Endlagerung radioaktiven Abfalls und des Schutzes vor Terrorismus noch völlig ungeklärt. Bei einer Entscheidung für den Ausbau der Nuklearenergie müssten also sorgsam alle möglichen Risiken abgewogen werden. Nuklearenergie aus der Fusion von Wasserstoff zu Helium, wie es in der Sonne geschieht, ist immer noch Zukunftsmusik, trotz eines halben Jahrhunderts stark subventionierter Forschung.

Zwar machen die Energieströme „auf der Erde" (vgl. nochmals Abbildung 2-3) deutlich, dass durch die verstärkte Nutzung anderer Energieformen der Verbrauch fossiler Energieträger zumindest verlangsamt werden kann. Heutzutage werden jedoch noch ca. 90 % des Energiebedarfs durch fossile Energieträger gedeckt, und auch zukünftige technische Entwicklungen lassen keine völlige Abkehr von den fossilen Energieträgern erwarten. Die damit verbundene Umweltproblematik gilt noch umso mehr, als fossile Energieträger nicht nur ein Ressourcenproblem begründen, sondern weil ihre Verbrennung Treibhausgase hervorbringt, die zu einer Schädigung des Klimas führen.

2.3 Klimawandel der Erde

2.3.1 Entwicklung der Erdoberflächentemperatur

Wie die Abbildung 2-2 verdeutlicht hat, strahlt die Erde die erhaltene Sonnenenergie vollständig wieder ab. Die 173.000 TW Einstrahlung auf die Erde verteilen sich wegen der Erddrehung auf die gesamte Erdoberfläche, sodass im Durchschnitt etwa 340 W auf jeden Quadratmeter entfallen. Der größte Teil der nicht direkt von der Atmosphäre reflektierten Strahlung wird zwar in Form von langwelliger Wärmestrahlung wieder von der Erdoberfläche abgestrahlt, gelangt aber nicht unmittelbar in das Weltall, sondern wird zunächst auf die Erde zurückgestrahlt und verstärkt sich, so dass sich die Atmosphäre wie in einem Treibhaus erwärmt. Verantwortlich für diesen *Treibhauseffekt* sind bestimmte Gase in der Atmosphäre. Sie fungieren als eine Art Membran um die Erde, die kurzwellige Sonnenenergie hindurch lässt und langwellige Abwärme zurückhält. Ohne den Treibhauseffekt würde auf der Erde eine Durchschnittstemperatur von ca. −18°C an Stelle der momentanen ca. +16°C herrschen und Leben unmöglich sein.

Veränderungen bei den Konzentrationen der sog. Treibhausgase während der Erdgeschichte gingen in der Regel mit entsprechenden Temperaturschwankungen auf der Erdoberfläche einher. So variierte der Kohlendioxidanteil an der Gesamtatmosphäre in den letzten Hunderttausenden von Jahren sägezahnähnlich zwischen 180 und 280 ppm (1 ppm = 1 part per million = 0,0001 %). Praktisch parallel zu diesem Muster schwankte die durchschnittliche Temperatur um einige Grad, was den mehrfachen Wechsel von Eis- und Warmzeiten der letzten Million Jahre bedingte.

Den größten Anteil mit etwa 60 % (ca. 21°C) am natürlichen Treibhauseffekt hat der in der Atmosphäre befindliche, meist als Wolken sichtbare Wasserdampf (H_2O), während Kohlendioxid (CO_2) etwa 20 % (ca. 7°C) bewirkt. Die restlichen 20 % verteilen sich hauptsächlich auf Lachgas (N_2O) und Ozon (O_3) zu gleichen Anteilen (zusammen knapp 5°C) und Methan (NH_4; knapp 1°C) sowie weitere Spurengase. Dabei wirkt dieselbe Menge Methan im Vergleich zum Kohlendioxid 23-mal so stark auf das Klima ein, Lachgas sogar 310-mal so stark.

Der Anteil einiger Spurengase in der Atmosphäre hat sich in den letzten Jahrzehnten, hervorgerufen durch den Menschen, relativ stark erhöht. So ist der besonders relevante Kohlendioxidanteil seit dem Ende des 19. Jahrhunderts zum ersten Mal seit Millionen Jahren wieder über die bis dahin quasi als Thermostat wirkende Obergrenze von 280 ppm hinaus auf 380 ppm im Jahre 2005 gestiegen. Der Anstieg setzt sich zudem zurzeit tendenziell um ca. 2 bis 3 ppm pro Jahr fort.

Kohlendioxid entsteht beim Verbrennen fossiler Energieträger unvermeidbar als Kuppelprodukt. Der weltweite anthropogene Ausstoß an Kohlendioxid betrug 2006 etwa 32 Gt (Mrd. Tonnen). Noch weitgehend unklar ist, inwieweit dadurch der natürliche geogene Kreislauf beeinflusst wird. In ihm entstehen jährlich insgesamt ca. 550 Gt CO_2, die bei der Photosynthese und Kalkbildung aber auch wieder verbraucht werden. Kohlendioxid macht Schätzungen zu Folge etwa 60 % des vom Menschen verursachten Treibhauseffekts aus. Methan, das hauptsächlich aus der Viehhaltung stammt, hat seinen Anteil in der Atmosphäre in den letzten beiden Jahrhunderten verdreifacht (von 0,6 auf 1,7 ppm) und ist für ca. 20 % des anthropogen erzeugten Treibhauseffekts verantwortlich.

Abbildung 2-5 zeigt die Schwankungen der weltweit auf der Erdoberfläche gemessenen Durchschnittstemperaturen seit 1860 gemäß einer Studie des *Intergovernmental Panel on Climate Change (IPCC)*. Die hellen Balken geben dabei die gemessene Temperatur eines Jahres, die dunklen Balken

Schwankungen auf Grund von Messunsicherheiten an. Die durchgezogene Linie entspricht dem 10-Jahres-Durchschnitt. Es zeigt sich, dass in den letzten 140 Jahren die Durchschnittstemperatur um über 0,7°C angestiegen ist, wovon nahezu die Hälfte auf die Veränderungen der letzten 20 Jahre zurückzuführen ist. Neun der zehn heißesten Jahre des letzten Jahrhunderts sind zudem den 1990er Jahren zuzuordnen.

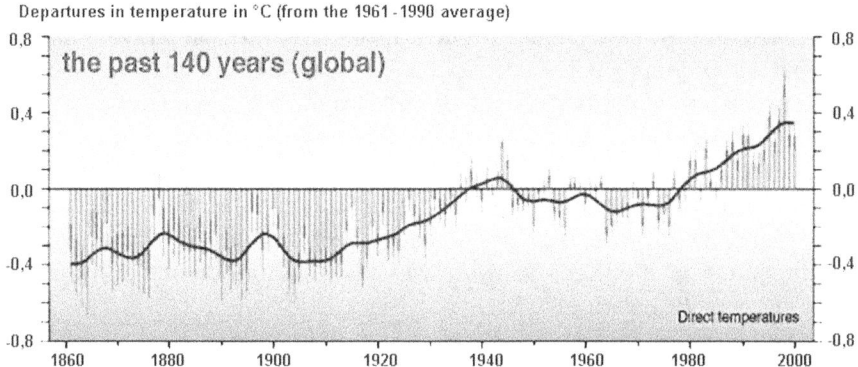

Abb. 2-5: Schwankungen der (globalen) Erdoberflächentemperatur in den Jahren 1861-2000
(Quelle: www.ipcc.ch/present/graphics/2001syr/small/05.16.jpg)

Die Entwicklung der Erdoberflächentemperatur wird von vielen Wissenschaftlern als alarmierendes Signal angesehen. Es gibt jedoch auch Stimmen, die die Gefahren unkritischer einschätzen. So signalisieren Temperaturanalysen für Grönland, die auf Untersuchungen der Eisschichten beruhen, dass es während der letzten 10.000 Jahre mehrere Temperaturspitzen gegeben hat, die das heutige Niveau erreicht haben und noch etwas überstiegen. Ist die momentane *Erderwärmung* also doch nur Ausdruck einer natürlichen Schwankung, und sind die Warnungen vor den Risiken der Erderwärmung nur Panikmache?

Diese Fragen werden heute von den Klimaforschern verneint. Spätestens seit der Vorstellung des 4. Berichts des UN-Klimarats IPCC im Jahre 2007 gilt es als gesichert, dass der Klimawandel durch den Menschen hervorgerufen wird. Die Klimaforscher beschreiben abhängig vom zukünftigen CO_2-Ausstoß verschiedene Szenarien mit Temperaturanstiegen von 1,4 bis 4°C bis zum Jahre 2100. Wegen der möglicherweise katastrophalen Auswirkungen solcher Klimaänderungen ist die Verringerung des CO_2-Ausstoßes das vorrangige umweltpolitische Ziel. Ein Umdenken in der Klimapolitik erscheint dabei noch umso dringender erforderlich, als die CO_2-

Emissionen erst nach einigen Jahrzehnten in die höheren Atmosphäreschichten gelangen. Die heutigen Erwärmungen gehen wesentlich auf die CO_2-Emissionen der 1970er Jahre zurück. In den nächsten Jahren ist deshalb unweigerlich mit einer weiteren Erwärmung zu rechnen. Gegenmaßnahmen werden erst mit einer zeitlichen Verzögerung von mehreren Jahrzehnten greifen, was noch mehr ein rasches Umdenken in der Klimapolitik angeraten erscheinen lässt.

Wenn nichts unternommen wird und die Treibhausgaskonzentrationen in der Atmosphäre weiter steigen, werden im Jahre 2250 Kohlendioxidanteile von über 1000 ppm (= 0,1 %) erreicht sein. Dies könnte sogar die menschliche Zivilisation gefährden. Nicht allein, dass die Eiskappen auf Grönland und der Antarktis abschmelzen, was den Meeresspiegel um mindestens 15 Meter erhöhen und viele Küstengebiete mit Hunderten von Millionen Bewohnern überschwemmen würde. Schlimmer noch könnten die Meere sich so stark erwärmen, dass sie keinen Sauerstoff mehr aufnehmen und „umkippen", wie modrige, Schwefelwasserstoff emittierende Tümpel, in denen kaum noch Leben existiert.

Eine derartige Entwicklung wäre umso bedenklicher, als sie nach neuen Hypothesen erdgeschichtlicher Forscher als Ursache von Massensterben gilt. In den letzten 500 Mio. Jahren traten fünf Massensterben beim Übergang von einem auf das nächste Erdzeitalter auf. Dabei hörten die meisten irdischen Lebensformen einfach auf zu existieren. Das Aussterben der Dinosaurier vor 65 Mio. Jahren durch den Einschlag eines Asteroiden von etwa zehn Kilometer Durchmesser im heutigen Golf von Mexiko soll gemäß der neuen Forschungserkenntnisse insofern eher eine Ausnahme gewesen sein, als dass das Aussterben anderer Lebensformen überwiegend auf den raschen Anstieg von Treibhausgasen zurückgeführt wird. So löschte die größte Massenextinktion vor 251 Mio. Jahren beim Übergang von Perm zum Trias 90 % der Meeresbewohner und 70 % der Pflanzen und Tiere an Land aus (sogar Insekten). Nach der aktuellen Hypothese verursachten ungewöhnlich hohe Kohlendioxid- und Methanemissionen großer Vulkangebiete im heutigen Sibirien einen starken Temperaturanstieg, der wiederum zum Umkippen der Meere führte. Aufgrund der zusätzlichen Schwefelwasserstoffemissionen in die Luft wurden nicht nur die Landbewohner vergiftet, sondern auch die Ozonschicht zerstört, woraufhin die ungehindert wirkende UV-Strahlung einen Großteil des verbliebenen Lebens vernichtete.

2.3.2 Ansatzpunkte für Einsparungen von Treibhausgasemissionen

Da der Treibhauseffekt ein globales Umweltphänomen ist, erfordern politische Maßnahmen zur Absenkung der Treibhausgasemissionen eine globale Sichtweise und ein abgestimmtes Vorgehen der Staatengemeinschaft. Aus diesem Grund haben sich zahlreiche Länder zusammengeschlossen, um eine Absenkung der Treibhausgasemissionen zu erreichen. 1997 wurde auf der Umweltkonferenz der Vereinten Nationen im japanischen Kyoto das sog. *Kyoto-Protokoll* verabschiedet. Es beinhaltet die Verpflichtung der Vertragsstaaten, bis zum Jahre 2012 das Emissionsniveau gegenüber dem Jahr 1990 um 5,2 % abzusenken. In Kraft getreten ist diese Vereinbarung dann im Frühjahr 2005, als mit der Ratifizierung durch das russische Parlament die notwendige Hürde der Mindestteilnehmerzahl übersprungen wurde.

Die Vereinbarung konnte erst in Kraft treten, wenn einerseits 55 Länder und andererseits Länder mit insgesamt mehr als 55 % der gesamten Treibhausgasemissionen sie akzeptieren. Im Frühjahr 2005 hatten zwar bereits 140 Länder das Kyoto-Protokoll ratifiziert, aber erst durch die Zustimmung Russlands wurde die erforderliche relative Emissionsmenge erreicht. Zu den Ländern, die ihre Zustimmung auch weiterhin verweigern, gehört neben dem größten CO_2-Emittenten USA auch Australien.

Die Absenkung des Emissionsniveaus sieht unterschiedliche Anstrengungen der jeweiligen Länder vor. Die EU verpflichtet sich zu einer Reduzierung um 8 %, und Deutschland hat als Hauptverursacher innerhalb der EU eine Reduzierung von 21 % zugesagt. In einigen Ländern der EU sind dagegen sogar Ausweitungen der Emissionen vorgesehen (Irland: +13 %, Spanien: +15 %, Griechenland: +25 %, Portugal: +27 %).

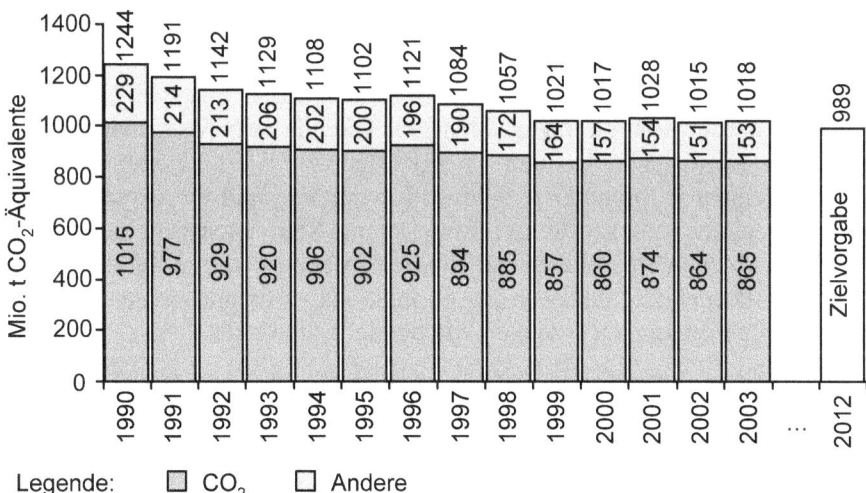

Abb. 2-6: Treibhausgasemissionen in Deutschland
(nach: www.umweltbundesamt.de/klimaschutz/veroeffentlichungen/THG-Emissionen_1990-2003.pdf)

Abbildung 2-6 verdeutlicht die Emissionsminderung in Deutschland zwischen 1990 und 2003. Die Emissionen anderer Treibhausgase (Lachgas, Methan, fluorierte und perfluorierte Kohlenwasserstoffe sowie Schwefelhexafluorid) sind dabei gemäß ihres Gefährdungspotenzials (dem sog. GWP = Global Warming Potential) auf CO_2-Äquivalente umgerechnet. Ingesamt konnte bereits eine Emissionsminderung von knapp 19 % erzielt werden (CO_2-Minderung: 15 %, Minderung anderer Treibhausgase: 35 %). Die hohen Emissionsminderungen zu Beginn der 1990er Jahre sind allerdings vor allem auf die Stilllegung von Braunkohlekraftwerken auf dem Gebiet der ehemaligen DDR zurückzuführen.

Zur Ableitung weiterer Einsparpotenziale ist es hilfreich, einen genaueren Überblick über die Entstehungsgründe der CO_2-Emissionen zu erlangen. Hierzu ist in Tabelle 2-1 der Versuch unternommen worden, die Emissionen aus dem Einsatz fossiler Energieträger in Deutschland abzuleiten. Das Energietableau auf der linken Seite der Tabelle enthält die verbrauchten Energiemengen verschiedener Energieträger, unterteilt nach den drei Verbrauchssegmenten Energieerzeugung, Verkehr und sonstiger Verbrauch in Industriebetrieben und Haushalten (Angaben in Mio. t SKE; SKE = Steinkohleeinheit; 1 t SKE = 29400 MJ = 8,2 MWh $\approx$ 1 kWa). Auf der rechten Seite der Tabelle sind den Energieumsätzen der linken Seite die zugehörigen CO_2-Emissionen in den gleichen Segmenten gegenübergestellt.

Der Zusammenhang zwischen den beiden Tableaus ergibt sich durch die spezifischen *Emissionsfaktoren* der Energieträger, die hier nur als grobe Näherungswerte anzusehen sind, da sie unter anderem stark von dem jeweiligen Wirkungsgrad eines Kraftwerks und den genauen Qualitäten der eingesetzten Energieträger abhängen. Die Variation der Koeffizienten für die verschiedenen fossilen Energieträger ist auf die unterschiedlich hohen Mengen verbrannter Kohlenstoffquantitäten und die verschiedenen Energiegehalte zurückzuführen. Eine Tonne SKE entspricht demgemäß unterschiedlichen Quantitäten der anderen fossilen Energieträger. So müssen mehr Braunkohle und weniger Öl und Gas verbrannt werden, um dieselbe Menge Energie zu erzeugen wie bei der Steinkohle.

Laut der Energiebilanz der Bundesrepublik Deutschland wurden im Jahr 2003 insgesamt ca. 35 Mio. SKE auf nicht energetischem Weg umgewandelt, etwa im Rahmen des Einsatzes von Mineralöl zur Herstellung von Kunststoffen. Diese Quantität muss bei der Ermittlung der CO_2-Emissionen herausgerechnet werden, da sie nicht in Verbrennungsprozessen eingesetzt wurde. Da den Daten keine Aufteilung auf die einzelnen Energieträger zu entnehmen war, wurde vereinfachend davon ausgegangen, dass sich diese Quantität jeweils zur Hälfte auf Erdöl und Erdgas verteilt. Im Energietableau werden deshalb für diese beiden Energieträger die Quantitäten des sonstigen Verbrauchs entsprechend verringert. Diese geschätzte Aufteilung ist ein Grund für die Abweichung der ermittelten Gesamtemission vom Wert des Jahres 2003 in Abbildung 2-6. Da auch die Emissionsfaktoren nur als Durchschnittswerte zu interpretieren sind, ist die Umrechnung von Energie- in Emissionsquantitäten mit Ungenauigkeiten behaftet und soll hier auch nur die prinzipiellen Zusammenhänge und Strukturen illustrieren.

Tab. 2-1: Energiewirtschaftliches Tableau für das Jahr 2003
(Energiemengen abgeleitet aus Arbeitsgemeinschaft Energiebilanzen 2007; Emissionsfaktoren grob angenähert)

Energietableau (in Mio. t SKE)

Nutzung / Energieträger	Strom-/Fernwärmeerzeugung	Verkehr	Sonst. Verbrauch	Σ
Braunkohle	51	0	5	56
Steinkohle	42	0	27	69
Erdöl	3	86	91 > 74	180 > 163
Erdgas	18	0	91 > 73	109 > 91
Kernenergie	61	0	0	61
Erneuerbare Energien	10	3	5	18
Σ	185	89	219 > 184	493 > 458

Emissionsfaktoren (in t CO_2/t SKE)

Energieträger	Faktor
Braunkohle	3,2
Steinkohle	2,7
Erdöl	2,1
Erdgas	1,65
Kernenergie	0
Erneuerbare Energien	0

Emissionstableau (in Mio. t CO_2)

Nutzung / Energieträger	Strom-/Fernwärmeerzeugung	Verkehr	Sonst. Verbrauch	Σ
Braunkohle	163	0	16	179
Steinkohle	113	0	73	186
Erdöl	6	181	155	342
Erdgas	30	0	120	150
Kernenergie	0	0	0	0
Erneuerbare Energien	0	0	0	0
Σ	312	181	364	857

Im Emissionstableau der Tabelle 2-1 können die Hauptverursacher der CO_2-Emissionen identifiziert werden. Viel Treibhausgas entsteht bei der Verbrennung von Erdöl, sowohl im Verkehr als auch bei der Wärmegewinnung in Haushalten. Hier ergibt sich eine Fülle von Ansatzpunkten zur Verringerung des Ausstoßes an Kohlendioxid (z. B. sparsamere oder Hybridmotoren, Biotreibstoff sowie geregelte Wärmepumpen oder Passivhäuser). Eine weitere Option zur Senkung der CO_2-Emissionen ist die Verlagerung der Stromerzeugung auf emissionsarme Energieträger, denn die hohen Emissionswerte der Stromerzeugung beruhen in erster Linie auf den vorwiegend eingesetzten Braun- und Steinkohlekraftwerken.

Die für die Zukunft beabsichtigte unterirdische Deponierung des Kohlendioxids ist bislang nur eine unsichere Option und verringert außerdem den Wirkungsgrad der Stromerzeugung erheblich. Problematisch ist des Weiteren, dass eine Umstellung auf Erdgaskraftwerke genauso wenig in kurzer Zeit möglich ist wie die Ausweitung erneuerbarer Energien. Überdies muss berücksichtigt werden, dass durch den geplanten Ausstieg aus der Kernenergie in Zukunft auch die in Kernkraftwerken erzeugte „saubere" Energie durch andere Formen der Energieerzeugung ersetzt werden muss. Kurzfristig am wirkungsvollsten und auch langfristig sinnvoll sind deshalb in erster Linie Maßnahmen zur Einsparung und Effizienzsteigerung bei der Endenergienutzung, die wegen vielfacher Energieverschwendung oftmals nur mit geringen Nutzeneinbußen und Kostensteigerungen umgesetzt werden können.

Letztendlich müssen alle Akteure des Wirtschaftssystems auf der Basis der skizzierten Wirkungszusammenhänge eine weitere Absenkung der CO_2-Emissionen in Angriff nehmen. Dem Staat kommt dabei die Aufgabe zu, durch umweltpolitische Instrumente die Einhaltung der geplanten Reduktionen im Rahmen des Kyoto-Protokolls und danach zu gewährleisten. Dazu bedarf es einerseits einer effizienten Allokation der erlaubten Emissionsmengen und der damit verbundenen Belastungen auf verschiedene Wirtschaftsbereiche. Im Rahmen des seit dem Jahre 2005 eingeführten EU-weiten Handels mit Emissionszertifikaten sind hierzu nationale Allokationspläne aufgestellt worden.

Darüber hinaus ist es Aufgabe des Staates, die Einhaltung der Zusagen nicht nur in Deutschland zu kontrollieren, sondern auch europa- und weltweit weitere Anstrengungen einzufordern. Denn nur durch die Zusammenarbeit aller Staaten lassen sich die Gefahren eines gesteigerten CO_2-Emissionsniveaus in den Griff bekommen, ohne dass einzelne Länder allzu große Standortnachteile befürchten müssen. Die momentane Entwicklung der Emissionen zahlreicher Staaten sowie die Tatsache, dass einigen Ländern große Zugeständnisse gemacht wurden und andere überhaupt nicht mitmachen, lässt jedenfalls ein Scheitern der Ziele des Kyoto-Protokolls befürchten.

Andererseits gibt es auch erfolgreiche Beispiele für weltweite Abkommen zum Schutze der Umwelt, was etwa im Zusammenhang mit dem sog. *Ozonloch* über der Antarktis zu beobachten ist. Die Ozonschicht in der höheren Atmosphäre ist nicht nur treibhausrelevant, sondern schützt auch die Erde vor schädlicher ultravioletter Sonnenstrahlung. Das Ozon bildet einen UV-Filter, dessen Zerstörung Schäden für die menschliche Gesundheit, insb. Hautkrebs, verursacht. Vor allem durch die Emission von Fluorchlorkohlenwasserstoffen (FCKW), die unter anderem als Treibmittel in Spraydosen und Kühlmittel in Kühlschränken verwendet wurden, ist die Ozonschicht im letzten Jahrhundert stark ausgedünnt worden, so dass es über der Antarktis zu dem besagten Loch in der Schutzhülle kam. Auf einer Konferenz von 25 Staaten sowie der EU in Montreal im Jahre 1978 wurde ein schrittweiser Ausstieg aus der FCKW-Produktion vereinbart. Experten gehen davon aus, dass das Loch bis zur Mitte des 21. Jahrhunderts wieder geschlossen sein wird. Die internationale Kooperation im Rahmen des *Montrealer Protokolls* gilt deshalb als Erfolgsgeschichte und Vorbild zur Beseitigung einer weltweiten Gefahrenlage.

2.4 Weiterführende Literatur

Grundlegend für die Ausführungen des Abschnitts 2.1 ist der immer noch weitgehend aktuelle Aufsatz von Hubbert (1971). Er wird durch den Aufsatz von Davis (1990) nur in wenigen Punkten korrigiert (insbesondere 100 TW Photosyntheseleistung an Stelle von 40 TW). Für die Zwecke der hier interessierenden Klärung der grundlegenden Zusammenhänge kommt es jedoch, wie einleitend betont, prinzipiell nur auf die ungefähre Größenordnung der meisten Zahlenwerte an.

Ein aktuelles Update ihrer ursprünglich 1972 veröffentlichten „Grenzen des Wachstums" liefern Meadows/Meadows/Randers (2006). Die Frage der Energieversorgung in der Zukunft wird ausführlich und teilweise kontrovers von mehreren Autoren in einem von Petermann (2006) herausgegebenen Sammelband diskutiert.

Das Intergovernmental Panel on Climate Change (IPCC) wurde 1988 von der World Meteorological Organization (WMO) und dem Umweltprogramm der Vereinten Nationen (UNEP) ins Leben gerufen. Aufgabe des IPCC ist es, Forschungsergebnisse aus verschiedenen Disziplinen zu den Risiken und Auswirkungen des Klimawandels zusammenzutragen und

Handlungsoptionen aufzuzeigen. In den 2007 veröffentlichten 4. Bericht (siehe www.ipcc.ch) sind Arbeiten von 2.500 führenden Klimaforschern eingeflossen. Deshalb gelten die Berichte des IPCC allgemein als aktueller Stand der Wissenschaft.

Das Massensterben in früheren Erdzeitaltern erklärt der Geologe Ward (2007) mit dem „Tod aus der Tiefe" durch das Umkippen der Meere in schwefelwasserstoffhaltige Kloaken bei starken Erwärmungen der Atmosphäre durch den steilen Anstieg von Treibhausgaskonzentrationen. Einen gegenteiligen, wesentlich „entspannteren" Standpunkt zur Klimaproblematik nimmt dagegen beispielsweise der Geograph Grimmel (2006), Abschnitt 2.3, ein, der auch hinsichtlich anderer naturwissenschaftlicher Erkenntnisse gewisse Außenseiterpositionen vertritt.

3 Wirtschaften im Einklang mit den natürlichen Rahmenbedingungen

Wie die Ausführungen der vorherigen Lektion verdeutlicht haben, stößt das Wirtschaftssystem auf vielfältige Art an natürliche Grenzen. Die Wirtschaftsweise muss daher in absehbarer Zeit durch unterschiedliche Maßnahmen angepasst werden. Die konkreten Maßnahmen sollten nicht unabhängig voneinander gestaltet werden, sondern auf eine übergreifende Vision ausgerichtet sein, die sich sowohl in der Politik als auch im Handeln der Wirtschaftsakteure widerspiegelt.

Ziel dieser Lektion ist es, eine derartige grundlegende Vision für den Umweltschutz näher zu kennzeichnen. Dabei geht Abschnitt 3.1 zunächst der Frage nach, was denn überhaupt unter Umweltschutz zu verstehen ist. Anschließend werden die Leitidee der Nachhaltigkeit (sustainability) grob skizziert und mögliche Handlungsregeln und Gestaltungsprinzipien abgeleitet. Abschnitt 3.2 widmet sich ausführlicher dem Kreislaufprinzip als einer zentralen Grundausrichtung ökologischer Nachhaltigkeit. In Analogie zur Funktionsweise ökologischer Systeme lassen sich Wirtschaftssysteme als Kreisläufe konzipieren. Als Basis der Kreislaufwirtschaft kann ein Modell des Wirtschaftskreislaufs dienen, das zum Abschluss dieser Lektion vorgestellt wird.

3.1 Umweltschutz und Nachhaltigkeit

3.1.1 Umweltschutz: Ein allgemeingültig kaum definierbarer Begriff

Was heißt eigentlich *Umweltschutz*: Bewahrung der Natur vor Schäden durch den Menschen? Es existiert eine Fülle realer Situationen, in denen niemand Zweifel daran hat, dass die Umwelt vom Menschen geschädigt wird. Stichworte, die einem dabei sofort einfallen, sind: Waldsterben, Smogalarm, Reaktorunfall, Tankerhavarie, Klimawandel, Artensterben und viele andere mehr. Daneben gibt es aber auch viele reale Situationen, in denen nicht ohne weiteres klar ist, was Umweltschutz bedeutet. So lässt sich darüber streiten, ob die Umwelt dadurch geschützt wird, dass man Kunststoffabfälle als Müll unter Gewinnung von Nutzenergie verbrennt, das ursprünglich eingesetzte Rohöl künftigen Generationen aber nicht mehr zur Verfügung steht.

Mit der Unschärfe des Begriffs Umweltschutz ist hier nicht das mangelnde Wissen über Wirkungszusammenhänge in der Realität gemeint, etwa die Fragen, inwieweit der CO_2-Ausstoß in Zukunft zu einem Klimawandel führt und welche Auswirkungen das auf die Lebensgrundlagen des Menschen besitzt. Die Unkenntnis über die Wirkungszusammenhänge bedingt das Problem, nicht zu wissen, ob man das Richtige tut und ob man den Schutz der Umwelt nicht vielleicht auf anderem Weg besser erreichen könnte. Hier soll es jedoch um eine noch grundsätzlichere Frage bezüglich des Umweltschutzes gehen: Wann kann man überhaupt von Umweltschutz sprechen? Eine einzige, allgemeingültige Antwort auf diese Frage gibt es nicht. Letztendlich muss jeder Akteur, aber auch jede Gesellschaft ein eigenes Verständnis des Begriffs Umweltschutz finden. Zur Ableitung eines subjektiven Begriffsverständnisses können folgende drei Fragen hilfreich sein:

Wessen Umwelt soll geschützt werden?

Das ist die Frage nach dem Bezugssubjekt. Oft wird Umweltschutz als Selbstschutz des Menschen rein anthropozentrisch verstanden. Muss man aber nicht auch weiten Teilen der belebten Natur ein eigenes Recht auf Bewahrung ihrer Umwelt zumessen? Wo zieht man die Grenze? Sollten neben dem Menschen auch Tiere als Bezugssubjekte mit eigenen Rechten angesehen werden? Und wenn ja, gilt das für alle Tiere oder nur für bestimmte Arten? Wie sieht es mit den Pflanzen aus? Hat eine Blume ein Recht auf Unversehrtheit oder darf sie für einen Blumenstrauß gepflückt werden?

Denjenigen Teil der Natur, dem man ein eigenes Recht auf Bewahrung, und zwar sowohl seiner eigenen Existenz (und Würde) als auch seines eigenen Lebensraumes zumisst, kann man als *Mitwelt* bezeichnen. Umweltschutz dient dann der Mitwelt. Zur Mitwelt zählt zweifellos der Mensch. Ob zur Mitwelt auch große Teile der nicht-menschlichen Natur, insbesondere höhere Lebewesen, gezählt werden sollten, ist nicht einmal die kritische Frage. Diese stellt sich nämlich erst im Konfliktfall, wenn es um die Abwägung der Interessen bzw. Rechte verschiedener Bereiche der Mitwelt geht. Die kritische Frage lautet: Wie stark sind die Rechte eines Mitgeschöpfes im Vergleich zu denen eines anderen, und wer entscheidet darüber? Heute sind das weitgehend die Menschen in den Industrieländern der Ersten Welt.

Aber auch wer Umweltschutz als reinen Menschenschutz begreift, wird mit der Frage der Abwägung von Interessen verschiedener Gruppen der Bevölkerung konfrontiert. In Deutschland wurde Umweltschutz bislang immer dann klein geschrieben, wenn Interessen bestimmter Gruppen oder Verbände berührt werden. Beispiele sind die Autofahrer und die Automobilindustrie im Hinblick auf Tempobeschränkungen auf den Autobahnen oder Emissionsabgaben beim Benzin.

Zeigen diese Beispiele auf, wie schwierig schon die Interessenabwägung innerhalb der Bevölkerung der heutigen Industrieländer ist, so dürften die aktuelle Umweltschutzpolitik und das Verhalten vieler Menschen sogar Zweifel daran nähren, ob im öffentlichen Bewusstsein der Industrieländer zur Mitwelt auch die Bevölkerung der Dritten Welt sowie die der Nachwelt, d. h. künftige Generationen, gehören. Diese Problematik leitet über zu der eng mit dem jeweiligen Bezugssubjekt zusammenhängenden zweiten Frage nach der Art und der Ausdehnung der zu schützenden Umwelt:

Was alles gehört zu der Umwelt, die geschützt werden soll?

Nach ihrer Art kann die *Umwelt* des Menschen grob in die natürliche und in die künstliche, also kulturelle, insbesondere wirtschaftliche, soziale und technische Umwelt eingeteilt werden. Wenn von Umweltschutz die Rede ist, ist üblicherweise die natürliche Umwelt gemeint. Die Ausdehnung der zu schützenden Umwelt kann sich dabei auf räumliche und zeitliche Dimensionen erstrecken. Eine räumliche Begrenzung der Umwelt hat früher zu der Strategie hoher Schornsteine geführt, d. h. Schornsteine wurden höher gebaut, um Schadstoffemissionen wie z. B. Schwefeldioxid in höhere Schichten der Atmosphäre abzugeben, so dass diese möglichst weit vom Entstehungsort wieder auf den Erdboden absinken. Eine derartige Vorgehensweise ist auch noch aktuell, wenn Müll aus Industrieländern kostengünstig in die Dritte Welt exportiert wird, anstatt ihn zu Hause zu deponieren. Eine zeitliche Begrenzung der zu schützenden Umwelt liegt bei allen Umweltschutzmaßnahmen vor, die Probleme auf nachfolgende Generationen verlagern, wie im Fall der Ausbeutung erschöpfbarer Rohstoffe oder der Endlagerung radioaktiver Abfälle.

Aber selbst wenn Bezugssubjekt, Art und Ausdehnung der zu schützenden Umwelt klar sind, bleibt noch die Zielsetzung der Schutzmaßnahmen offen. Daher lautet die dritte Frage:

Wovor soll die Umwelt geschützt werden?

Wenn unter Umweltschutz häufig die Bewahrung der Natur verstanden wird, so stellt sich unmittelbar die Frage, in welchem Zustand sie bewahrt werden soll. Sind als Maxime die Erhaltung des Status quo oder gar die Wiederherstellung früherer Zustände sinnvoll? Was sind erlaubte Veränderungen, die wir in der Natur vornehmen dürfen? Ist es nicht sogar natürlich, dass die Natur sich ständig verändert? Die Dinosaurier beispielsweise sind völlig ohne Zutun des Menschen ausgestorben.

Betrachtet man die bisher vorherrschenden Umweltschutzaktivitäten kritisch, so geht es eigentlich um den Schutz des Menschen vor sich selbst. Wollte man radikal die Natur vor der Veränderung durch den Menschen schützen, so müsste man in letzter Konsequenz die Menschheit abschaffen. Zumindest seit der Mensch dem Status der Naturvölker entwachsen ist, und verstärkt seit Beginn der Industrialisierung, hat er stets die Natur verändert. Umweltschutz kann somit eigentlich nie absoluten Schutz, sondern selbst bei nachhaltigem Wirtschaften immer nur relative *Umweltschonung* bedeuten.

3.1.2 Aspekte ökologisch nachhaltigen Wirtschaftens

Aus dem Umweltschutzverständnis jedes einzelnen Individuums entwickelt sich in der Gesellschaft ein von der Mehrheit der Menschen getragenes Wertesystem, das als moralische Norm im Rahmen der politischen Willensbildung in gesetzliche Regelungen einfließt. Neben der Art und dem Umfang der zu schützenden Umwelt befinden sich in der gesellschaftlichen Diskussion auch Zielsetzungen, Strategien und Maßnahmen, die festlegen, wie die Umwelt am besten zu schützen ist.

Innerhalb der globalen Umweltschutzpolitik hat sich seit Mitte der 1980er Jahre eine Leitidee herausgebildet, die mit dem Stichworten *Nachhaltigkeit* bzw. *nachhaltige Entwicklung* (engl.: sustainability bzw. sustainable development) umschrieben wird. Populär wurde dieser Begriff durch den Bericht „Our Common Future" der Weltkommission für Umwelt und Entwicklung (WCED) aus dem Jahre 1987.

Vorsitzende der Kommission war die norwegische Ministerpräsidentin Gro Harlem Brundtland, weshalb dieser Bericht auch als *Brundtland-Report* bekannt wurde. Die 1983 gegründete Kommission wurde Ende 1987 aufgelöst und im April 1988 als „Centre for Our Common Future" mit Sitz in Genf fortgeführt.

Die Kommission versteht unter nachhaltiger Entwicklung eine Entwicklung, „die den Bedürfnissen der heutigen Generation entspricht, ohne die Möglichkeiten künftiger Generationen zu gefährden, ihre eigenen Bedürfnisse zu befriedigen und ihren Lebensstil zu wählen" (WCED 1987, S. XV). Neben der sich in der Definition offenbarenden *intergenerationalen Gerechtigkeit* soll sich Nachhaltigkeit auch in einer *intragenerationalen Gerechtigkeit* widerspiegeln. Den Menschen in den unterentwickelten Ländern sind demgemäß gleiche Chancen einzuräumen wie den Einwohnern der Industrienationen.

Nachhaltigkeit beinhaltet dabei nicht nur eine *ökologische*, sondern auch eine *ökonomische* und eine *soziale* Dimension. Neben der Umweltschädigung durch Ressourcenverbrauch und Schadstoffemissionen befinden sich also auch Themenkomplexe wie Armut, Kinderarbeit, Benachteiligung von Minderheiten im Fokus nachhaltiger Politik.

Als Leitidee besitzt die Nachhaltigkeit einen hohen Stellenwert. Allerdings ist sie derart umfassend und überdies begrifflich unpräzise definiert, dass eine Umsetzung der Leitidee in konkrete Maßnahmen nur schwer gelingt. Nachfolgend wird deshalb der Versuch unternommen, anhand verschiedener Aspekte zu verdeutlichen, worin sich eine ökologisch nachhaltige Entwicklung des Wirtschaftssystems offenbaren kann. Die in Tabelle 3-1 enthaltenen Aspekte bilden dabei keinen überschneidungsfreien Kriterienkatalog, sondern sind als sich teilweise überlappende Konkretisierungsmöglichkeiten zu verstehen.

Tab. 3-1: Aspekte der ökologischen Nachhaltigkeit

Handlungs-regeln	Gesunderhaltung ökologischer Systeme	Beachtung der Aufnahmefähigkeit ökologischer Systeme	Ausgewogene Nutzung regenerierbarer Ressourcen	Ausgewogene Nutzung nicht-regenerierbarer Ressourcen
Grundstrategien	Suffizienz	Effizienz		Konsistenz
Grundprinzipien	Verantwortungsprinzip	Kooperationsprinzip	Kreislaufprinzip	Prinzip der Funktionsorientierung
Konzepte	Entstofflichung	Energieeffizienzsteigerung	Entflechtung	Entschleunigung

Durch die *Handlungsregeln* wird das Verhältnis zwischen Wirtschaftssystem und Ökosphäre angesprochen. Die Regeln fordern von der Wirtschaft eine ökologisch verträgliche Einflussnahme auf verschiedene Bereiche der natürlichen Umwelt:

- *Gesunderhaltung ökologischer Systeme*: Die generelle Funktionsfähigkeit ökologischer Systeme darf durch die Aktivitäten des Menschen nicht beeinträchtigt werden. Es gilt, die biologische Vielfalt zu erhalten und auf die Grundprinzipien der natürlichen Evolution Rücksicht zu nehmen. Die weiteren drei Handlungsregeln spezifizieren diese erste Regel.

- *Beachtung der Aufnahmefähigkeit ökologischer Systeme*: Stoffeinträge in die natürliche Umwelt in Gestalt von Abfällen und Emissionen dürfen die Assimilationsfähigkeit der betroffenen ökologischen Systeme nicht übersteigen.

- *Ausgewogene Nutzung regenerierbarer Ressourcen*: Die Nutzungs- bzw. Abbaurate der erneuerbaren Ressourcen darf deren natürliche Regenerationsrate nicht überschreiten. So gilt etwa für den Baumbestand eines Ökosystems, dass in einem bestimmten Zeitraum nur soviel abgeholzt werden darf, wie gleichzeitig wieder nachwächst. (In der Forstwirtschaft wird diese Ausgewogenheit schon seit jeher mit dem Begriff Nachhaltigkeit bezeichnet.)

- *Ausgewogene Nutzung nicht-regenerierbarer Ressourcen*: Nicht-erneuerbare Ressourcen dürfen nur in dem Maß verbraucht werden, wie eine entsprechende Erhöhung der (gesamtwirtschaftlichen) Ressourcenproduktivität und/oder eine Substitution durch regenerierbare Ressourcen sichergestellt ist.

Die drei letztgenannten Handlungsregeln tragen insbesondere zur intergenerationalen Gerechtigkeit bei. Sie lässt sich in letzter Konsequenz nur dann sicherstellen, wenn völlig auf eine Nutzung nicht-regenerierbarer Ressourcen verzichtet wird (*strong sustainability*). Denn schon kleine Entnahmen verringern das Potenzial nicht-regenerierbarer Ressourcen, wie Erdöl, Erdgas und Kohle, und müssten bei strenger Auslegung der Handlungsregel sofort verboten werden.

Die hier formulierte abgeschwächte Version (*weak sustainability*) erscheint demgemäß ein sinnvoller Kompromiss, da ansonsten die heutige und jede zukünftige Generation in der Nutzung nicht-regenerierbarer Ressourcen völlig eingeschränkt wird. Aufgrund der nicht vorhersehbaren technischen Entwicklungen beinhaltet sie allerdings ein gewisses Maß an Unsicherheit, ob für künftige Generationen wirklich ein adäquater Ersatz geschaffen werden kann.

Die *Grundstrategien* ökologischer Nachhaltigkeit zeigen Stoßrichtungen des menschlichen Verhaltens auf, durch welche die Handlungsregeln umgesetzt werden können:

- *Suffizienz*: Umweltschädigungen sollen durch eine genügsamere Lebensweise des Menschen, d. h. durch eine Reduzierung der Bedürfnisse eingeschränkt werden. Im Sinne einer intragenerationalen Gerechtigkeit sind hierzu insbesondere die Industrienationen aufgefordert, den Hauptbeitrag zur Umweltschonung zu leisten.

- *Effizienz*: Hier steht nicht der Gedanke der Einschränkung im Vordergrund, sondern vielmehr der Anspruch, ein gleich bleibendes Nutzenniveau mit geringeren Umweltschädigungen zu realisieren. Diese dem ökonomischen Prinzip entsprechende Denkweise setzt insbesondere auf technischen Fortschritt. Sie läuft allerdings Gefahr, dass Verbesserungen oftmals auch erhöhte Nutzenerwartungen mit sich bringen bzw. die Nutzungsmöglichkeiten ausweiten. Ein derartiger *Rebound-* bzw. *Bumerang-Effekt* ergibt sich etwa, wenn durch Ressourceneinsparungen ein Produkt nicht nur umweltfreundlicher sondern auch preisgünstiger wird und dadurch mehr Konsumenten sich ein solches Produkt leisten können.

- *Konsistenz*: Im Zentrum dieser Grundstrategie steht die Forderung, dass der Mensch im Einklang mit der Ökosphäre leben soll. Stärker als die beiden ersten Grundstrategien verlangt die Konsistenz eine Abkehr von herkömmlichen Denkweisen und eine durchgängige Kompatibilität des menschlichen Verhaltens mit den Anforderungen des Ökosystems. Als *industrieller Metabolismus* wird dabei der Versuch einer organischen Einbettung der Wirtschaft in die Natur durch angepasste Stoffwechselvorgänge bezeichnet. Eine Maßnahme sind hier etwa ökologische Produktinnovationen, die eine natürliche Abbaufähigkeit des Produktes ermöglichen.

Neben die Grundstrategien treten *Grundprinzipien*, die insbesondere als Leitlinien unternehmerischen Handelns aufgefasst werden können:

- *Verantwortungsprinzip*: Im Sinne der inter- und intragenerationalen Gerechtigkeit sollten Unternehmungen auch für Umweltschutzbelange eine Eigenverantwortung entwickeln. Zumindest für den Fall, dass moralisch begründete Umweltschutzbelange nicht vollständig durch die ordnungsrechtlichen Rahmenbedingungen abgedeckt sind, kommt den Unternehmungen dadurch eine Legitimationsverantwortung zu.

- *Kooperationsprinzip*: Ein abgestimmtes Zusammenwirken verschiedener Akteure ist nicht nur der Ausgangspunkt ökonomischer Vorteile, sondern kann auch zur Erreichung von Nachhaltigkeitszielen eingesetzt werden. So bilden sich in der Praxis zuweilen *Verwertungsnetzwerke* (Industriesymbiosen), in denen Abfallstoffe bestimmter Unternehmungen von anderen Unternehmungen als Einsatzstoffe verwertet werden.

- *Kreislaufprinzip*: Als ein Kernelement des Umweltschutzes hebt das Kreislaufprinzip auf die Schließung von Stoffkreisläufen nach dem Vorbild des natürlichen Stoffkreislaufes ab.

- *Prinzip der Funktionsorientierung*: Hinter diesem Prinzip steht die Maxime, dass sich Industriebetriebe nicht mehr nur als Hersteller von Sachgütern verstehen, sondern als Anbieter intelligenter Lösungen, mit denen die vom Konsumenten nachgefragte Funktion erfüllt und damit das eigentliche Bedürfnis des Kunden gestillt wird. Die Problemlösungen verlegen sich dann von der Sach- auf die Dienstleistungserbringung. So bieten etwa Reinigungsgerätehersteller seit geraumer Zeit nicht mehr bloß die Geräte zum Kauf an, sondern vermieten die Geräte oder stellen sogar die gesamte Reinigungsleistung (inkl. Bedienpersonal) zur Verfügung. Neben ökonomischen Vorteilen ergeben sich hierdurch Vorteile für die Umwelt durch eine bessere Auslastung der Produktnutzungspotenziale. Voraussetzung für eine auf diesem Prinzip fußende Informations- und Dienstleistungsgesellschaft ist allerdings, dass die Konsumenten entsprechende Bemühungen auch honorieren.

Eine weitere Systematisierung möglicher Ansatzpunkte zur Konkretisierung der nachhaltigen Entwicklung stellt das *4E-Konzept* zur Unterscheidung der vorrangig betroffenen Dimensionen Materie, Energie, Raum und Zeit dar:

- *Entstofflichung*: Ähnlich wie beim Prinzip der Funktionsorientierung zielt dieses Konzept darauf ab, menschliche Bedürfnisse nicht zwangsläufig durch Sachleistungen zu befriedigen, sondern, wo dies möglich ist, verstärkt immaterielle und dadurch weniger umweltschädliche Leistungen zu nutzen.

- *Energieeffizienzsteigerung*: Auch dieses Konzept betrifft die Erhöhung der Ressourcenproduktivität. Durch verbesserte energetische Wirkungsgrade soll der Energieverbrauch gesenkt und damit letztendlich die Ausbeutung der (fossilen) Energiereserven verlangsamt werden.

- *Entflechtung*: Dieses raumbezogene Leitbild zielt ähnlich dem Kooperationsprinzip auf die Etablierung dezentraler Stoffkreisläufe regionalen Zuschnitts ab. Hierdurch sollen insbesondere die transportbedingten Umweltschäden globaler Netzwerke abgesenkt werden.

- *Entschleunigung*: Dieses Konzept setzt an der Diskrepanz von Nachhaltigkeit bzw. Dauerhaftigkeit auf der einen Seite und Beschleunigung bzw. ständigem Wechsel auf der anderen Seite an. Durch eine dem Suffizienzprinzip entsprechende Verlangsamung bestimmter Nutzungsmuster soll der Rhythmus des Wirtschaftssystems dem natürlicher Systeme angepasst und damit letztendlich dem Konsistenzprinzip entsprochen werden.

Die hier grob skizzierten Aspekte sollen helfen, die Leitidee nachhaltiger Entwicklung besser begreifbar zu machen und zugleich den Akteuren des Wirtschaftssystems Anhaltspunkte für ein umweltfreundliches Verhalten liefern. Dies gilt für den Staat, der diese Anhaltspunkte in gesetzliche Richtlinien umsetzen soll, wie auch für Konsumenten, die sich umweltfreundlich verhalten wollen, und ebenso für Unternehmungen, die darauf ihr Umweltmanagement ausrichten können. Die einzelnen Aspekte fließen dabei unterschiedlich stark in die Überlegungen der verschiedenen Akteursgruppen ein. Als ein Lösungsansatz besonderer Bedeutung hat sich das Kreislaufprinzip herauskristallisiert.

3.2 Wirtschaften in Kreisläufen

3.2.1 Stoffkreisläufe in Ökosystemen als Vorbild

Das Wirtschaftssystem war lange Zeit für die meisten Objekte als Durchflusswirtschaft konzipiert, die Stoffe aus der Natur entnimmt und nach ihrem Verbrauch wieder an die Natur abgibt. (Ein Kreislauf innerhalb des Wirtschaftssystems war lediglich für das Nominalgut Geld gegeben.) Zur quantitativen Entlastung der Natur in ihrer Funktion als Ressourcenlieferant und Aufnahmemedium für Abfallstoffe ist es vorteilhaft, Stoffkreisläufe innerhalb des Wirtschaftssystems zu implementieren. Anregungen, wie man solche Kreisläufe aufbauen kann, lassen sich aus natürlichen Kreislaufsystemen herleiten. Abbildung 3-1 verdeutlicht die Funktionsweise eines solchen natürlichen Kreislaufs innerhalb eines Ökosystems.

Ökologische Systeme bestehen aus weitgehend geschlossenen Stoffkreisläufen, bei denen die Stoffe nahezu vollständig rezykliert sowie Sonnenenergie genutzt und Abwärme an die Umgebung abgegeben werden.

Erreicht wird die Schließung der Stoffkreisläufe dadurch, dass im Prinzip drei Gruppen von Lebewesen existieren, denen jeweils eine andere Rolle zukommt:

- *Produzenten*
- *Konsumenten*
- *Reduzenten* (oder Destruenten).

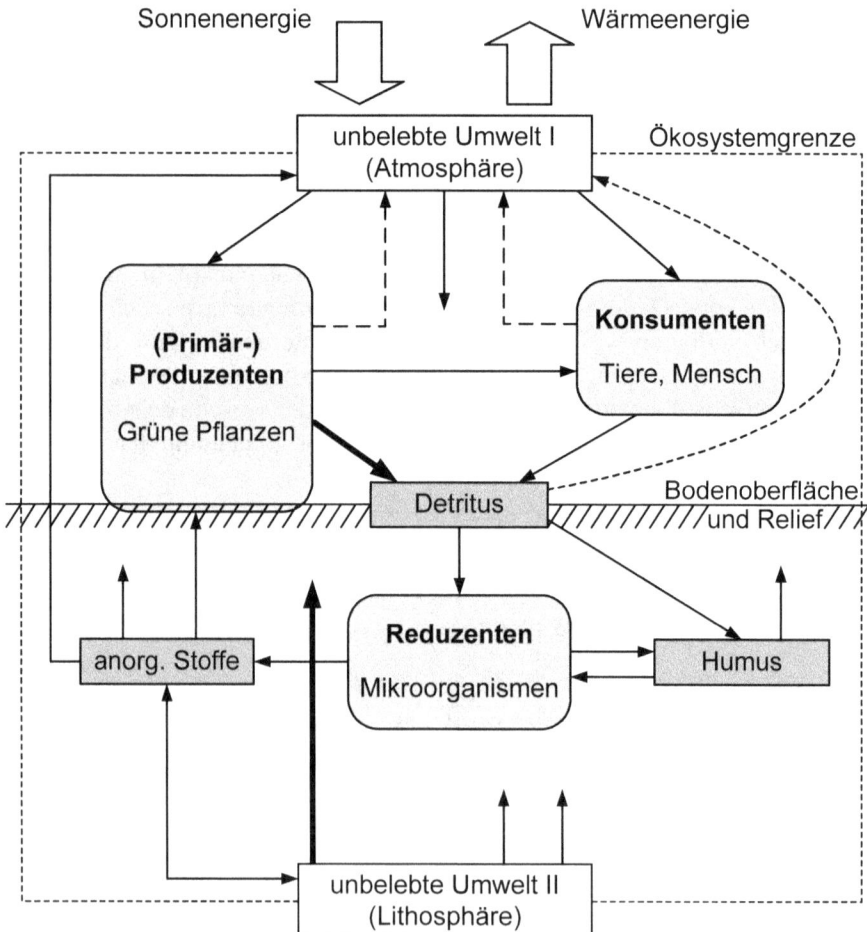

Abb. 3-1: Schema eines natürlichen Ökosystems (nach Haber 1995, S. 194)

Stark vereinfacht handelt es sich bei den Produzenten um die grünen Pflanzen, welche mit Hilfe des Sonnenlichtes bei einer Leistung von etwa 100 TW gemäß Abbildung 2-3 bei der Photosynthese aus Wasser, Kohlendioxid und anorganischen Materialien organische Substanzen erzeugen, wobei als Kuppelprodukt Sauerstoff entsteht. Diese pflanzliche Biomasse wird dann von den Tieren und Menschen in einer Nahrungskette konsumiert. Die bei der Produktion und Konsumtion anfallenden abgestorbenen organischen Stoffe pflanzlicher oder tierischer Herkunft (der sog. Detritus) werden von Mikroorganismen in ihre anorganischen Grundsubstanzen abgebaut, welche den Pflanzen nach dieser Reduktion wieder als Baumaterial für einen erneuten Zyklus zur Verfügung stehen.

Vergleicht man die Funktionsweise eines natürlichen Ökosystems mit dem Wirtschaftssystem, so wird deutlich, dass bei der lange Zeit vorherrschenden Durchflusswirtschaft zwar die Funktionen Produktion und Konsumtion sowie die entsprechenden Akteursgruppen Produzenten und Konsumenten vorhanden sind. Was dem industriellen Wirtschaftssystem zur Kreislaufschließung bis heute jedoch nahezu völlig fehlt, sind die Reduktion bzw. die Reduzenten als zusätzliche Akteursgruppe. So hat der früherer Vizepräsident der USA Al Gore (1992, S. 156) festgestellt, „daß [sich] die Technologie der Entsorgung von Müll mit jener zu seiner Herstellung noch lange nicht messen kann." Soll das Wirtschaftssystem von der Durchfluss- zur Kreislaufwirtschaft entwickelt werden, so muss durch eine systemimmanente Reduktion der Rückfluss möglichst aller Abfallstoffe verankert werden. Ein auf dem Funktionsschema eines natürlichen Ökosystems beruhendes, begrifflich und konzeptionell erweitertes Kreislaufmodell ist Gegenstand des nachfolgenden Abschnitts.

3.2.2 Ein vereinfachtes Modell des Wirtschaftskreislaufs

Das in Abbildung 3-2 dargestellte 2-Ebenen-*Kreislaufmodell* ist um die gedankliche Separierung zwischen Akteuren und deren Beziehungen einerseits sowie den zur Kreislaufschließung notwendigen Funktionen bzw. Aufgaben andererseits bemüht. An die Stelle einer (horizontal) integrierten Sichtweise, wie sie auch dem Kreislaufmodell des Ökosystems in Abbildung 3-1 zugrunde liegt, treten deshalb zwei separate Blickwinkel, der der Akteure sowie der des Stoffflusses. Zudem werden durch die Aufspaltung in zwei Betrachtungsebenen auch die Transformationen und Transaktionen innerhalb des Kreislaufsystems separiert (vgl. zur Unterscheidung von Transformationen und Transaktionen Abschnitt 1.1.1). Dies lässt bestimmte Aspekte der Kreislaufwirtschaft klarer, weil weniger vermischt, hervortreten. Ein ausgewogenes Verständnis der Zusammenhänge im Kreislaufsystem ist jedoch letztendlich immer nur möglich, wenn beide Perspektiven sinnvoll kombiniert werden.

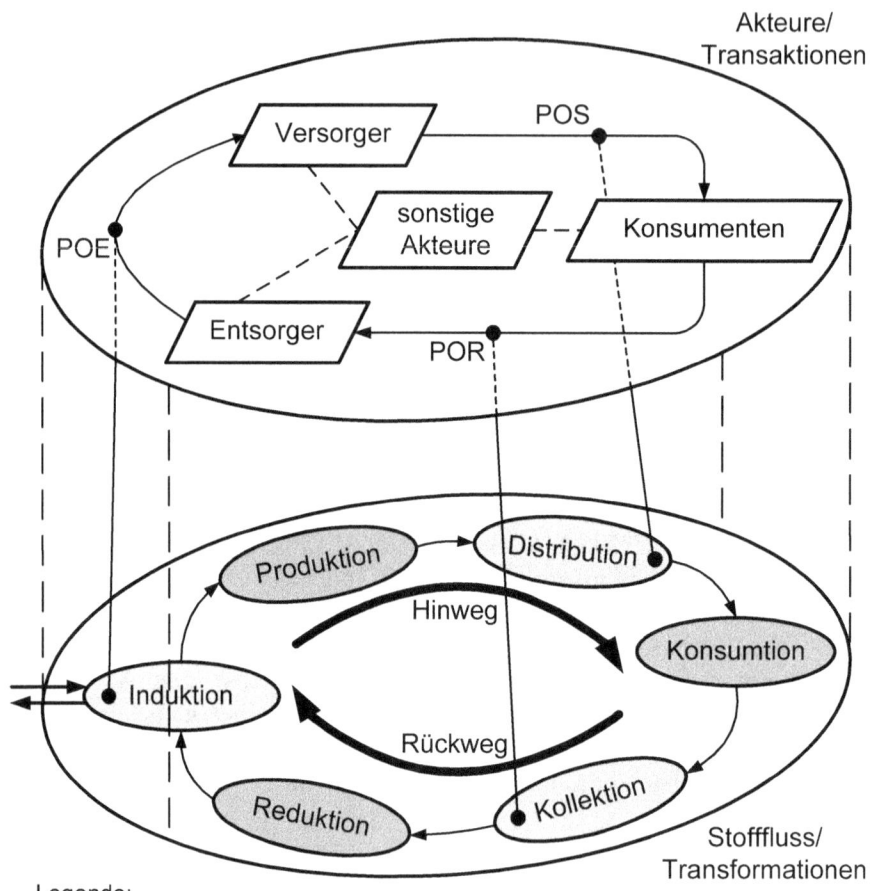

Legende:
POS: Point of Sale
POR: Point of Return
POE: Point of (Re-)Entry

Abb. 3-2: 2-Ebenen-Kreislaufmodell (nach Souren 2003, S. 98)

Die sachliche Abgrenzung des *Stoffstromsystems*, d. h. die Festlegung der gedanklichen Bilanzgrenze, erfolgt derart, dass vorrangig der Kreislauffluss einer einzelnen Objektart betrachtet wird. In konkreten Analysen ist dies zuweilen ein bestimmter (chemischer) Stoff. Das Modell soll jedoch vor allem auch für die komplexen Kreisläufe von Produkt- oder Produktabfallarten (z. B. Automobil-/Altautokreislauf, Elektronikgeräte-/Elektroschrottkreislauf, Verpackungskreislauf) Gültigkeit besitzen. Implizit enthalten sind dann auch die wesentlichen Stoffflüsse der Objektkomponenten, wie z. B. der einfließenden Vorprodukte/ Rohstoffe und der entstehenden Abfälle bzw. Sekundärstoffe. Wegen der ausgedehnten, unübersichtlichen Stoffketten ist eine pragmatische Ausgrenzung bestimmter Stoffflüsse allerdings unumgänglich.

Gemäß der unteren Ebene des Kreislaufmodells wird der Stoffkreislauf in sechs Phasen unterteilt, die durch bestimmte Transformationsprozesstypen charakterisiert werden (aber nicht nur aus diesen bestehen!):

- *Produktion*: Unter Zuhilfenahme von Rohstoffen aus der Natur sowie Materialien und Vorprodukten aus anderen Wirtschaftsteilsystemen wird ein Produkt in (hauptsächlich) materiellen Transformationsprozessen hergestellt.
- *Distribution*: Da für die meisten Produkte der Ort und die Zeit ihrer Herstellung vom Ort und der Zeit ihrer Verwendung abweichen, werden sie in der sich anschließenden Phase räumlich und zeitlich transferiert.
- *Konsumtion*: Das Produkt bzw. sein Nutzungspotenzial wird anschließend verbraucht. Die dazu durchgeführten materiellen (sowie ggf. auch raum-zeitlichen) Transformationsprozesse vermindern im Gegensatz zur Produktion den originären Wert des Objekts; nach seinem Ge- bzw. Verbrauch werden das Kreislaufobjekt bzw. die übrig bleibenden Objektbestandteile deshalb zumeist als Abfälle eingestuft.

Auch wenn man streng genommen in einem Kreislauf weder Anfang noch Ende und somit auch kein Hin und Zurück identifizieren kann, lassen sich diese drei Phasen als Hinweg (*supply chain*) zusammenfassen. Sie sind so oder in ähnlicher Form auch in Durchflusssystemen anzutreffen. Der hauptsächliche Unterschied zu reinen Durchflusssystemen ergibt sich erst durch die im Folgenden beschriebenen Phasen des Kreislaufrückwegs:

- *Kollektion*: Die aus dem Kreislaufobjekt entstandenen Abfälle werden eingesammelt und durch räumliche, zeitliche und mengenmäßige Transferprozesse (Transporte, Lagerung, Sortierung) in geeigneter Form zum Ort ihrer weiteren Bearbeitung gebracht.
- *Reduktion*: Anschließend werden die Abfälle zu nützlichen Sekundärstoffen oder unschädlicheren Abfällen umgewandelt. Die notwendigen materiellen Transformationsprozesse bedingen ähnlich wie bei der Produktion eine Wertsteigerung der eingesetzten Objekte.
- *Induktion*: Die Sekundärstoffe werden schließlich zu den Produktionsanlagen transferiert. Die Induktionsphase beinhaltet zudem Transporte der nicht rezyklierten Abfallstoffe aus dem Kreislauf heraus sowie Transporte der Primärstoffe in den Kreislauf hinein.

Zur funktionalen Analyse der Kreislaufsysteme ist die hier vorgenommene Aufspaltung in verschiedene Phasen hilfreich, weil dadurch Bereiche identifiziert werden, deren Zwecksetzung (Sachziel) sich durch unterschiedliche Transformationsprozesstypen (materiell versus raum-zeitlich) kennzeichnen lässt. Die Charakterisierung durch die zentralen Transformationsprozesse bedeutet dabei allerdings nicht, dass nicht auch andere Transformationstypen in der jeweiligen Phase anzutreffen sind. So gliedert sich z. B. die Produktionsphase regelmäßig in mehrere Stufen, was auch Transporte zwischen diesen Stufen nötig macht.

Die raum-zeitlichen sowie mengenmäßigen Prozesse (Transporte und Lagerungen sowie Sortierungen) in der Distributions-, Kollektions- und Induktionsphase sind in erster Linie notwendig, weil die materiellen Transformationen von unterschiedlichen Akteuren und somit an verschiedenen Orten und zu verschiedenen Zeiten durchgeführt werden. Dies leitet über zur oberen Ebene des Kreislaufmodells, in der die am Kreislauf beteiligten Akteure und die zwischen ihnen bestehenden Austauschbeziehungen grob skizziert sind. Anders als innerbetriebliche Kreisläufe zeichnen sich komplexe Konsumgüterkreisläufe durch eine Vielzahl rechtlich eigenständiger Akteure aus. Sie werden hier vereinfachend in vier Gruppen eingeteilt:

- *Versorger* (v. a. Produzenten, Handel, Logistikdienstleister)
- *Konsumenten* (Haushalte, private oder öffentliche Betriebe als Produktnutzer)
- *Entsorger* (öffentlich oder privatwirtschaftliche Betriebe)
- *sonstige Akteure* (u. a. Staat, Verbände, Systemkoordinatoren).

Die ersten drei Akteursgruppen sind direkt am Stofffluss beteiligt und führen die verschiedenen Transformationen durch. (Die Verbindungslinien zwischen den Akteuren lassen sich demgemäß als institutioneller Teil des Stoffflusses interpretieren.) Daneben lassen sich in Kreislaufsystemen oftmals solche Akteure identifizieren, die nur indirekt den Stofffluss mitgestalten. Hierzu zählen neben dem Staat, der durch gesetzliche Reglementierungen erheblichen Einfluss auf die Gestaltung des Kreislaufs nimmt, insbesondere auch fokale Unternehmungen, die für die Koordination des Kreislaufflusses verantwortlich sind. Ein Beispiel für eine solche Unternehmung ist die *Duale System Deutschland GmbH*, die keine materiellen oder raum-zeitlichen Transformationen durchführt, sondern lediglich das Recycling für Einwegverpackungen (-verpackungsabfälle) kontrolliert und die Abläufe koordiniert.

Als Klassifikationskriterium für die drei direkt am Kreislauf beteiligten Akteursgruppen dienen der Zweck (das Sachziel) ihres Tuns und somit die wesentlichen Aufgaben bzw. Transformationen, welche die Akteure am Kreislaufobjekt verrichten. *Konsumenten* zeichnen sich, wie der Name vermuten lässt, insbesondere dadurch aus, dass sie das Kreislaufprodukt konsumieren, also ge- bzw. verbrauchen. Die zentrale Aufgabe der Versorger besteht darin, nachgefragte Produkte herzustellen und sie den Konsumenten verfügbar zu machen. *Entsorger* übernehmen dagegen die Produktabfälle von den Konsumenten und sind für ihre Verwertung oder Beseitigung zuständig. Insofern stellen sie das Pendant zu den Reduzenten im natürlichen Ökosystem (Abbildung 3-1) dar.

Die Benennung der Akteursgruppen und die Typisierung der Akteure beruht weniger auf institutionellen als vielmehr auf funktionalen Aspekten, die gedanklich auf der (unteren) Transformationsebene verankert sind. Dies führt unweigerlich zu einer Vermischung (bzw. positiv ausgedrückt: zu einer Verknüpfung) der beiden gedanklichen Ebenen. Problematisch wird dies, wenn die Einteilung eines bestimmten Akteurs wegen der unterschiedlichen Transformationsphasen, an denen er beteiligt ist, nicht mehr eindeutig möglich ist. Schwierig ist z. B. die Einordnung sog. Systemdienstleister in Mehrwegverpackungskreisläufen. Sie sammeln einerseits die leeren Verpackungen ein, reparieren und reinigen sie (Entsorgerfunktion). Andererseits beschaffen sie neue Primärverpackungen und stellen sie den Abfüllern zur Verfügung (Versorgerfunktion). Da das Sachziel, d. h. der wesentliche Unternehmenszweck, jedoch zumeist einer einzigen Transformationsphase zugerechnet werden kann, besteht nur selten ein solches Abgrenzungsproblem. So sind Handelsbetriebe auch dann eindeutig den Versorgern zuzuordnen, wenn sie Leergut zurücknehmen (Kollektion).

Der Wirkungskreis einzelner Akteure lässt sich nicht auf bestimmte Phasen und erst recht nicht auf einzelne Funktionen innerhalb einer Phase fixieren. Konsumenten ver- bzw. gebrauchen nicht nur Produkte (Konsumtion), sondern sind auch an der Distribution (Transport der Produkte vom Handel nach Hause) und Kollektion (Einsammlung der Abfälle in verschiedenen Müllbehältern, Transport zu Müllcontainern) beteiligt. In der Realität sind zudem parallel unterschiedliche institutionelle Arrangements anzutreffen. So übernehmen in manchen Mehrwegverpackungskreisläufen eigenständige Systemdienstleister die Rückführung der leeren Verpackungen. Daneben führen aber auch Handelsbetriebe und Hersteller diese Aufgaben selbständig durch.

Entsprechend lassen sich die Austauschpunkte zwischen den Akteursgruppen auch nicht allgemeingültig lokalisieren. Für die theoretische Kreislaufanalyse erscheint jedoch auch der Übergang der Verfügungsgewalt im Rahmen einer Transaktion von einem Akteur auf einen anderen als Identifikationskriterium besser geeignet. Diesbezüglich werden hier folgende Schnittstellen identifiziert:

- *Point of Sale (POS)*: Übergang der Verfügungsgewalt über ein Produkt vom (letzten) Versorger (meist Händler) zum Konsumenten
- *Point of Return (POR)*: Übergang der Verfügungsgewalt über einen Abfall vom (letzten) Konsumenten auf den (ersten) Entsorger
- *Point of (Re-) Entry (POE)*: Übergang der Verfügungsgewalt eines Sekundärstoffs vom (letzten) Entsorger zum (ersten) Versorger.

Der Transaktion am POS sind i. d. R. Transferprozesse (Transporte, Lagerungen) durch den Versorger vor- und durch den Konsumenten nachgelagert. Der POS liegt somit innerhalb der Distributionsphase (also i. d. R. nicht am Rand!). Analog liegt der POR inmitten der Kollektionsphase, da der Konsument selber Tätigkeiten durchführt, die der Kollektion zuzurechnen sind. Unabhängig von der konkreten räumlichen Lage ist er dort angesiedelt, wo die Produktabfälle vom Konsumenten auf den Entsorger übertragen werden. Dies kann für Altpapier sowohl der Standort eines Altpapiercontainers, aber auch der Müllraum eines Mehrfamilienhauses sein, in dem eine blaue Tonne steht.

Mit POS, POR und POE sind hier bewusst nur jene Austauschpunkte näher gekennzeichnet, die *inter*organisational zwischen Akteuren der drei Akteursgruppen bestehen. Daneben gibt es innerhalb einer Gruppe noch eine Vielzahl weiterer *intra*organisatorischer Schnittstellen. Außerdem sei darauf verwiesen, dass selbst die Identifikation der drei zentralen Austauschpunkte nicht immer gelingt, da mitunter an einem Kreislauf eine Akteursgruppe gar nicht beteiligt ist. So fehlen zuweilen die Entsorger, z. B. wenn Handelsbetriebe und Hersteller in Mehrwegverpackungskreisläufen die Rückführung selbst übernehmen. POR und POE sind dann streng genommen nicht vorhanden. Es erscheint allerdings zweckmäßig, zur besseren Abgrenzung der Transaktionen auf Hin- und Rückweg den Rückgabepunkt vom Konsumenten an den Versorger selbst dann als Point of Return zu bezeichnen, wenn Rückgabe- und Verkaufsort übereinstimmen.

3.3 Weiterführende Literatur

Der Abschnitt 3.1.1 über die Begriffsbestimmung des Umweltschutzes beruht auf Dyckhoff (1995) und ist dort sowie auch in Lektion II von Dyckhoff (2000) ausführlicher erläutert.

Die dargestellten Aspekte ökologischer Nachhaltigkeit in Abschnitt 3.1.2 werden vertieft in Schmid (1999) und Lektion IV in Dyckhoff (2000). Mit der Konkretisierung und Durchdringung der Leitidee nachhaltigen Wirtschaftens befassen sich eine unübersehbare Zahl an Wissenschaftlern und Praktikern verschiedener Disziplinen sowie ein breites Spektrum von Büchern und (wissenschaftlichen) Zeitschriften. Eine von der Sicht der traditionellen Umweltökonomie abweichende integrative Sicht von ökonomischer und ökologischer Nachhaltigkeit verfolgt die Zeitschrift *Ecological Economics*.

Nachhaltigkeit ist nicht ohne die Lösung der weltweiten Verteilungs- und Gerechtigkeitsfragen zu erreichen, wie sie im Anhang unseres Lehrbuches prägnant von Radermacher (mit Verweis auf weitere Quellen) skizziert werden. Dass Umweltschutz einen „Marshallplan für die Erde" erfordert, hat schon Al Gore (1992) festgestellt, bevor er Vizepräsident der USA wurde. Ein solcher Globaler Marshallplan nimmt neuerdings immer konkretere Gestalt an, wie dem Buch von Radermacher/Beyers (2007) zu entnehmen ist (vgl. auch den von Radermacher verfassten Anhang dieses Buches).

Nähere Informationen zu ökologischen Stoffkreisläufen findet man bei Haber (1995) und Lehrbüchern der (Landschafts-) Ökologie. Der „Kreislauf des Lebens" von Produzenten, Konsumenten und Reduzenten wird auch beschrieben von Grimmel (2006), Abschnitt 5.2. Eine vertiefte, produktionstheoretische Analyse betrieblicher Reduktionsprozesse findet sich bei Souren (1996).

Das Kreislaufwirtschaftsmodell des Abschnitts 3.2.2 wird detailliert von Souren (2003) entwickelt. Weiterführende Überlegungen zur Modellierung von Kreislaufsystemen finden sich zudem in Kirchgeorg (1999), Kapitel B.2, Souren (2002), Abschnitt 2.2, und Sterr (2003), Kapitel 5.

Lebreton (2007) analysiert die produktbezogene Schließung von Stoffkreisläufen aus strategischer Sicht. Dem Management regionaler, kooperativer Kreisläufe bzw. Verwertungsnetze widmen sich Schwarz (1994) und verschiedene Aufsätze im Sammelband von Strebel/Schwarz (1998) sowie aus entscheidungs- und neo-institutionalistischer Sicht die Habilitationsschrift von Posch (2006).

4 Wirtschaften im gesellschaftlichen Kontext

Whose job is it?

This is a story about four people named *Everybody*, *Somebody*, *Anybody*, and *Nobody*. There was an important job to be done, and *Everybody* was asked to do it. *Everybody* was sure *Somebody* would do it. *Anybody* could have done it, but *Nobody* did it. *Somebody* got angry about that because it was *Everybody's* job. *Everybody* thought *Anybody* could do it but *Nobody* realized that *Everybody* wouldn't do it. It ended up that *Everybody* blamed *Somebody* when *Nobody* did what *Anybody* could have done.

(zitiert nach Hopfenbeck 1990, S. 397)

Will man erklären, warum Umweltschädigungen entstehen, so ist dies nicht nur auf natur- oder ingenieurwissenschaftliche Weise möglich. Das Verhalten der Menschen ist meist mindestens genau so wichtig. Die obige Parabel verdeutlicht das zentrale Problem, dem sich der Umweltschutz in der Gesellschaft gegenübersieht. Den meisten Akteuren des Wirtschaftssystems ist bewusst, dass Umweltschutz eine wichtige gesellschaftliche Aufgabe darstellt. Die Akteure sind jedoch nicht bereit, einen eigenen Beitrag zu leisten, und zwar nicht nur, weil der eigene Beitrag zu hohe Aufwendungen erfordert. Der einzelne Akteur befürchtet vielmehr, dass andere Akteure nicht mitmachen. Das konterkariert einerseits die eigenen Bemühungen, die dann ins Leere laufen. Andererseits ergeben sich für umweltorientierte Akteure ökonomische Nachteile, etwa für Unternehmungen Wettbewerbsnachteile durch den Einsatz teurerer Rohstoffe.

Das geschilderte Phänomen ist in der Umweltökonomie als soziales Dilemma bekannt. Auf Basis der Erklärung sog. externer Kosten wird es in Abschnitt 4.1 näher analysiert. Abschnitt 4.2 geht dann der Frage nach, wie diesem Phänomen entgegengewirkt werden kann.

4.1 Erklärungsansätze für unsoziales Verhalten

4.1.1 Das Gefangenendilemma als spieltheoretischer Ausgangspunkt

Das soziale Dilemma ist eine Variation des sog. *Gefangenendilemmas*, das in der Spieltheorie zur Erklärung der Divergenz zwischen individuell und kollektiv rationalem Verhalten verwendet wird. Tabelle 4-1 verdeutlicht diesbezüglich die Lage, in der sich zwei Gefangene befinden, nachdem sie für eine Straftat inhaftiert worden sind. Beide Gefangene werden unabhängig voneinander nach der Beteiligung an der Straftat, etwa einem Raubüberfall, befragt. Sie stehen vor der Entscheidung, die Tat zu gestehen oder zu leugnen. Die sich daraus ergebenden negativen Folgen in Form von Haftstrafen sind in Tabelle 4-1 als Zahlenwerte angegeben. Die Zahl vor der Klammer gibt jeweils die zu erwartende Haftstrafe des Komplizen A (in Jahren) an, die innerhalb der Klammer diejenige des Komplizen B.

Tab. 4-1: Gefangenendilemma

	Gefängnisstrafe	Komplize B leugnet	Komplize B gesteht
Komplize A	leugnet	–2 (–2)	–10 (0)
	gesteht	0 (–10)	–7 (–7)

Leugnen beide Komplizen, so kann ihnen die Tat nicht nachgewiesen werden und sie werden lediglich für ein minder schweres Vergehen zu jeweils zwei Jahren Haft verurteilt. Gestehen dagegen beide Gefangenen, so werden sie für den Raubüberfall jeweils sieben Jahre inhaftiert. Ihr Geständnis wirkt sich dabei strafmildernd aus. Leugnet hingegen ein Täter, während der andere „auspackt", so geht der Ungeständige zehn Jahre ins Gefängnis, während der andere auf Grund einer Kronzeugenregelung sogar gänzlich von der Haft verschont bleibt.

Für beide Komplizen stellt sich die Alternative zu gestehen als dominante Lösung heraus, denn sowohl für den Fall, dass der jeweils andere Komplize aussagt (–7 > –10) als auch für den Fall, dass er leugnet (0 > –2), ist es besser zu gestehen. Diese *individuell rationale* Lösung stellt jedoch nicht das *kollektiv beste* Ergebnis dar, wobei hier die beiden Gefangenen das Kollektiv bilden. Denn wenn beide gestehen, müssen sie für jeweils sieben Jahre ins Gefängnis. Leugnen sie dagegen beide, so würden sie nur jeweils zwei Jahre inhaftiert.

Ein kooperatives Handeln dominiert also das selbstsüchtige Handeln beider Straftäter. Es stellt sich allerdings die Frage, wie es zu einer Kooperation zwischen beiden kommen könnte. Wenn sich beide nach der Festnahme nicht mehr abstimmen können, müssten sie schon vorher die Absprache getroffen haben, in jedem Fall zu leugnen. Es bleibt dann jedoch fraglich, ob beide auf die „Ganovenehre" des jeweils Anderen vertrauen können. Zumindest für den Fall, dass beide Mitglied einer Verbrecherorganisation, wie z. B. der Mafia, sind, ist ein abweichendes Aussageverhaltens allerdings wenig ratsam. Denn die Organisation sieht für den Verrat Bestrafungen vor, die weitaus schmerzhafter als die Inhaftierung sind oder sogar tödlich enden können. Die Matrix der Auswirkungen in Tabelle 4-1 wird dann für die Fälle, in denen ein Komplize gesteht, stark verändert (etwa durch den Wert $-\infty$, wenn dem Leben ein unendlicher Wert beigemessen wird). Die Alternative zu leugnen wird dann für beide auch individuell rational, so dass die individuell rationale Lösung der kollektiv rationalen entspricht.

4.1.2 Externe Kosten und soziale Dilemmata

Die geschilderte Dilemmasituation lässt sich in ähnlicher Form auch in komplexeren Situationen feststellen, an denen nicht nur zwei, sondern mehrere Akteure beteiligt sind. Bevor auf derartige soziale Dilemmasituationen eingegangen wird, soll zunächst mit den sog. externen Kosten ein Konzept vorgestellt werden, das Umweltschädigungen anhand der Wirkungen des individuellen Verhaltens auf andere Akteure erfasst.

Unter einem (negativen oder positiven) *externen Effekt* versteht man eine nicht (über den Marktpreis) kompensierte Auswirkung wirtschaftlicher Aktivitäten eines oder mehrerer Akteure auf an diesen Aktivitäten nicht beteiligte Dritte. So führt etwa die Einleitung von Abwässern durch eine Unternehmung bei flussabwärts befindlichen Akteuren zu Beeinträchtigungen, also zu negativen externen Effekten. Gleiches gilt für Rußpartikel, die über einen Schornstein in die Luft emittiert werden und zu Belastungen in der näheren oder weiteren Umgebung führen. Werden diese Effekte quantifiziert und bewertet, beispielsweise monetär, so spricht man von *externen Kosten* (bzw. im positiven Fall Erlösen oder Nutzen).

Externe Nutzen entstehen etwa, wenn Erfindungen nicht durch Patente geschützt und deshalb von anderen kostenlos genutzt werden oder wenn bei der Erschließung eines neuen Gewerbegebiets auch private Haushalte eine neue Straße ohne Weiteres nutzen. Ein Beispiel für bilaterale externe Nutzen ist die Ansiedlung eines Obstbauern in unmittelbarer Nachbarschaft zu einer Imkerei. Während die Bienen für die Befruchtung der Obstbäume sorgen, fungieren die Obstbäume als Nahrungsquelle für die Bienen.

Solange ein Akteur die negativen Auswirkungen seines Handelns auf Dritte nicht kompensieren muss, wird er diese bei eigennützigem Verhalten auch nicht in sein Kalkül einbeziehen. So muss eine Unternehmung die externen Kosten nicht in ihrer Produktkalkulation berücksichtigen und kann das Produkt dadurch zu einem Preis anbieten, der nicht den tatsächlich verursachten Aufwand widerspiegelt. Erst die Internalisierung der externen Kosten führt bei rein wirtschaftlicher Betrachtung zu einem umweltschonenden, nachhaltigen Verhalten. Eine derartige Internalisierung kann freiwillig erfolgen oder durch gesetzliche Regeln vorgeschrieben werden. So ergibt sich etwa durch das 1994 verabschiedete *Abwasserabgabengesetz* die Verpflichtung, für Abwasseremissionen eine Einleitungsgebühr zu entrichten. In einem größeren Zusammenhang lässt sich auch die auf Kraftstoffe erhobene *Ökosteuer* als ein Instrument zur Internalisierung externer Kosten auffassen, weil sie den Verursachern (Haushalten und Unternehmungen) die durch den Verkehr bedingten Umweltschäden anlastet. Es bleibt allerdings fraglich, ob ein solcher Preis für die Umweltnutzung stets die vollen externen Kosten berücksichtigt, d. h. „die ganze ökologische Wahrheit sagt".

Mit der Internalisierung externer Kosten ist zudem noch lange nicht geklärt, wer die Kosten letztendlich trägt. Kann eine Unternehmung sie über höhere Verkaufspreise auf die Kunden überwälzen? Lassen sie sich eventuell an Lieferanten weitergeben, oder trägt sie zumindest teilweise der Staat, etwa über Subventionen für Umweltschutzmaßnahmen? Erst wenn sich alle derartigen Möglichkeiten einer Überwälzung nicht realisieren lassen, müssen die an der Unternehmung beteiligten Akteure die Kosten selber tragen. Eine damit verbundene Gewinnschmälerung wird dann letztendlich den Eigentümern der Unternehmung (also z. B. den Aktionären einer AG) angelastet, woraus aber auch eine geringere Entlohnung der Mitarbeiter resultieren kann.

Externe Kosten entstehen überhaupt erst dann, wenn in den Wirkungsbereich anderer Akteure eingegriffen wird, ohne dass hierfür eine adäquate Kompensation erfolgt. Wollte man solche Einwirkungen verhindern, so erfordert dies zuallererst klare Eigentumsverhältnisse, auf deren Basis man sich gegen Belästigungen abschotten oder aber angemessene Kompensationen aushandeln könnte. Die Überweidung öffentlich zugänglicher Wiesen ist schon seit dem Mittelalter als „Tragedy of the Commons" bekannt. Weite Teile der natürlichen Umwelt sind solchermaßen *öffentliche Güter*, d. h. sie unterliegen keinem privaten Eigentum und sind frei nutzbar. Insofern gibt es mit Ausnahme einer übergeordneten staatlichen

Instanz niemanden, der sich für die Gesunderhaltung der Natur verantwortlich fühlt – und letztlich auch den Preis für ihre Nutzung festsetzt. Überdies führt die Tatsache, dass niemand von der Nutzung der natürlichen Umwelt ausgeschlossen werden kann, dazu, dass eine Reihe Akteure als *Trittbrettfahrer* oder „Sozialschmarotzer" die Vorteile von Umweltschutzmaßnahmen anderer genießen wollen, ohne selber etwas für die Umwelt zu tun.

Tab. 4-2: Soziales Dilemma beim Einbau eines Diesel-Rußpartikelfilters

	Nutzen	(fast) alle anderen	
		ja	nein
Individuum	ja	500	–1000
	nein	1500	0

Dieses Phänomen offenbart eine *soziale Dilemmasituation*, die am Beispiel der Entscheidung über den Einbau von Rußpartikelfiltern in Dieselfahrzeuge verdeutlicht werden soll. Tabelle 4-2 stellt diesbezüglich die Auswirkungen der Entscheidung eines Individuums für oder gegen den Einbau in einer Entscheidungstabelle dar. Die Einbaukosten des Rußpartikelfilters werden hier mit 1000 € veranschlagt. Der Nutzen, den jedes Individuum aus der reineren Luft zieht, wird vereinfacht mit 1500 € bewertet.

In der Praxis bestehen zahlreiche Probleme bei der Bewertung von Umweltschäden, zu denen auch die fehlende Monetarisierbarkeit zählt. Versuche, die Umweltschäden bzw. Umweltverbesserungen in Geldeinheiten zu bewerten, umfassen z. B. Opportunitätskostenansätze, die die Kosten alternativer Umweltschutzmaßnahmen bestimmen, sowie empirische Erhebungen der Zahlungsbereitschaft. Dabei besteht das Problem, dass der Nutzen, den jedes Individuum aus der sauberen Umwelt zieht, unterschiedlich hoch ist. Von diesem Problem wird jedoch im Folgenden abstrahiert, indem für jedes Individuum ein gleich hoher Nutzen der sauberen Umwelt unterstellt wird.

Für einen einzelnen Autobesitzer stellt sich die Entscheidung über den Einbau eines Rußpartikelfilters gemäß der Entscheidungsmatrix in Tabelle 4-2 folgendermaßen dar: Baut er einen Rußpartikelfilter in sein Auto ein (Kosten: –1000 €) und (nahezu) alle anderen tun dies auch (Nutzen aus der sauberen Umwelt: 1500 €), so entsteht ihm ein Gesamtnutzen in Höhe von 500 €. Für den Fall, dass er den Filter einbaut, alle bzw. die meisten anderen dies aber nicht tun, beträgt der Nutzenwert –1000 €. Baut er hingegen den Filter nicht ein, so ergeben sich ein Nutzenwert von 1500 € für den Fall, dass die meisten anderen den Filter einbauen, und von 0 € für den Fall, dass die meisten anderen dies auch nicht tun. Dabei besitzt die Entscheidung eines einzelnen Individuums keinen (merklichen) Einfluss auf die Luftqualität.

Aus dem Blickwinkel des einzelnen Akteurs stellt der Verzicht auf den Einbau die dominante Alternative dar. Denn sowohl für den Fall, dass (fast) alle anderen den Filter einbauen (1500 € > 500 €), als auch für den Fall, dass die meisten anderen dies nicht tun (0 € > –1000 €), steht sich der einzelne Akteur um 1000 € besser. Da nun aber alle Individuen vor demselben Entscheidungsproblem stehen, ist es für jedes Individuum besser, wenn es nicht mitmacht. Wenn alle so denken und danach handeln, baut niemand (freiwillig) einen Filter ein, weshalb zwar keine Einbaukosten entstehen, die Umwelt sich aber auch nicht verbessert (0 €; unten rechts in Tabelle 4-2). Das gesellschaftliche Nutzenniveau wäre dagegen bei Einbau des Filters durch (fast) alle Akteure höher (500 €; oben links in Tabelle 4-2).

Strebt also jeder Akteur nach der individuell rationalen Lösung, so bedeutet dies nichts anderes, als dass kein Akteur den Filter einbaut. Dadurch ergibt sich für jeden ein Nutzenniveau von 0 €. Würden dagegen alle den Filter einbauen, so könnte jeder einen Nutzen von 500 € erzielen. Ähnlich wie im Gefangenendilemma ergibt sich das Problem, dass die *kollektiv rationale Lösung im Konflikt zur individuell rationalen Lösung* steht.

Bei der Entscheidungsmatrix des sozialen Dilemmas besteht insofern ein Unterschied zur Matrix des Gefangenendilemmas in Tabelle 4-1, dass keine Spiegelbildlichkeit in der Entscheidungssituation der unter Umständen Millionen Akteure einer Gesellschaft vorliegt. Es werden eben nicht zwei gegen- oder miteinander handelnde Akteure betrachtet, sondern die Entscheidungssituation eines einzelnen Akteurs, der sich dem von ihm nicht beeinflussbaren Verhalten der (anonymen) Masse aller anderen Akteure gegenübersieht. Die Entscheidung für den Einbau des Filters ist für die Gesellschaft in jedem Fall besser (500 € > 0 €). Daraus darf jedoch nicht geschlussfolgert werden, dass die Gesellschaft diese Maßnahme auch durchführt. Denn die Gesellschaft tritt nicht geschlossen, d. h. quasi als ein Akteur auf, sondern sie besteht aus vielen Individuen, die sich alle (einzeln) der in Tabelle 4-2 dargestellten individuellen Entscheidungssituation gegenübersehen.

Das sich im sozialen Dilemma offenbarende gesellschaftliche Problem fehlenden Engagements für den Umweltschutz lässt sich letztendlich also durch das Auseinanderklaffen zwischen individuell rationaler und kollektiv rationaler Entscheidung erklären. Überdies führt die Tatsache, dass ein einzelner Akteur kaum Einfluss auf die gesellschaftliche Entwicklung hat, zu einer Verschärfung des Problems. Denn selbst, wenn ein einzelner Akteur nach der kollektiv rationalen Entscheidung strebt, sei es aus einer altruistischen Motivation heraus oder weil er sich für sich selbst ein steigendes Nutzenniveau erhofft, so kann er durch seine eigene Entscheidung keine merkliche Umweltschonung bewirken. Der geringe individuelle Beitrag erlaubt es zudem einzelnen Akteuren, als Trittbrettfahrer das positive Verhalten in der Gesellschaft auszunutzen.

Soziale Dilemmasituationen treten in der Gesellschaft in vielfältiger Weise auf. So kann beispielsweise auch die Verkehrsmittelwahl bei der täglichen Fahrt zur Arbeit (PKW versus öffentliche Verkehrsmittel) als eine derartige Entscheidungssituation modelliert werden. Aus dem Blickwinkel einer Unternehmung besteht ein soziales Dilemma zum Beispiel dann, wenn die freiwillige Umstellung auf ein umweltfreundliches Produktionsverfahren nur dann zu keinem ökonomischen Nachteil führt, wenn alle Unternehmungen der Branche sich analog verhalten.

4.2 Ansätze zur Erreichung gesellschaftlich erwünschten Verhaltens

4.2.1 Soziale Kooperation

Der Wandel vom eigennützigen zu kollektiv rationalem Verhalten setzt eine soziale Kooperation der Akteure innerhalb der betroffenen Gruppe voraus. Eine derartige Kooperation kann auf dreierlei Weise entstehen:

- aufgrund äußerer Einflussnahme durch Änderung der Rahmenbedingungen (Anreize, Zwangsmaßnahmen, moralischer Druck)
- aufgrund altruistischen Verhaltens
- aufgrund innerer Entwicklungen (Gruppendynamik).

Unterstellt man ein eigensüchtiges Verhalten der Akteure (*Homo oeconomicus*), so sind in erster Linie geeignet gestaltete Rahmenbedingungen dafür verantwortlich, dass die individuell rationale Entscheidung mit der kollektiv rationalen Entscheidung übereinstimmt. Im Gefangendilemma waren diesbezüglich schon die Spielregeln von Verbrecherorganisationen erwähnt worden. Im Rahmen des Wirtschaftssystems sind hier neben gesetzlichen Ge- und Verboten auch monetäre Anreize (v. a. Subventionen und Abgaben) zu nennen. Zur Einflussnahme von außen zählt überdies moralischer Druck durch andere Gruppenmitglieder. So führt etwa das Gefühl, bei der Müllentsorgung von Nachbarn kontrolliert bzw. argwöhnisch beäugt zu werden, zu sozial erwünschtem Abfallentsorgungsverhalten.

Zuweilen bedarf es jedoch keiner Beeinflussung von außen, denn Menschen agieren nicht immer nur selbstsüchtig. In manchen Situationen verhalten sie sich altruistisch, verzichten also bewusst auf den eigenen Vorteil, um das Gemeinwohl zu fördern. Gleichwohl zeigen empirische Sozialstudien, dass sich ein solches altruistisches Verhalten vorrangig auf *Low-Cost-Situationen* beschränkt, d. h. nur solche Situationen betrifft, bei denen dem Einzelnen keine allzu großen Aufwendungen bzw. Mühen abverlangt werden.

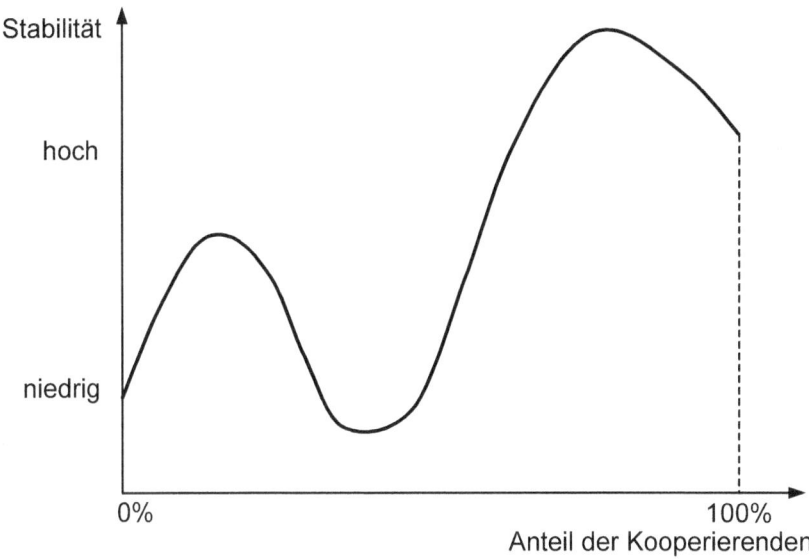

Abb. 4-1: Stabilität sozialer Kooperation (nach Glance/Huberman 1994, S. 38)

Überdies hängt die Bereitschaft, sich freiwillig umweltfreundlich zu verhalten, von gruppendynamischen Prozessen ab, die unter bestimmten Voraussetzungen zu einer geänderten Gleichgewichtssituation führen können. Abbildung 4-1 verdeutlicht die in sozialen Systemen herrschende Gruppendynamik anhand eines einfachen Diagramms. Die Stabilität einer sozialen Kooperation wird dabei in Abhängigkeit vom Anteil kooperationsbereiter, d. h. am Gemeinwohl interessierter Akteure dargestellt. Die dynamische Entwicklung lässt sich oftmals folgendermaßen beschreiben: Anfänglich haben sich nur einige wenige Aktivisten dem Umweltschutz aus altruistischen Motiven verschrieben. Diese Situation wird in Abbildung 4-1 als erstes (lokales) Maximum (bei ca. 10%) dargestellt. Die Stabilität innerhalb der Aktivisten ist groß, bezogen auf die gesamte betroffene Gruppe besteht jedoch noch kein stabiles kooperatives Verhalten.

Nun mag es sein, dass sich weitere Akteure das Verhalten der Aktivisten zu Eigen machen und sich ebenfalls an der Kooperation beteiligen wollen. Die Stabilität der Kooperation nimmt dadurch jedoch ab, weil viele bald erkennen, dass ihr Verhalten wegen der geschilderten Problematik sozialer Dilemmata keine großen Erfolge zeigt. Dadurch fällt der Anteil der Kooperierenden in der Regel wieder ab, und die kollektiv rationale Lösung kann nicht erreicht werden. Erst wenn es gelingt, den Anteil der Kooperationswilligen über einen bestimmten Schwellenwert (in Abbildung 4-1 ca. 50%) zu erhöhen, wird die Kooperation stabilisiert. Wenn ein Großteil der Akteure dann realisiert, dass ihr am Gemeinwohl ausgerichtetes Verhalten ihnen auch individuell nutzt, stabilisiert sich die Kooperation (in Abbildung 4-1 bei ca. 80%). In manchen Situationen mag die höchste Stabilität erreicht sein, wenn alle Akteure kooperieren und die umweltfreundliche Verhaltensweise quasi außerhalb jeder Kritik steht. Oft wird durch eine Ausdehnung der Kooperationsteilnehmer die Stabilität aber auch absinken, weil es spiegelbildlich zu den Aktivisten immer auch Akteure gibt, die aus dem sich entwickelnden Kooperationszwang ausbrechen und einen höheren individuellen Nutzen durch Trittbrettfahrerverhalten realisieren wollen.

Letztendlich führen gruppendynamische Prozesse nur dann zu einer stabilen sozialen Kooperation, wenn es gelingt, einen beträchtlichen Anteil der Gruppenmitglieder davon zu überzeugen, dass kurzfristige Nachteile eines umweltfreundlichen, nachhaltigen Verhaltens langfristig mehr als ausgeglichen werden. Eine solche Überzeugung fällt allerdings gerade anfänglich schwer. Bildlich gesprochen kann das in Abbildung 4-1 angedeutete Tal nur dann durchschritten werden, wenn sich genügend Akteure finden, die auch bereit sind, zunächst den beschwerlichen Abstieg in Kauf zu nehmen.

Die Bereitschaft zu freiwilligem kooperativen Verhalten ist von verschiedenen Faktoren abhängig. Neben der Transparenz des geänderten Verhaltens spielen auch Lerneffekte aus ähnlichen Situationen eine Rolle. Überdies hängt die Kooperationsbereitschaft von der Gruppengröße und dem Ausmaß der Anonymität innerhalb der Gruppe ab. Sofern sich die Gruppenmitglieder kennen oder zumindest glauben, das Verhalten der anderen einschätzen zu können, sind gruppendynamische Prozesse wahrscheinlicher. Zudem wird eine Koordination des Verhaltens ihrer Mitglieder vereinfacht, wenn die Gruppe klein ist. Eine Abstimmung des Verhaltens innerhalb der gesamten Bevölkerung ist dagegen unvorstellbar. Hier helfen in der Regel nur staatlich festgelegte Rahmenbedingungen, den Weg zu kollektiv rationalen Lösungen im Sinne des Gemeinwohls zu ebnen.

4.2.2 Verankerung moralischer Ansprüche in einer (öko-) sozialen Marktwirtschaft

Aufgabe des Staates ist es, Rahmenbedingungen für das Wirtschaftssystem vorzugeben, ohne die Chaos herrschen würde. Zu den Rahmenbedingungen zählen sowohl (direkte) Verhaltensvorschriften, also Ge- und Verbote, als auch (indirekte) Verhaltensanreize, wie Abgaben und Subventionen. Sie müssen in die allgemeinen gesellschaftlichen Normen, d. h. in das Wertesystem bezüglich der Nachhaltigkeit bzw. des Umweltschutzes, aber auch aller anderen gesellschaftsrelevanten Fragen (z. B. Gleichberechtigung, Jugendschutz, Arbeitssicherheit), eingebettet werden.

Ziel der heute weltweit vorherrschenden marktwirtschaftlichen Rahmenordnungen ist es, die Spielregeln so zu gestalten, dass durch das Streben nach individuellem Erfolg jedes Einzelnen auch das Gemeinwohl maximiert wird. Der Wettbewerb der Akteure um den größtmöglichen ökonomischen Erfolg entfaltet im System Kräfte, die im Gegensatz zu einer Planwirtschaft eine höhere ökonomische Effizienz ermöglichen. Dabei wohnt der Marktwirtschaft ein systemimmanenter Selektionsmechanismus inne, der die dem Wettbewerb ausgesetzten Unternehmungen zwingt, dauerhaft, also nachhaltig, Gewinne zu erwirtschaften.

Reale Phänomene wie das Marktversagen bei öffentlichen Gütern, das Vorhandensein externer Kosten sowie soziale Dilemmasituationen machen deutlich, dass die Kräfte eines rein marktwirtschaftlichen Systems nicht immer von sich aus in Richtung des Gemeinwohls wirken. Man sollte deshalb jedoch nicht an der generellen Vorteilhaftigkeit der Marktwirtschaft gegenüber der Planwirtschaft zweifeln. Vielmehr ist es notwendig, dass die Marktkräfte durch Reglementierungen im Sinne des Gemeinwohls kanalisiert werden. An die Stelle einer reinen oder „freien" Marktwirtschaft muss daher eine soziale Marktwirtschaft treten, die die moralischen Ansprüche der Gesellschaft genügend berücksichtigt. Zu den moralischen Ansprüchen zählen auch Umweltschutz- und Nachhaltigkeitsbelange, so dass stärker pointiert auch von einer *öko-sozialen Marktwirtschaft* als idealem Wirtschaftssystem gesprochen werden kann.

Die Ordnungspolitik des Staates hat dafür Sorge zu tragen, dass sich die moralischen Ansprüche der Gesellschaft und das wirtschaftliche Erfolgsstreben in einer Marktwirtschaft vereinbaren lassen. Die Frage, wie dies am besten geschehen kann, ist Gegenstand der Wirtschafts- und Unternehmensethik. Man kann diesbezüglich zwei Hauptsätze formulieren, in denen sich die Sichtweise einer öko-sozialen Marktwirtschaft widerspiegelt (Homann/Blome-Drees 1992, S. 35 und 126):

- *Hauptsatz der Wirtschaftsethik*:
  „Der systematische Ort der Moral in einer Marktwirtschaft ist die Rahmenordnung."

- *Hauptsatz der Unternehmensethik*:
  „Die [...] Legitimationsverantwortung [...] fällt bei Defiziten in der Rahmenordnung an die Unternehmen zurück."

Gemäß dem ersten Hauptsatz soll die Rahmenordnung so gestaltet werden, dass sich alle berechtigten moralischen Ansprüche darin ausreichend wiederfinden. Wenn eine derartig perfekte Rahmenordnung existieren würde, könnten Unternehmungen im Sinne einer reinen Marktwirtschaft selbstsüchtig handeln und bräuchten sich nicht um die moralischen Ansprüche zu kümmern. Denn durch das richtig kanalisierte Verhalten der einzelnen Akteure fallen individuell rationales Handeln und Gemeinwohlstreben zusammen.

Die Gratwanderung einer marktwirtschaftlichen Ordnung in einer Demokratie besteht darin, einerseits möglichst wenig in den Wettbewerb einzugreifen, um die freie Entfaltung der Kräfte im Hinblick auf Produktivität, Effizienz, Qualität und Innovation zu fördern, andererseits doch den Wettbewerb im Sinne gesellschaftlicher Ziele wie soziale Gerechtigkeit und Umweltschutz zu beeinflussen und wenn nötig zu reglementieren, ohne ihn jedoch durch ein zu eng gestricktes soziales Netz zu strangulieren. Eine solche Gratwanderung hat zwangsläufig Defizite in der Rahmenordnung zur Folge. Zum Teil sind es mangelndes Wissen über die nachteiligen Folgen wirtschaftlicher Aktivitäten (z. B. Asbest, FCKW, CO_2) oder überraschende dynamische Entwicklungen (z. B. Gentechnik).

Selbst wenn die Notwendigkeit einer Anpassung der Rahmenordnung erkannt ist, erfordert dies einigen Aufwand (Transaktionskosten), wenn nicht sogar der Einfluss mächtiger partikularer Interessenverbände eine Anpassung verhindert. Besonders solche Änderungen, von denen erst künftige Generationen, die meisten lebenden Mitglieder einer Gesellschaft aber nur wenig profitieren und durch die eine mehr oder minder kleine Gruppe sogar starke Nachteile in Kauf nehmen muss, sind in einer parlamentarischen Demokratie oft kaum durchsetzbar. Das ist ein Hauptgrund dafür, dass die Rahmenordnung nie vollständig und lückenlos ist. Im Zeitalter der Globalisierung wird die Problematik noch dadurch verschärft, dass viele Umweltprobleme international abgestimmte Lösungen erfordern (z. B. Klimaschutz) und damit den Handlungsrahmen einer nationalen Umweltschutzpolitik sprengen. Eine multinationale oder gar globale Abstimmung ist jedoch häufig unmöglich. Und selbst wenn es gelänge, eine derartige Weltordnung zu schaffen, verstreicht in der Regel eine lange

Zeit, was etwa der Versuch verdeutlicht hat, die CO_2-Emissionen im Rahmen des Kyoto-Prozesses abzusenken.

Vor diesem Hintergrund muss die frühere Feststellung über die moralische Motivation der Unternehmensführung relativiert werden. Bei Versagen der Rahmenordnung braucht ein rein ökonomisch motiviertes Unternehmensverhalten nicht mehr unbedingt ethisch begründet zu sein, d. h. die implizite „ethische Richtigkeitsvermutung für gewinnmaximierendes Handeln" ist in Frage zu stellen. Wie die 1995 geplante Versenkung der Ölplattform Brent Spar in der Nordsee beispielhaft gezeigt hat (vgl. hierzu Abschnitt 7.1.2), wird dann von der Unternehmensführung eine explizite Auseinandersetzung mit moralischen Ansprüchen erwartet: Gemäß dem Hauptsatz der Unternehmensethik fällt die Legitimationsverantwortung an die Unternehmung zurück. Die Wahrnehmung der Legitimationsverantwortung im Rahmen der Unternehmensführung ist Aufgabe der normativen Ebene. Insbesondere ist hier die grundlegende Ausrichtung der Unternehmenspolitik im Hinblick auf die Nachhaltigkeit zu bestimmen (vgl. Lektion 6).

4.3 Weiterführende Literatur

Die Relevanz und Problematik des Gefangenendilemmas wird eindrucksvoll von Poundstone (1992) behandelt. Sie ist außerdem Gegenstand vieler Lehrbücher der Mikroökonomie, so etwa Feess (2004), Kapitel 2 und 19. Die darüber hinausgehende Thematik der sozialen Dilemmata und externen Kosten gehört ebenfalls zum Standardstoff der modernen Volkswirtschaftslehre (vgl. etwa Homann/Suchanek 2005) und wird dort insbesondere in Lehrbüchern der Umweltökonomie, wie z. B. Feess (2007), Kapitel 3, behandelt.

Während die traditionelle Umweltökonomie die Umweltschutzproblematik hauptsächlich anhand der Phänomene externer Kosten und sozialer Dilemmata erfasst, machen Baumgärtner/Faber/Schiller (2006) klar, dass sich ökologische Probleme und die daraus erwachsende Verantwortung der Wirtschaftsakteure in vielerlei Hinsicht besser mit dem Konzept der Kuppelproduktion erfassen lassen. Siehe dazu auch Dyckhoff (1996).

Wirtschafts- und unternehmensethische Fragen werden kontrovers diskutiert. Der hier dargestellte Standpunkt ist angelehnt an Homann/Blome-Drees (1992) und unterscheidet sich etwa von denen von Steinmann/Löhr (1992) sowie Ulrich (2005), die den Unternehmungen mehr Verantwortung zuweisen. Aktuelle Übersichten und Perspektiven der Unternehmensethik bieten die Werke von Crane/Matten (2007) und Küpper (2006).

5 Staatliche Umweltschutzpolitik als Rahmenbedingung des Wirtschaftens

In einer öko-sozialen Marktwirtschaft ist es das Ziel der *staatlichen Umweltschutzpolitik*, die Akteure des Wirtschaftssystems, insbesondere die Unternehmungen, zu einer umweltschonenden Wirtschaftsweise anzuhalten, ohne die im Markt agierenden ökonomischen Kräfte übermäßig einzuschränken. Bei der Verankerung dieses Ziels in der Gesetzgebung stehen dem Staat verschiedene Möglichkeiten zur Verfügung. Welche umweltpolitischen Instrumente letztendlich zur Verringerung einer konkreten Umweltbeeinträchtigung eingesetzt werden sollen, hängt einerseits von ihrer ökologischen Wirksamkeit ab. Andererseits sollten beim Vergleich verschiedener Instrumente auch ökonomische Kriterien berücksichtigt werden, zu denen neben der Wettbewerbsneutralität und dem Anreiz zur Innovationstätigkeit insbesondere die Kosteneffizienz zählt.

Im deutschen Recht ist der Umweltschutz in einer schier unüberschaubaren Vielzahl von Rechtsvorschriften verankert. Von den über 12.000 umweltrelevanten Regelungen (ca. 1.000 Gesetze, 3.500 Verordnungen und 7.500 Verwaltungsvorschriften), die im Jahr 2004 Bestand hatten, waren ca. 20 % vom Bund, der Rest von den Ländern erlassen.

Es kann nicht Ziel dieser Lektion sein, alle oder auch nur einen repräsentativen Teil konkreter Rechtsvorschriften zum Umweltschutz vorzustellen. Dem Leser sollen lediglich die prinzipiellen Einflussmöglichkeiten des Staates auf unternehmerisches Umwelthandeln bewusst gemacht werden. Abschnitt 5.1 behandelt deshalb grundlegende Fragestellungen zur Gestaltung der staatlichen Umweltschutzpolitik. Dabei werden zunächst drei wesentliche Handlungsprinzipien skizziert und ihre wichtigsten Instrumente systematisiert. Überdies wird am Beispiel des Vergleichs von Emissionsauflagen und -abgaben begründet, warum marktwirtschaftliche Instrumente aus dem Blickwinkel der Kosteneffizienz besser geeignet sind als Ge- und Verbote. Ein weiterer Unterabschnitt untersucht kurz die Frage, ob, und wenn ja in welcher Form, an die Stelle staatlich fixierter Rechtsnormen ein kooperatives Handeln von Staat und Unternehmungen treten kann. In Abschnitt 5.2 wird dann mit dem Kreislaufwirtschafts- und Abfallgesetz (KrW-/AbfG) diejenige Regelung vorgestellt, der in Deutschland zur Schließung von Stoff- und Produktkreisläufen innerhalb des Wirtschaftssystems die größte Relevanz zukommt.

5.1 Gestaltungsformen staatlicher Umweltschutzpolitik

5.1.1 Handlungsprinzipien und Instrumente des Staates

Seit Herbst 1994 ist der Umweltschutz als *Staatsziel* Bestandteil des Grundgesetzes. In Artikel 20a heißt es nunmehr: „Der Staat schützt auch in Verantwortung für die künftigen Generationen die natürlichen Lebensgrundlagen und die Tiere im Rahmen der verfassungsmäßigen Ordnung durch die Gesetzgebung und nach Maßgabe von Gesetz und Recht durch die vollziehende Gewalt und die Rechtsprechung".

Da gegenüber der ursprünglich vorgesehenen Fassung der Passus „die natürlichen Lebensgrundlagen des Menschen" durch Wegfall der Worte „des Menschen" modifiziert wurde, ist die frühere rein anthropozentrische Sichtweise etwas relativiert worden.

Für die staatlichen Organe (Legislative, Exekutive und Judikative) besteht somit eine verfassungsmäßige Pflicht zum Umweltschutz, die zwar, anders als ein Grundrecht, vom Bürger nicht eingeklagt werden kann, aber eine wichtige politische Leitlinie darstellt. Bei der Umsetzung dieser Leitlinie in gesetzliche Regelungen muss die Legislative festlegen, wer letztendlich für den Umweltschutz zu sorgen hat und damit auch die Umweltschutzkosten trägt. Dabei unterscheidet man drei Handlungsprinzipien:

- *Verursacherprinzip*: Dieses vorrangig angewandte Handlungsprinzip bürdet demjenigen Akteur die Kosten für Maßnahmen zur Vermeidung oder Beseitigung von Umweltschädigungen auf, der die Umweltschädigung bewirkt hat bzw. bewirken würde. Das sind in erster Linie Produzenten und Konsumenten, in deren Verfügungsbereich die Umweltschädigungen fallen. Beispiele für die Anwendung dieses Prinzips sind die im Kreislaufwirtschaftsgesetz verankerte Produktverantwortung der Hersteller sowie die in kommunalen Abfallsatzungen fixierte Pflicht des Konsumenten, die Abfallstoffe ordnungsgemäß an Entsorgungsbetriebe abzugeben.

- *Gemeinlastprinzip*: Insbesondere für den Fall, dass eine Ermittlung des Verursachers nicht möglich ist oder mit zu hohen Kosten verbunden wäre, wird das Verursacherprinzip durch dieses Handlungsprinzip ergänzt, bei dem die Gemeinschaft, d. h. der Staat, für die Behebung von Umweltschädigungen aufkommt. Ein Beispiel hierfür ist die Altlastensanierung kontaminierter Gewerbeflächen, deren Eigentümer nicht mehr belangt werden können.

- *Nutznießerprinzip*: In Sonderfällen macht es Sinn, nicht dem Verursacher einer Umweltschädigung die Kosten ihrer Vermeidung aufzuerlegen, sondern Akteuren, die davon profitieren, wenn eine konkrete Umweltschädigung vermieden wird. Ein Beispiel aus der deutschen Gesetzgebung ist der in Baden-Württemberg erhobene *Wasserpfennig*. Er erlegt Unternehmungen und Haushalten eine Gebühr auf den Wasserverbrauch auf, die genutzt wird, um Landwirte zu subventionieren, die weniger Kunstdünger auf die Felder aufbringen. Auf einer globalen Ebene ergeben sich ähnliche Überlegungen, wenn Industrienationen bereit sind, Staaten in den Tropen für den Verzicht auf übermäßige Abholzung der Regenwälder zu entschädigen.

Während die Handlungsprinzipien die Entscheidung des Staates betreffen, wem er letztendlich die Verpflichtung zum Umweltschutz aufbürdet, wird durch die Auswahl eines Umweltschutzinstrumentes bestimmt, wie die Durchsetzung der Verpflichtung zum Umweltschutz erreicht werden soll. Abbildung 5-1 stellt diesbezüglich einen Systematisierungsrahmen für Instrumente staatlicher Umweltschutzpolitik dar.

Die zentrale Unterscheidung *umweltschutzpolitischer Instrumente* sieht ordnungsrechtliche Instrumente auf der einen und marktwirtschaftliche Instrumente auf der anderen Seite vor. *Ordnungsrechtliche Instrumente* sind Vorschriften, d. h. Ge- und Verbote, die sich darin manifestieren, dass sie bestimmte Verhaltensweisen gänzlich oder durch Grenzwerte einschränken. Im Gegensatz dazu belassen *marktwirtschaftliche Instrumente* den Akteuren einen Verhaltensspielraum, versuchen jedoch das Verhalten dadurch zu lenken, dass sie i. d. R. monetäre Anreize für ein umweltschonendes Verhalten vorgeben. Die Akteure können dann selbständig entscheiden, wie stark sie sich im Umweltschutz engagieren wollen, um negative ökonomische Konsequenzen abzuwenden bzw. positive ökonomische Konsequenzen zu erreichen.

Die in der Literatur übliche Unterscheidung zwischen ordnungsrechtlichen und marktwirtschaftlichen Instrumenten sollte nicht den Eindruck vermitteln, dass letzte einen ökonomischen Einfluss auf Unternehmensentscheidungen besitzen, erste dagegen nicht. Bei marktwirtschaftlichen Instrumenten wirkt die Beeinflussung des ökonomischen Kalküls lediglich insofern direkter, als ökonomische Erfolgsgrößen unmittelbar angesprochen werden, Umweltschutz- bzw. Umweltschädigungskosten also direkt ersichtlich sind. Ordnungsrechtliche Instrumente setzen dagegen Rahmenbedingungen, die nicht direkt mit Kosten verbunden sind. Ihre Einhaltung führt jedoch mittelbar zu (Opportunitäts-) Kosten und beeinflusst somit indirekt auch das ökonomische Kalkül.

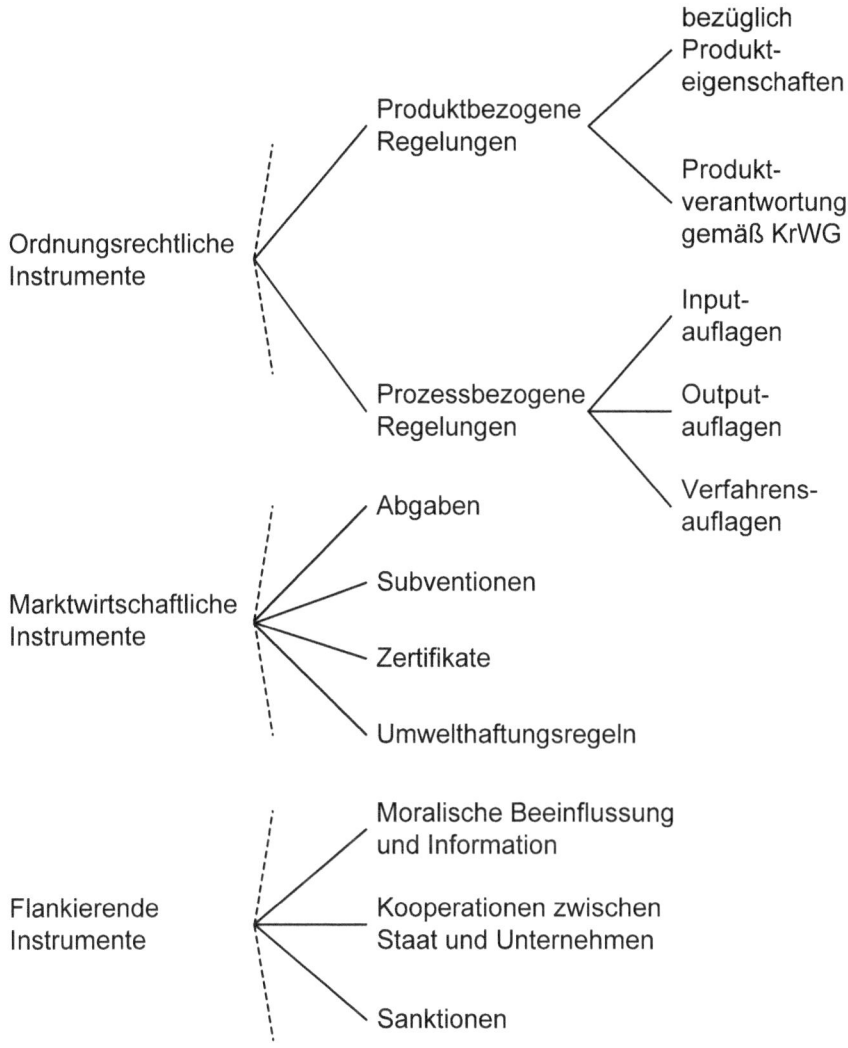

Abb. 5-1: Umweltschutzpolitisches Instrumentarium des Staates

Als Ergänzung ordnungsrechtlicher und marktwirtschaftlicher Instrumente wird eine Vielzahl *flankierender Instrumente* eingesetzt. Hierzu zählen einerseits Informationen und moralische Appelle, die versuchen, ein geändertes Umweltbewusstsein zu erreichen und ordnungsrechtliche bzw. marktwirtschaftliche Instrumente ein Stück weit obsolet zu machen. Letzteres ist auch ein Ziel von Kooperationslösungen zwischen dem Staat und Unternehmungen, die den Unternehmungen ein Mitspracherecht in der

Umweltschutzpolitik einräumen (vgl. Abschnitt 5.1.3). Durch solche Kooperationslösungen, die etwa Branchenvereinbarungen oder die gemeinsame Entwicklung technischer Normen umfassen, sollen bessere institutionelle Arrangements sowie geringere Reibungsverluste erzielt werden. In Kombination mit ordnungsrechtlichen und marktwirtschaftlichen Instrumenten werden überdies Sanktionen (Geldbußen, Freiheitsstrafen oder Berufsverbote) eingesetzt, die gewährleisten sollen, dass die Gesetze wirklich eingehalten und nicht missachtet werden.

Zentrale ordnungsrechtliche Instrumente für Unternehmungen sind *Auflagen*, die auf Umweltschädigungen im Rahmen des Wertschöpfungs- und Konsumprozesses abstellen. Sie setzen einerseits an Art oder Menge des Inputs oder (schädlichen) Outputs an. Dabei treten neben das völlige Verbot bestimmter Stoffe oft Grenzwerte, die nicht über- bzw. unterschritten werden dürfen. In der Regel sind solche Grenzwerte nicht absolut fixiert sondern relativ. So fungieren bei Emissionsgrenzwerten z. B. der Zeitraum (sog. *Massenstromgrenzwerte*), der Anteil an bzw. in einem Trägermedium (sog. *Massenkonzentrationsgrenzwerte*) oder die Quantität hergestellter Produkte (sog. *Massenverhältnisgrenzwerte*) als Bezugsbasen. Als weitere Kategorie neben Input- und Outputauflagen setzen Verfahrensauflagen direkt am Bearbeitungsprozess an, indem sie die Art der Technologie oder bestimmte Betriebsbedingungen vorschreiben.

Neben die prozessbedingten Auflagen treten als weitere ordnungsrechtliche Instrumente produktbezogene Regelungen, die z. B. Eigenschaften von Produkten vorschreiben bzw. verbieten. Hierunter fällt das Verbot FCKW-haltiger Produkte, wie etwa bei Kühlschränken. Eine weitere wichtige produktbezogene Regelung ist die Produktverantwortung, die den Hersteller verpflichtet, den gesamten Lebensweg seines Produktes gedanklich zu begleiten und insbesondere für sein Recycling zu sorgen (vgl. Abschnitt 5.2).

Zu den marktwirtschaftlichen Instrumenten staatlicher Umweltschutzpolitik zählen Umwelt*abgaben*, die zur Verteuerung eines umweltschädigenden Verhaltens führen. Ein Beispiel ist die *Abwasserabgabe*, die in Abhängigkeit von Quantität und Inhaltsstoffen die Ableitung von Abwässern mit einer Gebühr belastet. Ein weiteres Beispiel ist die *Ökosteuer* auf Kraftstoff, die eine Verteuerung des Einsatzes von Benzin und Diesel anstrebt, um letztendlich den Erdölverbrauch und die Treibhausgasemissionen zu senken. Im Gegensatz zu den Abgaben belohnen *Umweltschutzsubventionen* ein positives Verhalten. Hierunter fallen etwa Investitionsfördermaßnahmen, aber auch die Belohnung des Verzichts auf umweltschädigende Maßnahmen, wie sie weiter oben durch das Beispiel des Wasserpfennigs angesprochen wurden.

Ein weiteres wichtiges marktwirtschaftliches Instrument sind *Zertifikate*, die einem verbrieften Recht entsprechen, bestimmte Umweltschädigungen vornehmen zu dürfen. Anders als bei Abgaben und Subventionen wird nicht ein Preis für eine Umweltschädigung vorgegeben und den Akteuren damit die Möglichkeit eröffnet, sich quantitativ, d. h. über die Menge ihres Rohstoffverbrauchs bzw. ihrer Emissionen anzupassen. Zertifikate fixieren vielmehr die Quantität, die von einem umweltschädigenden Stoff emittiert bzw. genutzt werden darf. Durch den Handel der Zertifikate zwischen den Akteuren ergibt sich dann ihr Preis. Bestes Beispiel für eine solche Lösung ist der europäische Zertifikathandel für CO_2-Emissionen. Hier werden über verschiedene Allokationsstufen hinweg Unternehmungen mit Emissionsrechten versehen, die sie seit Anfang des Jahres 2005 untereinander handeln können. Bei Ausweitungen der Beschäftigung gilt es dann für einzelne Unternehmungen abzuwägen, ob sie neue Zertifikate hinzukaufen oder durch Prozessinnovationen eine Absenkung der CO_2-Emissionen erreichen können.

In der umweltökonomischen Literatur werden gemeinhin auch Haftungsbestimmungen für Umweltschäden zu den marktwirtschaftlichen Instrumenten gezählt. Zentrale gesetzliche Regelung ist hier das 1991 in Kraft getretene *Umwelthaftungsgesetz* (UmweltHG). Unternehmungen mit bestimmten gefährlichen Anlagen haften demgemäß für Umweltschäden, die sie bei anderen Akteuren verursacht haben. Dabei gilt seit Einführung des UmweltHG die sog. Gefährdungshaftung, wonach ein Schädiger selbst dann haftet, wenn er weder rechtswidrig noch schuldhaft gehandelt hat (wie bei der üblichen Verschuldenshaftung der Fall), ein nicht betriebsgemäßer Betrieb seiner Anlage jedoch potenziell für die Schädigung in Frage kommen kann. Solange die Unternehmung den auflagengemäßen Betrieb nicht nachweisen kann, trägt sie im Verfahren zur Ermittlung des Schädigers die Beweislast, dass sie die Schädigung nicht verursacht hat.

5.1.2 Effizienzvergleich von Auflagen und Abgaben

Bei der Auswahl eines Instruments zur Durchsetzung eines konkreten staatlichen Umweltschutzzieles spielen verschiedene Kriterien eine Rolle. In der Regel sind einzelne Instrumente nie bezüglich aller Kriterien gleichermaßen gut geeignet, so dass der Staat abwägen muss, was ihm besonders wichtig ist. Bei der Abwendung von Notlagen besitzt die ökologische Wirksamkeit des Instruments oberste Priorität. Dann werden zumeist ordnungsrechtliche Instrumente eingesetzt, die z. B. bestimmte Schadstoffe verbieten. Der Spielraum der Akteure wird dadurch völlig eingeschränkt und die Umweltschädigung wirksam beseitigt.

Auch beim Versuch, Schadstoffemissionen auf ein bestimmtes Niveau zu beschränken, werden in der deutschen Gesetzgebung oftmals Auflagen in Form von Grenzwerten eingesetzt. Im Gegensatz etwa zu Abgabenlösungen, bei denen die Mengenanpassung der Unternehmungen zunächst weitgehend ungewiss ist, verspricht sich der Gesetzgeber von Grenzwerten eine höhere Planungssicherheit bezüglich der tatsächlichen zukünftigen Emissionen. Auflagenlösungen weisen jedoch gegenüber marktwirtschaftlichen Instrumenten den Nachteil geringerer Innovationsanreize sowie fehlender Kosteneffizienz auf. Anhand des Vergleichs einer Emissionsauflage mit einer Emissionsabgabe wird letztes nachfolgend verdeutlicht.

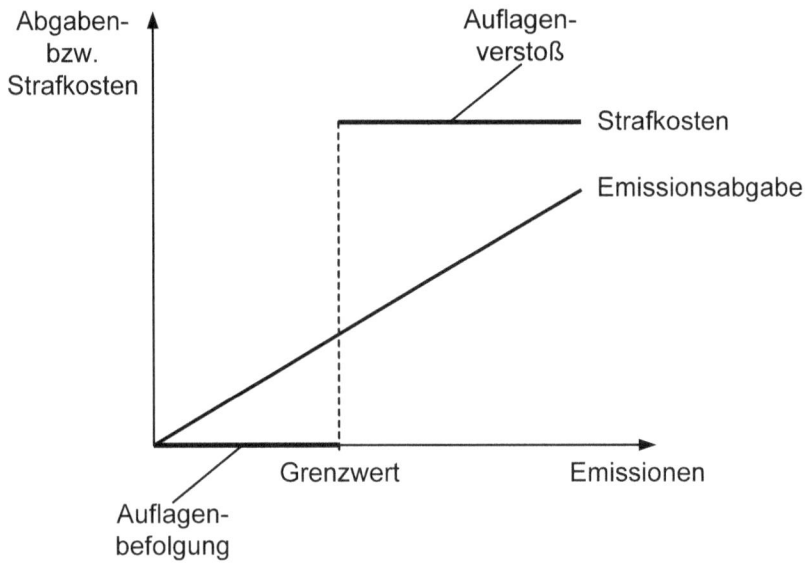

Abb. 5-2: Abgaben- versus Strafkosten

Abbildung 5-2 stellt dazu zunächst im Vergleich die Abgaben- und Strafkosten dar, denen sich jede Unternehmung bei einer Emissionsabgabe bzw. -auflage gegenübersieht. Im Falle der, hier als linear unterstellten, Emissionsabgabe erhöhen sich die Kosten proportional zur Schadstoffquantität. Bei einer Emissionsauflage sieht der Kostenverlauf dagegen gänzlich anders aus. Solange der staatlich vorgegebene Grenzwert nicht überschritten wird, fallen außer Emissionsvermeidungskosten keine sonstigen Kosten an. Wird der Grenzwert dagegen überschritten, muss die Unternehmung eine hohe Strafe zahlen. Unterstellt ist hierbei, dass die Strafe unabhängig von der genauen Emissionshöhe anfällt, so dass sich der skizzierte sprunghafte Verlauf der *Strafkosten* für die Emissionsauflage ergibt.

Die einzelne Unternehmung befindet sich bei Einsatz der beiden Umweltschutzinstrumente in zwei gänzlich unterschiedlichen Entscheidungssituationen. Während bei der Emissionsabgabe jedwede Verringerung der Emissionsquantität mit Kosteneinsparungen bei den Abgaben verbunden ist, besteht bei der Emissionsauflage für die Unternehmung kein Anreiz, weniger zu emittieren als durch den Grenzwert zulässig, weil sich dadurch keine Kosten einsparen lassen. Da gleichsam eine (zusätzliche) Einsparung von Emissionen in der Unternehmung *Vermeidungskosten* bedingt, wird im Fall einer Emissionsauflage jede Unternehmung den Grenzwert voll ausschöpfen. Bei der Emissionsabgabe passt hingegen jede Unternehmung ihre Emissionsquantität individuell an, indem sie die (Grenz-)Vermeidungskosten gegen die Emissionsabgabe abwägt. Solange es kostengünstiger ist, eine weitere Schadstoffeinheit zu vermeiden als die Emissionsabgabe zu bezahlen, wird die Schadstoffentstehung eingeschränkt. Ist die Vermeidung dagegen teurer, zahlt die Unternehmung die Emissionsabgabe.

Dass sich durch die Freiheit zur individuellen Anpassung eine gesamtwirtschaftlich kosteneffiziente Lösung ergibt, wird nachfolgend anhand eines fiktiven Zahlenbeispiels verdeutlicht. Vereinfachend sei unterstellt, dass lediglich zwei Unternehmungen i ($i = 1, 2$) einen bestimmten Schadstoff jeweils in der Quantität E_i emittieren, was entweder durch eine Auflage oder eine Abgabe reglementiert werden kann. Die Vermeidungskostenfunktionen VK_i der Unternehmungen lauten: $VK_1 = 1.600.000/E_1$ und $VK_2 = 900.000/E_2$. Die beiden in Abbildung 5-3 dargestellten Kurvenverläufe geben an, wie viel die Unternehmungen zahlen müssen, um durch interne Umweltschutzmaßnahmen (z. B. Filter, geänderte Produktionsverfahren) das angegebene Emissionsniveau realisieren zu können. Die unterstellten hyperbelförmigen Kostenverläufe sind durchaus realistisch, da eine Absenkung der Emissionsmenge i. d. R. mit immer größeren Anstrengungen verbunden ist.

Wird durch eine Emissionsauflage der Grenzwert für jede Unternehmung auf 100 Einheiten beschränkt ($E_1 = E_2 = 100$), so verursacht das in der ersten Unternehmung Vermeidungskosten von $VK_1 = 16.000$ € und in der zweiten von $VK_2 = 9.000$ €. Gesamtwirtschaftlich betrachtet ist die Einschränkung der Schadstoffemission auf 200 Einheiten (d. h. 100 Einheiten in jeder der beiden Unternehmungen: $E_1 + E_2 = 200$) dementsprechend mit

Gesamtvermeidungskosten in Höhe von 25.000 € (= $VK_1 + VK_2$) verbunden.

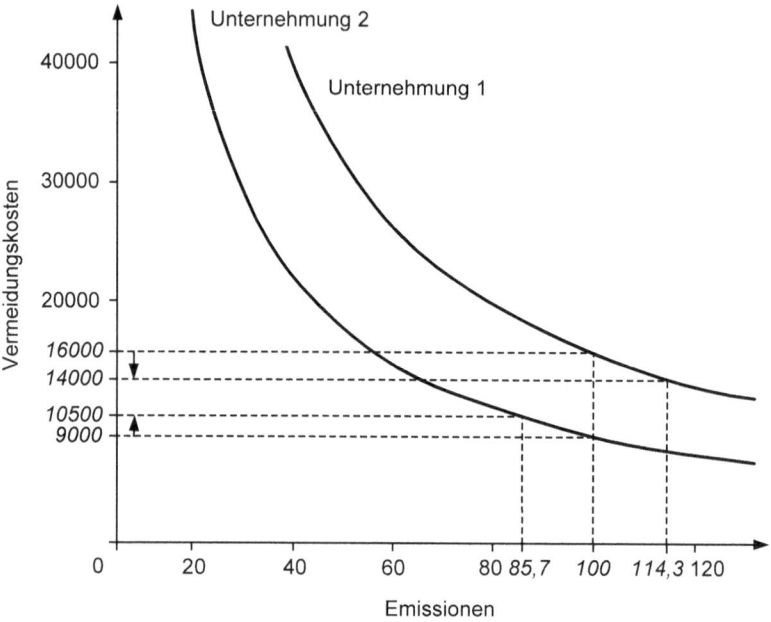

Abb. 5-3: Vermeidungskosten zweier Unternehmungen

Es stellt sich die Frage, ob die Beschränkung der Gesamtschadstoffquantität auf 200 Einheiten nicht auch mit geringeren Gesamtvermeidungskosten erreicht werden kann, wenn den Unternehmungen durch eine Emissionsabgabe die Freiheit der individuellen Anpassung gegeben wird. Wie oben bereits erwähnt, werden die Unternehmungen bei einer Abgabe ihren Schadstoffausstoß soweit einschränken, bis die (eingesparten) Grenzvermeidungskosten dem (als konstant unterstellten) Abgabensatz a entsprechen ($VK_1' = VK_2' = a$). Wenn weiterhin genau 200 Schadstoffeinheiten emittiert werden sollen, muss folgendes Gleichungssystem gelöst werden:

$$\left(\frac{1.600.00}{E_1}\right)' = a = \left(\frac{900.000}{E_2}\right)' \quad \text{(Grenzkostenausgleich)}$$

$E_1 + E_2 = 200$ (Aufteilung der Gesamtemissionsquantität)

Die Lösung dieses Gleichungssystems lautet: $E_1 \approx 114{,}3$, $E_2 \approx 85{,}7$, $a = 122{,}5$. Setzt man die Werte für die Schadstoffemissionen der beiden Unternehmungen in die Vermeidungskostenfunktionen ein, so erhält man die aufzuwendenden Vermeidungskosten der beiden Unternehmungen: VK_1 (114,3) = 14.000 €, VK_2 (85,7) = 10.500 €. Die Gesamtvermeidungskosten betragen somit 24.500 €. Bei einer Emissionsabgabe von 122,5 € pro Schadstoffeinheit wird somit die gleiche Gesamtemissionsquantität wie bei einer Emissionsauflage mit 500 € geringeren Vermeidungskosten realisiert.

Es lässt sich festhalten, dass für den realistischen Fall unterschiedlicher Vermeidungstechniken eine Emissionsabgabe zu einer kostenmäßig überlegenen Lösung gegenüber einer Emissionsauflage führt. Der mit der Abgabenlösung gegebene Entscheidungsspielraum erlaubt den Unternehmungen eine bessere Anpassung. Während bei der Auflagenlösung beide Unternehmungen gleich viel emittieren, nämlich genau die dem Grenzwert entsprechende Quantität, kommt es bei der Abgabenlösung zu einer kostenmäßig günstigeren Verteilung der Emissionen. Unternehmungen, denen die Vermeidung leichter fällt, fahren die Emissionen stärker zurück und schaffen damit den Spielraum für Unternehmungen mit einer umweltschädlicheren Technik, überdurchschnittlich viel emittieren zu dürfen. Die individuelle Kostenstruktur der Unternehmungen wird berücksichtigt, und die Unternehmungen werden somit nicht „über einen Kamm geschoren".

Die hier präsentierten Kostenüberlegungen erfolgen aus dem Blickwinkel des Staates als der gesetzgebenden Instanz und unterstützen seine Entscheidung über die Auswahl des geeigneten Umweltschutzinstruments. Betrachtet man hingegen aus einer unternehmerischen Perspektive die insgesamt anfallenden Kosten, so wird deutlich, dass jede Unternehmung bei der Abgabenlösung nicht nur die Vermeidungskosten tragen, sondern auch die Abgaben für die verbleibenden Emissionen an den Staat abführen muss. Es kommt dementsprechend für die Unternehmungen zu einer Doppelbelastung, die bei der Auflagenlösung nicht zu beobachten ist. Eine daraus ableitbare Forderung nach Verzicht auf die Abgabenerhebung ist nicht zielführend, da sie für das Funktionieren des Instruments zwingend erforderlich ist. Der Staat kann die Einnahmen jedoch auf anderem Weg an die Unternehmungen zurückgeben, sei es durch die Senkung von Lohnnebenkosten oder allgemeiner Steuern oder durch Subventionen von Umweltschutzmaßnahmen. Dabei ist im Rahmen einer Instrumentkombination auch die Subventionierung von Innovationen zur Minderung der betrachteten Schadstoffemissionen denkbar. Sie führt allerdings zu veränderten Vermeidungskostenverläufen und wirkt insofern direkt auf obige Überlegungen zurück.

5.1.3 Kooperation zwischen Staat und Unternehmungen

Ordnungsrechtliche und marktwirtschaftliche Umweltschutzinstrumente sehen eine eindeutige Aufgabenverteilung in der Umweltschutzpolitik vor: Der Staat legt die Rahmenbedingungen fest, und die Unternehmungen passen sich entsprechend ihres Gewinnstrebens an. Im Grundsatz entspricht eine derartige einseitig-hoheitliche Umweltschutzpolitik des Staates der marktwirtschaftlichen Ordnung, wonach der Staat für die Gestaltung der Rahmenordnung zuständig ist. Es kann jedoch unter bestimmten Voraussetzungen zweckmäßig sein, die Unternehmungen bei der Gestaltung der Umweltschutzpolitik mit einzubeziehen. Abbildung 5-4 verdeutlicht diese Form einer kooperativen Umweltschutzpolitik in Abgrenzung zur einseitig-hoheitlichen Umweltschutzpolitik des Staates.

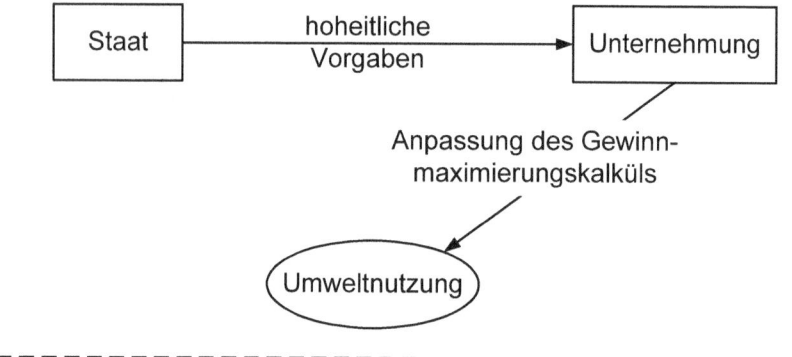

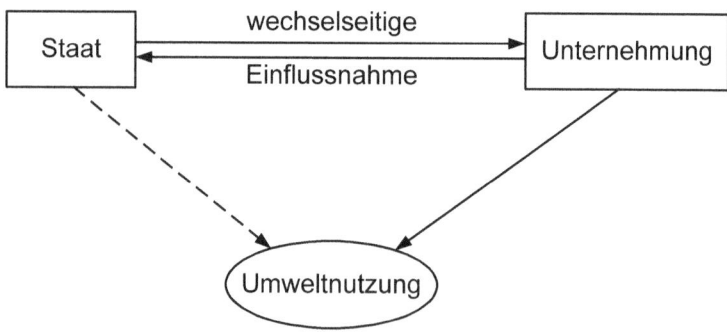

Abb. 5-4: Hoheitliche versus kooperative Umweltschutzpolitik (nach Lohmann 1999, S. 42 f.)

Als *umweltschutzpolitische Kooperation* wird eine freiwillige Zusammenarbeit zwischen staatlichen Stellen und Unternehmungen verstanden, die zur Festlegung und Realisierung umweltschutzpolitischer Ziele eingesetzt wird. Sie eignet sich zur Ausfüllung oder Überbrückung von Lücken in der staatlichen Rahmenordnung und bildet demgemäß einen Ansatzpunkt zur Wahrnehmung der unternehmerischen Legitimationsverantwortung (vgl. Abschnitt 4.2.2). Gleichwohl bleibt die Überprüfung der Funktionsfähigkeit kooperativer Lösungen Aufgabe des Staates. Dabei kann vom Staat eine Androhung restriktiverer ordnungspolitischer Maßnahmen als Drohpunkt verwendet werden, um die Einhaltung kooperativer Lösungen zu gewährleisten. Trotz der partnerschaftlichen Abstimmung entsteht dadurch ein gewisses Maß an Hierarchie und damit ein Klima der gebundenen Freiwilligkeit.

Der zentrale Grund für umweltschutzpolitische Kooperationen liegt in den Einsparpotenzialen administrativer (Transaktions-) Kosten bei der Erstellung und Kontrolle umweltschutzpolitischer Regelungen. Der Staat weist oftmals erhebliche Informationsdefizite bezüglich unternehmensinterner Sachverhalte auf. So hat er, anders als im vorigen Abschnitt unterstellt, kaum Kenntnisse über die Vermeidungskostenverläufe der Unternehmungen. Die Erhebung einer zieladäquaten Emissionsabgabe ist dann kaum möglich und würde einen langwierigen Trial-and-Error-Prozess erfordern. Überdies sind gesetzliche Vorgaben, sowohl ordnungsrechtliche als auch marktwirtschaftliche, immer dann kaum durchsetzbar, wenn ihre Kontrolle nur mit sehr hohen Aufwendungen möglich ist.

Fehlende Informationen und fehlende Durchsetzbarkeit führen letztendlich dazu, dass der staatlich gesetzte institutionelle Rahmen stets Unvollkommenheiten und Unvollständigkeiten aufweist. Sie äußern sich etwa in der fehlenden Festlegung von Verfügungsrechten, die zur Abwendung einer sozialen Dilemmasituation für öffentliche Umweltgüter notwendig wären (z. B. fehlende Nutzungsrechte für Fischfanggebiete), sowie in unklaren Gesetzestexten, die, bewusst oder unbewusst, einen Interpretationsspielraum belassen (z. B. die im Kreislaufwirtschaftsgesetz und anderen Regelungen des Öfteren anzutreffenden Formulierungen „zumutbar" oder „spürbar"). Eine Integration der betroffenen Unternehmungen kann dann u. U. zu einer effektiveren Umsetzung der Umweltschutzbemühungen führen. Gleichwohl führt die Kooperationen innewohnende Kompromissbereitschaft des Staates unweigerlich auch zu Zugeständnissen. Zwei Beispiele sollen abschließend exemplarisch die Stärken und Schwächen kooperativer Lösungen verdeutlichen:

- *Informales Verwaltungshandeln*: Durch unklar spezifizierte Regelungen gibt es stets Lücken in der Umweltschutzgesetzgebung, die den Aufsichtsbehörden einen Ermessensspielraum einräumen. Eine hoheitliche Ausschöpfung dieses Ermessensspielraums ist in vielen Fällen wenig zweckmäßig. Einerseits verschließt sich den Behörden damit der Zugang zu den Informationen der Unternehmungen und andererseits ist damit noch lange nicht gewährleistet, dass die Unternehmungen die behördlichen Bescheide nicht erfolgreich anfechten. Informale Verhandlungen zwischen Behörden und Unternehmungen können hier zu wesentlich besseren Ergebnissen führen, sie setzen allerdings zumindest den Willen der Unternehmungen voraus, an beidseitig akzeptablen Lösungen mitzuwirken. In manchen Fällen ist es überdies zweckmäßig, auch weitere Anspruchsgruppen in den Verhandlungsprozess zu integrieren. So sollten bei der Genehmigung des Baus einer Müllverbrennungsanlage auch die Bedenken von Anwohnern und Umweltschutzorganisationen einbezogen werden.

- *Freiwillige Selbstverpflichtungen*: Bei dieser Kooperationsform verzichtet der Staat (zunächst) auf gesetzliche Vorgaben und überlässt den Unternehmungen die Gestaltung des Umweltschutzes. Erfolg versprechend sind solche freiwilligen Vereinbarungen dann, wenn nur geringfügige Verteilungskonflikte bestehen und innerhalb einer überschaubaren Gruppe betroffener Unternehmungen ein hohes Vertrauen oder soziale Kontrollmechanismen gegeben sind. Dadurch können soziale Dilemmasituationen langfristig überwunden werden. Es verwundert daher nicht, dass solche Selbstverpflichtungen sich oftmals in Branchenabkommen manifestieren. Bei branchenübergreifenden Selbstverpflichtungen, wie etwa der inzwischen durch den europäischen Emissionshandel abgelösten freiwilligen Selbstverpflichtung der deutschen Wirtschaft zur Einschränkung der CO_2-Emissionen, besteht dagegen die Gefahr, dass einzelne Unternehmungen ausscheren (Trittbrettfahrerverhalten). Auch werden freiwillige Selbstverpflichtungen nicht selten dazu missbraucht, staatliche Ersatzmaßnahmen zu verzögern, was etwa über Jahre bei der flächendeckenden Einführung von Rücknahmesystemen für Einweggetränkeverpackungen im Rahmen der sog. Zwangsbepfandung zu beobachten war.

5.2 Zentrale Inhalte des Kreislaufwirtschafts- und Abfallgesetzes

Das 1994 erlassene und 1996 in Kraft getretene Gesetz zur Förderung der Kreislaufwirtschaft und Sicherung der umweltverträglichen Beseitigung von Abfällen (kurz: *Kreislaufwirtschafts- und Abfallgesetz* – KrW-/AbfG) stellt die zentrale Vorschrift des deutschen Umweltrechts in Bezug auf feste Abfallstoffe dar. Vorgänger waren das Abfallbeseitigungsgesetz aus dem Jahre 1972 sowie (als 4. Novelle) das Abfallgesetz aus dem Jahre 1986. Während erstes vorrangig die umweltschonende Beseitigung von Abfällen in die Natur regelte, enthält letztes auch bereits Regelungen zur Abfallverwertung und -vermeidung. Eine umweltschutzpolitische Gesamtkonzeption zur Umsetzung des Kreislaufprinzips der nachhaltigen Entwicklung bietet jedoch erst das Kreislaufwirtschafts- und Abfallgesetz. Mit dem Abfallbegriff, der abfallwirtschaftlichen Prioritätenfolge und der Produktverantwortung seien nachfolgend drei zentrale Regelungskomplexe des Kreislaufwirtschafts- und Abfallgesetzes kurz vorgestellt.

„Abfälle im Sinne dieses Gesetzes sind alle beweglichen Sachen, [...] deren sich ihr Besitzer entledigt, entledigen will oder entledigen muss. Abfälle zur Verwertung sind Abfälle, die verwertet werden; Abfälle die nicht verwertet werden, sind Abfälle zur Beseitigung" (§ 3 (1) KrW-/AbfG). Gemäß dem ersten Satz enthält die *Abfalldefinition* sowohl eine subjektive als auch eine objektive Komponente. Der subjektive Entledigungswille wird dabei für Sachen unterstellt, die in wirtschaftlichen Transformationen entstehen und nicht den Zweck der Transformation darstellen (v. a. Produktionsabfälle) bzw. deren Zweckbestimmung entfällt (Produktabfälle). Vereinfacht gesagt ist Abfall jede bewegliche Sache, die nicht bzw. nicht mehr (Zweck-) Produkt ist. Um eine subjektive Deklaration schädlicher Stoffe als Produkt zu verhindern, unterliegt die Feststellung, dass eine bewegliche Sache Abfall ist, auch (objektiven) staatlichen Einflüssen. Ein Zwang zur Entledigung besteht demgemäß, wenn das Wohl der Allgemeinheit nur durch eine ordnungsgemäße Abfallentsorgung gewährleistet werden kann.

Das Kreislaufwirtschafts- und Abfallgesetz ist bei der Definition des Gegenstandsbereichs um eine Einschränkung der Begriffsvielfalt bemüht und verzichtet daher bewusst auf weitere Begriffe wie etwa Reststoff und Wertstoff. Laut Gesetz werden nur zwei Abfallkategorien (Abfall zur Verwertung bzw. Abfall zur Beseitigung) unterschieden. Die in Anhang I des KrW-/AbfG aufgelisteten Abfallgruppen sollen ferner einen groben Eindruck vom Regelungsgegenstand vermitteln. Darüber hinaus wird der Abfallbegriff durch parallele und nachgelagerte Regelwerke, wie etwa den europäischen Abfallkatalog oder die Bestimmungsverordnungen für überwachungsbedürftige und besonders überwachungsbedürftige Abfälle, näher spezifiziert.

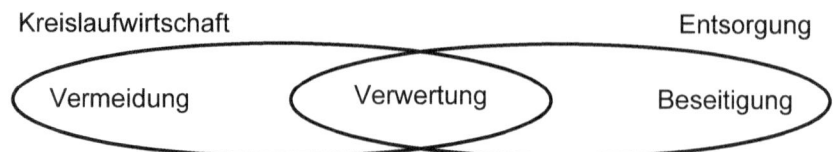

Abb. 5-5: Abfallwirtschaftliche Begriffe

Wie Abbildung 5-5 in Verbindung mit Abbildung 3-2 verdeutlicht, umfasst die *Abfallentsorgung* als Pendant zur Versorgung mit Produkten geeignete Kollektions-, Reduktions- und Induktionsprozesse zur Abfallverwertung und *Abfallbeseitigung* (wie sie auch in Anhang II des KrW-/AbfG aufgelistet sind). Die Abfallbeseitigung an die Natur soll umweltschonend erfolgen und erfordert deshalb neben der eigentlichen Abgabe bzw. Ablagerung oft vorbereitende Aufbereitungsmaßnahmen. Unter *Abfallverwertung* versteht man dagegen die Aufbereitung (und Aufarbeitung) von Abfallstoffen zu Sekundärrohstoffen und -produkten und ihre Weiterleitung zur erneuten Nutzung im Wirtschaftssystem. Im Gegensatz zur Abfallbeseitigung ist sie somit Gegenstand der Kreislaufwirtschaft. Dem Verständnis des Kreislaufwirtschafts- und Abfallgesetzes folgend zählt zudem die *Abfallvermeidung* zur Kreislaufwirtschaft. Ihr Ziel ist die Senkung der Abfallquantität in allen Phasen des Produktkreislaufs. § 4 (2) KrW-/AbfG sieht hierzu folgende Maßnahmen vor:

- anlageninterne Kreislaufführung von Stoffen
- abfallarme Produktgestaltung
- auf den Erwerb abfall- und schadstoffarmer Produkte gerichtetes Konsumverhalten.

Bezüglich der abfallwirtschaftlichen Maßnahmen besteht laut § 4 KrW-/AbfG ein uneingeschränktes Primat der Abfallvermeidung vor der Abfallverwertung. Die Abfallverwertung wiederum ist der Abfallbeseitigung prinzipiell vorzuziehen, zumindest dann, wenn sie technisch möglich und wirtschaftlich zumutbar ist. Eine eindeutige Reihenfolge zwischen stofflicher und energetischer Verwertung ist dabei nicht vorgesehen; im Einzelfall soll die umweltverträglichste Verwertungsform gewählt werden.

Die gesetzlich fixierte *Zielhierarchie* (Vermeidung vor Verwertung vor Beseitigung) soll Unternehmungen als Leitlinie für ihre Umweltschutzanstrengungen dienen. Die zumindest dem Wortlaut des Gesetzes nach starre Prioritätenfolge zwischen Vermeidung und Verwertung weist den Nachteil auf, dass sie den Weg zur Erreichung eines Umweltschutzziels vorschreibt. Andere, eventuell effektivere bzw. effizientere Wege werden dadurch von vornherein ausgeschlossen. Die sich in der Priorisierung der Verwertung vor der Beseitigung offenbarenden unscharfen Übergänge („möglich", „zumutbar") lassen dagegen Spielräume offen, bedingen jedoch letztendlich Schwierigkeiten bei der genauen Interpretation und Umsetzung des Gesetzes im konkreten Einzelfall. (Hier offenbaren sich wiederum Informationsmängel des Staates und Ansatzpunkte für kooperative Umweltschutzpolitik.)

Auf Abfallvermeidung und -verwertung wirkt auch die vom Gesetz neu eingeführte *Produktverantwortung* hin (§ 22 KrW-/AbfG). Verantwortung für die Abfalleigenschaften und die Entsorgung von Produkten trägt grundsätzlich jeder, der Erzeugnisse entwickelt, herstellt, be- und verarbeitet oder vertreibt. Damit kommt es zu einer Abkehr von der öffentlich-rechtlichen hin zur privatwirtschaftlich organisierten Abfallentsorgung, die vom Staat lediglich noch kontrolliert werden muss. Allerdings stellt die Produktverantwortung nur einen Grundsatz dar und keine unmittelbar verpflichtende Vorschrift. Dazu bedarf es einer Konkretisierung mittels Verordnungen, welche festlegen, wer für welche Erzeugnisse in welcher Art und Weise der Produktverantwortung einstehen muss. Beispiele dafür sind die Verpackungs-, die Altauto- oder die Elektroschrottverordnung.

Solche produktbezogenen Verordnungen enthalten einerseits Regelungen zur Gestaltung der Rückführsysteme und andererseits Vorschriften zur Produktgestaltung, die beide den Prinzipien des Kreislaufwirtschafts- und Abfallgesetzes entsprechen sollen. Die Produktgestaltung hat so zu erfolgen, dass bei Herstellung und Gebrauch von Produkten das Entstehen von Abfällen vermindert wird und die umweltverträgliche Entsorgung der nach dem Produktgebrauch entstehenden Abfälle sichergestellt ist. In diesem Sinne sollen Erzeugnisse mehrfach verwendbar und technisch langlebig sein sowie sich zu einer umweltverträglichen Entsorgung eignen. Altprodukte sind nach ihrem Gebrauch vom Hersteller zurückzunehmen und einer Verwertung zuzuführen. Bei der Herstellung von Produkten sind vorrangig Sekundärrohstoffe einzusetzen. Schadstoffe enthaltende Erzeugnisse sind zu kennzeichnen. Zudem ist auf Rückgabe- sowie Wiederverwendungs- und -verwertungsmöglichkeiten hinzuweisen.

5.3 Weiterführende Literatur

Die Möglichkeiten und Grenzen staatlicher Umweltschutzpolitik werden in den einschlägigen Lehrbüchern der volkswirtschaftlichen Umweltökonomie intensiv behandelt, z. B. in Cansier (1996), Endres (2000) oder Feess

(2007). Vertiefend mit der Kooperation von Staat und Unternehmungen befassen sich Lohmann (1999) sowie die Lektion VIII in Dyckhoff (2000).

Auswirkungen des neuerdings immer wichtiger werdenden Handels mit Emissionszertifikaten auf die Unternehmensführung werden in den Beiträgen mehrerer Autoren in dem Sammelband von Antes/Hansjürgen/Letmathe (2006) behandelt.

Mit den betriebswirtschaftlichen Auswirkungen des Kreislaufwirtschafts- und Abfallgesetzes haben sich schon früh Wagner/Matten (1995) beschäftigt. Umfassende juristische Kommentare liefern u. a. Frenz (2002) und Kunig/Paetow/Versteyl (2003).

Teil B

Normatives und strategisches Umweltmanagement

6 Legalität und Legitimität der Unternehmenspolitik

Als Akteur des Wirtschaftssystems sieht sich eine Unternehmung zahlreichen Ansprüchen anderer Akteure bzw. Akteursgruppen (Staat, Konsumenten, Mitarbeiter, Anteilseigner, Kreditgeber) gegenüber. Nachhaltiges bzw. umweltschonendes Handeln ist eine Forderung, die durch gesellschaftliche und rechtliche Rahmenbedingungen mehr oder minder umfassend an jede Unternehmung gestellt wird. Ziel des normativen Managements ist es, sämtliche an die Unternehmung herangetragenen Ansprüche zu bewerten und abzuwägen, um daraus ein Selbstverständnis bezüglich der unternehmerischen Wertvorstellungen zu entwickeln. Normatives Management ist demgemäß auf der Wertebene angesiedelt und setzt den unternehmenspolitischen Rahmen für Entscheidungen auf nachgelagerten Managementebenen (vgl. Abschnitt 1.2).

In dieser Lektion soll zunächst die grundsätzliche Orientierung der Unternehmenspolitik im Hinblick auf Nachhaltigkeit und Umweltschutz, d. h. die unternehmerische Umweltschutzpolitik als Kernelement des normativen Umweltmanagements grundlegend skizziert werden. In der nachfolgenden Lektion 7 wird dann der Abwägungsprozess bezüglich konkreter Ansprüche im Rahmen einer (offensiven) unternehmerischen Umweltschutzpolitik beschrieben. In Abschnitt 6.1 werden allgemein die Aufgaben der Unternehmenspolitik gekennzeichnet und verdeutlicht, wie weit reichend Unternehmungen hierin auch die Nachhaltigkeit und den Umweltschutz verankern können. Eine Extremalternative besteht darin, den Umweltschutz völlig zu vernachlässigen und sogar gesetzliche Rahmenbedingungen zu missachten. Abschnitt 6.2 versucht zunächst diese in der Praxis auch heutzutage noch anzutreffende Alternative ökonomisch zu ergründen. Anschließend wird dann verdeutlicht, warum die Entscheidung für eine derartige illegale und umweltschädliche Unternehmenspolitik in vielen Fällen (ganz abgesehen von ihren moralischen Defiziten) zu kurzsichtig ist.

6.1 Verankerung der Nachhaltigkeit im normativen Management

6.1.1 Gegenstand und Optionen der Unternehmenspolitik

Kernaufgaben des *normativen Managements* sind die Festlegung bzw. Gestaltung der Unternehmenspolitik, der Unternehmenskultur und der *Unternehmensverfassung*. Letzte betrifft den strukturellen Rahmen, den sich eine Unternehmung durch ihre rechtliche Konstituierung gibt. Sie äußert sich insbesondere in der Wahl der Rechtsform und der damit verbundenen Bestimmung der Kernorgane (z. B. Vorstand, Aufsichtsrat und Aktionärsversammlung bei einer AG). Anders als die Unternehmensverfassung spiegelt sich die *Unternehmenskultur* in informellen Beziehungen innerhalb der Unternehmung wider. Sie erwächst aus dem Verhalten der Mitarbeiter und kann in eingeschränkter Weise auch durch die Unternehmensleitung vorgegeben bzw. vorgelebt werden.

Unternehmensverfassung und Unternehmenskultur bilden den formalen sowie informellen Rahmen der *Unternehmenspolitik*. Mit ihr legen die Kernorgane die Leitlinien für das Handeln der Unternehmung und ihrer Mitarbeiter fest. Bei der Erarbeitung der *autorisierten Wertvorstellungen* und (obersten) Unternehmensziele geht es in erheblichem Maße auch darum, die Stellung der Unternehmung in der Gesellschaft zu hinterfragen und das konkrete Handeln gegenüber den verschiedenen Anspruchsgruppen zu legitimieren. Bei erwerbswirtschaftlich orientierten Unternehmungen spielen die Interessen der Anteilseigner eine besonders wichtige Rolle. Die Unternehmenspolitik umfasst deshalb stets Aussagen zum ökonomischen Geschäftsgebaren (Risikoneigung, geographischer Fokus, Ausschüttungspolitik). Darüber hinaus werden i. d. R. auch allgemeine Vorstellungen zum Umgang mit den Mitarbeitern (Führungsstil, Entwicklungsmöglichkeiten) verankert sowie das Verhältnis zum Staat und zur Gesellschaft festgelegt. Dabei kommt es nicht nur darauf an, die Interessen verschiedener Anspruchsgruppen ausreichend zu berücksichtigen, sondern auch die Wichtigkeit einzelner Wertvorstellungen vorzugeben, damit Abwägungsentscheidungen nachgelagerter Managementebenen zielkonform erfolgen können.

Als eine gesellschaftspolitische Komponente fließen auch Umweltschutzbelange in die inneren Wertvorstellungen der Unternehmung ein, was sich z. B. in der Verankerung der Nachhaltigkeit im Wertesystem offenbart. Gleichwohl ergibt sich bei der Berücksichtigung des Umweltschutzes wie auch bei zahlreichen anderen moralischen Ansprüchen der Gesellschaft die Frage, inwieweit eine Unternehmung den Umweltschutz als gleichrangiges oder doch eher untergeordnetes Ziel zum ökonomischen Erfolg einschätzt. Letztendlich ist die Beantwortung dieser Frage eng verknüpft mit der unternehmensethischen Entscheidung, wie stark sich die Unternehmung ihrer Legitimationsverantwortung stellt (vgl. Abschnitt 4.2.2). Vereinfacht lassen sich dabei drei idealtypische moralische Grundhaltungen der Unternehmenspolitik kennzeichnen:

- illegale oder sogar kriminelle Unternehmenspolitik
- defensive bzw. reaktive Unternehmenspolitik (legal, aber nicht unbedingt legitim)
- offensive bzw. proaktive Unternehmenspolitik (legal und legitim).

Bei *defensiver Unternehmenspolitik* sehen Unternehmungen keine Veranlassung, freiwillig moralische Ansprüche der Gesellschaft zu berücksichtigen. Eigennütziges Handeln oder anders ausgedrückt Handeln im alleinigen Interesse der Eigentümer als zentraler Anspruchsgruppe steht im Vordergrund. Bemühungen, den Umweltschutz und andere moralische Ansprüche zu berücksichtigen, werden dagegen dem Staat überlassen. Immerhin sind Unternehmungen mit einer defensiven Unternehmenspolitik dazu bereit, die gesetzlichen Rahmenbedingungen reaktiv einzuhalten.

Das unterscheidet sie von Unternehmungen mit (teilweise) *illegaler Unternehmenspolitik*, deren Streben nach ökonomischem Erfolg sogar vor einer (mehr oder minder vorsätzlichen) Verletzung gesetzlicher Rahmenbedingungen, wie etwa bzgl. des Umweltschutzes, nicht Halt macht.

Eine *offensive Unternehmenspolitik* grenzt sich dagegen von der defensiven Unternehmenspolitik dadurch ab, dass die Unternehmung über die Einhaltung der Gesetze hinaus aus einem inneren Antrieb moralische Ansprüche ernst nimmt und sich demgemäß bei Versagen der Rahmenordnung ihrer Legitimationsverantwortung stellt. Umweltschutz und allgemein Nachhaltigkeit erhalten dann einen eigenen Wert und werden in gewissen Maßen, d. h. vor allem solange der Bestand der Unternehmung nicht gefährdet ist, auch gegen ökonomische Bedenken durchgesetzt.

Die drei Idealtypen moralischer Grundhaltungen sind in der Praxis selten in Reinform zu beobachten. Das liegt einerseits darin begründet, dass jeder einzelne moralische Anspruch einer separaten Prüfung durch die Unternehmung unterzogen werden muss. Eine differenzierte Sichtweise verschiedener Ansprüche kann dann dazu führen, dass manchen Ansprüchen offensiv, anderen dagegen defensiv oder gar illegal begegnet wird. Andererseits lassen sich die unternehmerischen Wertvorstellungen nicht direkt beobachten. Aus der Tatsache, dass Entscheidungen des Managements kurzfristige ökonomische Erfolge vernachlässigen, folgt nicht unbedingt, dass dies aus einem inneren moralischen Antrieb geschieht (offensive Unternehmenspolitik). Stattdessen können auch langfristige ökonomische Erfolgsaussichten ein perspektivisches Handeln im Rahmen einer defensiven Unternehmenspolitik begründen. Solange den moralischen Ansprüchen der Gesellschaft genügt wird, ist es letztendlich auch unerheblich, welche inneren Motive dafür verantwortlich sind. Erst wenn ein Spannungsfeld zwischen moralischen Ansprüchen und (kurz- und langfristigen) ökonomischen Erfolgen besteht, ist ein Bekenntnis zur offensiven Unternehmenspolitik vonnöten.

6.1.2 Nachhaltigkeit in Unternehmensleitbildern

Die Unternehmenspolitik nahezu aller (größeren) Unternehmungen wird in sog. *Unternehmensleitbildern* (oft synonym als Leitlinien, Vision, Mission bezeichnet) dokumentiert, die auf der Internetseite oder in Geschäftsberichten aufgelistet sind. Dabei manifestieren sich die Facetten der Unternehmenspolitik in einzelnen Grundsätzen. Sie dienen einerseits der (plakativen) Kommunikation autorisierter Wertvorstellungen und damit als unternehmensinterner normativer Rahmen für die Entscheidungen auf untergeordneten Managementebenen. Andererseits sollen aus ihnen auch das angestrebte Verhältnis zu den verschiedenen internen und externen Anspruchsgruppen sowie die generelle Einstellung zu den Ansprüchen ersichtlich werden.

Unternehmensleitbilder sind frei gestaltbar, so dass es nicht verwundert, dass sie die Unternehmung ins rechte Licht rücken. Eine defensive und erst recht eine illegale Unternehmenspolitik werden sicherlich nicht aktiv kommuniziert. Auch wenn manche Grundsätze eher schwer zu durchschauende Lippenbekenntnisse darstellen, vermitteln die Schwerpunktsetzung der Unternehmenspolitik und ihr Detaillierungsgrad doch zumindest einen groben Eindruck von den autorisierten Wertvorstellungen der Unternehmung. Nachfolgend sollen anhand dreier Beispiele Auszüge aus Unternehmensleitbildern präsentiert und dabei vor allem die Stellung des Umweltschutzes herausgestellt werden. Es sei dem Leser überlassen, sich, auch durch weitere Recherchen, ein eigenes Bild von den Wertvorstellungen zu machen und die Unternehmungen bezüglich ihrer moralischen Grundhaltung einzuordnen.

Visionen & Werte der Henkel KGaA

(Auszüge aus der unternehmenseigenen Internetdokumentation, Stand: Juni 2007)

Unsere Vision

Henkel ist führend mit Marken und Technologien,
die das Leben der Menschen leichter, besser und schöner machen.

Unsere Werte

Wir sind kundenorientiert.
Wir entwickeln führende Marken und Technologien.
Wir stehen für exzellente Qualität.
Wir legen unseren Fokus auf Innovationen.
Wir verstehen Veränderungen als Chance.
Wir sind erfolgreich durch unsere Mitarbeiter.
Wir orientieren uns am Shareholder Value.
Wir **wirtschaften nachhaltig** und gesellschaftlich verantwortlich.
Wir verfolgen eine aktive und offene Informationspolitik.
Wir wahren die Tradition eines offenen Familienunternehmens.

(Hervorhebungen durch die Autoren)

Mission Statement der EnBW AG

(Auszüge aus der unternehmenseigenen Internetdokumentation, Stand: Juni 2007)

Wir wollen

- in unserer Branche der Wettbewerber mit der stärksten regionalen Verankerung und Verantwortung sein
- in Deutschland unsere Position entwickeln und ausbauen und im Wettbewerbsvergleich über die konsequenteste synergetische Mehrmarkenstrategie verfügen und die höchste Kundenzufriedenheit erzielen
- die bestehenden Perspektiven für Mittel- und Osteuropa deutlich weiter entwickeln
- in unserer Branche der am stärksten fokussierte Wettbewerber sein, der seine Kräfte am stärksten bündelt und die wichtigen Dinge richtig macht
- die strategische Allianz mit der EDF zu einem Vor- und Leitbild paneuropäischer Zusammenarbeit im Rahmen der Triade Amerika, Europa, Asien entwickeln
- in unserer Branche der Wettbewerber mit der höchsten relativen Ertragskraft werden
- die Nummer eins bei Veränderungsfähigkeit und Veränderungsgeschwindigkeit sein

- der Wettbewerber sein, der seiner **gesellschaftlichen und ökologischen Verantwortung** am besten gerecht wird
- uns aktiv an der **Entwicklung des Energiemix der Zukunft** sowie der energiepolitischen und energiewirtschaftlichen Zukunft generell beteiligen und dabei unsere Stimme angemessen, deutlich und konstruktiv einbringen
- die Nummer eins beim Wissensmanagement sein, um die bestmögliche Förderung und Entwicklung der Potenziale unserer Mitarbeiterinnen und Mitarbeiter sicherzustellen.

(Hervorhebungen durch die Autoren)

Unternehmensgrundsätze der Royal Dutch/Shell Gruppe

(Auszüge aus der unternehmenseigenen Internetdokumentation, Stand: Juni 2007)

„Die Unternehmensgrundsätze von Shell bestimmen die Aktivitäten aller Gesellschaften, die der Shell Gruppe angehören. Die Shell Gruppe verfolgt das Ziel, ihre Geschäfte auf dem Öl-, Gas- und Chemiesektor sowie in anderen Geschäftsbereichen effizient, **verantwortungsbewusst** und gewinnbringend zu betreiben. Sie beteiligt sich auch an der **Suche und Entwicklung neuer Energiequellen**, um die wachsenden Kundenbedürfnisse und die steigende Energienachfrage der Welt zu befriedigen.

Wir denken, dass Öl und Gas über viele Jahrzehnte hinweg einen wesentlichen Bestandteil der globalen Energiebedürfnisse im Hinblick auf die Wirtschaftsentwicklung bilden werden. Es ist unsere Aufgabe zu gewährleisten, dass wir diese Energieträger gewinnbringend und auf **umweltverträgliche und gesellschaftlich verantwortliche Weise** fördern und liefern. […]

Es ist unser Ziel, mit Kunden, Geschäftspartnern und Entscheidungsträgern eng zusammenzuarbeiten, um eine effiziente und **nachhaltige Nutzung der Energie und der natürlichen Ressourcen** voranzutreiben.

(Hervorhebungen durch die Autoren)

Unter den Stichworten *Nachhaltige Entwicklung* sowie *Gesundheit, Sicherheit, Umwelt* findet sich weiterhin Folgendes:

„Im Rahmen des Anspruchs der Unternehmensgrundsätze leisten wir einen Beitrag zur **nachhaltigen Entwicklung**. Dies erfordert einen Ausgleich zwischen kurz- und langfristigen Interessen sowie die **Integration wirtschaftlicher, Umwelt- und gesellschaftlicher Erwägungen** in den Geschäftsentscheidungen."

„Shell Gesellschaften verfolgen einen systematischen Ansatz im Gesundheits-, Sicherheits- und **Umweltmanagement**, um eine kontinuierliche Verbesserung zu erzielen.

In diesem Sinne behandeln Shell Gesellschaften diese Themen wie andere wesentliche Geschäftsaktivitäten. Sie legen Normen fest, setzen Ziele für die Verbesserungen und messen, bewerten und berichten extern über ihre Leistungen.

Wir suchen ständig nach Wegen, um die **Umweltauswirkungen** unserer Operationen, Produkte und Dienstleistungen zu **reduzieren**."

(Hervorhebungen durch die Autoren)

Neben der Verankerung der Nachhaltigkeit und des Umweltschutzes in den allgemeinen Unternehmensleitbildern finden sich häufig auch eigene Umweltleitbilder, die fokussiert das Verhältnis der Unternehmung zum Umweltschutz verdeutlichen sollen. Nachfolgend sei dies am Beispiel der Otto Gruppe veranschaulicht.

Handlungsgrundsätze Umweltpolitik der Otto Gruppe

(Auszüge aus der unternehmenseigenen Internetdokumentation, Stand: Juni 2007)

„Die Umweltpolitik mit zehn übergeordneten Handlungsgrundsätzen bei OTTO ist zugleich Richtschnur und Maßstab allen umweltbezogenen Handelns. Kernpunkt der Umweltpolitik ist die Selbstverpflichtung zu einer kontinuierlichen Verbesserung der umweltbezogenen Leistungen im Unternehmen OTTO.

Wir sind uns unserer Verantwortung für den Schutz und Erhalt der natürlichen Lebensgrundlagen bewusst. Zur Sicherstellung einer kontinuierlichen Verbesserung unserer umweltbezogenen Leistungen haben wir diese Umweltpolitik auf der Grundlage der „guten Managementpraktiken" als verbindlichen Maßstab für alle Managementebenen formuliert:

1. Wir haben die Umweltauswirkungen unserer Unternehmenstätigkeit im einzelnen festgestellt und überwachen und bewerten diese ständig.

2. Für alle neuen Tätigkeiten und Prozesse werden die Umweltauswirkungen im Vorhinein festgestellt und bewertet.

3. Wir arbeiten kontinuierlich an der Vermeidung und – wo dies nicht möglich ist – an der Verminderung von Umweltbelastungen. Die Einhaltung gesetzlicher Vorschriften betrachten wir dabei als selbstverständlich. Das gleiche gilt für alle anderen Anforderungen, die wir uns gestellt haben.

4. Bei jeder unternehmerischen Entscheidung, in allen Funktionen sowie auf allen Prozessebenen werden die umweltrelevanten Gesichtspunkte berücksichtigt.

5. Die kontinuierliche Verbesserung unserer umweltbezogenen Leistungen stellen wir durch ein Umweltmanagementsystem sicher. Für unsere Funktionsbereiche mit Umweltauswirkungen sowie für unsere Standorte und beauftragten Warenverteilzentren werden hierzu aus dieser Umweltpolitik strategische Umweltziele und entsprechende Umweltprogramme abgeleitet. Wir überprüfen und bewerten dieses Managementsystem turnusgemäß und werden es den umweltpolitischen Rahmenbedingungen anpassen.

6. Dem eigenverantwortlichen und umweltbezogenen Handeln unserer Mitarbeiter sowie allen anderen Personen, die für uns tätig sind oder in unserem Auftrag arbeiten, messen wir hierbei entscheidende Bedeutung bei. Dieses fördern wir durch praktische Anregungen, Schulungen und umfangreiche Informationen.

7. Die kommunikativen Möglichkeiten nutzen wir, um Lieferanten und Verbraucher von der Bedeutung des Umweltschutzes zu überzeugen und den Faktor Umwelt im Wechselspiel von Angebot und Nachfrage zu stärken.

8. Wir berücksichtigen die Einhaltung von Umweltnormen und -standards bei der Zusammenarbeit mit Lieferanten, sonstigen Vertragspartnern sowie den Behörden.

9. Die für die Einhaltung dieser Umweltpolitik erforderlichen technischen und organisatorischen Verfahren haben wir festgelegt. Wir werden diese regelmäßig auf ihre Tauglichkeit und Zweckmäßigkeit überprüfen und – falls notwendig – aktualisieren.

10. Wir werden die Öffentlichkeit durch einen regelmäßig erscheinenden Bericht über das Umweltmanagementsystem und die umweltbezogenen Unternehmensaktivitäten unterrichten.

Wie die Beispiele verdeutlichen, spielt Nachhaltigkeit bzw. Umweltschutz in den Leitbildern vieler Unternehmungen eine Rolle, wenn sie auch selten an besonders exponierter Stelle verankert sind. Der Nachhaltigkeitsgedanke scheint dem (bloßen) Umweltschutz dabei immer mehr den Rang abzulaufen. Wegen der umfassenderen Konzeption ist dies prinzipiell zu begrüßen, wenn auch manche Unternehmung durch die vorrangig ökonomisch verstandene Nachhaltigkeit versuchen mag, eine fehlende ernst gemeinte Umweltschutzausrichtung zu verschleiern. Gleichwohl stellt die Aufnahme nachhaltiger Unternehmensleitsätze im Leitbild ein Indiz dafür dar, dass Umweltschutzaspekte im normativen Management ernsthaft berücksichtigt werden. Das gilt noch umso stärker, als die immer häufiger anzutreffenden separaten Nachhaltigkeits- bzw. Umweltleitbilder eine bewusste Ergänzung bilden, aus der auch die formale und institutionelle Umsetzung im unternehmerischen Umweltmanagementsystem ersichtlich wird.

6.2 Rationalität illegaler Unternehmenspolitik?

6.2.1 Ein kurzsichtiges Entscheidungskalkül

Ein Blick in die Kriminalstatistiken zeigt, dass Unternehmungen, wie auch Haushalte, eine Vielzahl unterschiedlicher Umweltstraftaten begehen. Hierzu zählen unter anderem Gewässer-, Boden- und Luftverunreinigungen, der unerlaubte Umgang mit gefährlichen Stoffen oder der unerlaubte Betrieb von Anlagen. Abbildung 6-1 verdeutlicht exemplarisch die zeitliche Entwicklung registrierter *Umweltstraftaten* in Deutschland. Betrachtet man die nicht unerhebliche Anzahl an Straftaten und berücksichtigt ferner, dass die registrierten Umweltstraftaten nur einen, vermutlich geringen, Anteil an den tatsächlich begangenen Umweltstraftaten ausmachen, so wird deutlich, dass zahlreiche Unternehmungen systematisch oder zumindest fallweise eine illegale Unternehmenspolitik verfolgen.

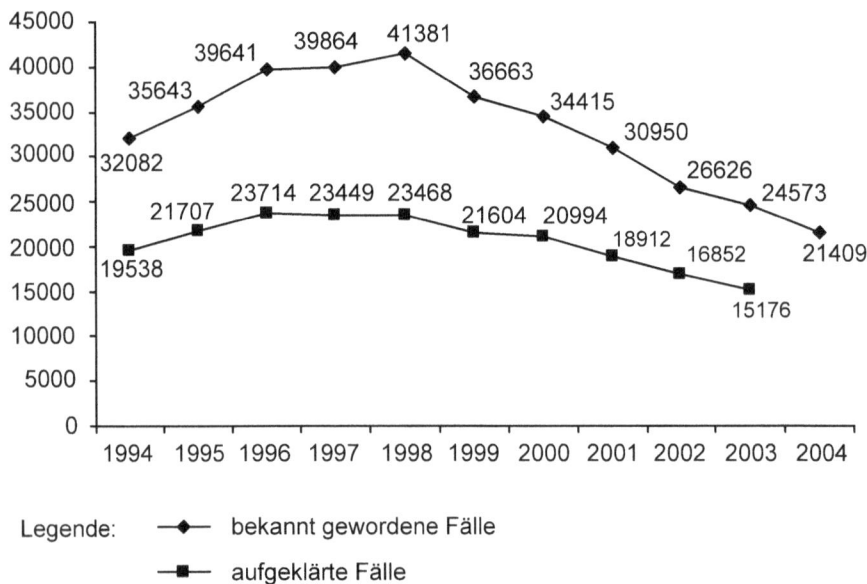

Abb. 6-1: Umweltstraftaten in Deutschland (nach UBA 2004, S. 21)

Illegales Handeln kann durchaus ökonomisch plausibel sein. Unterstellt man kurzfristige Gewinnmaximierung als alleinige Zielgröße der Unternehmung, so wird eine Unternehmung immer dann gegen ein Umweltgesetz verstoßen, wenn sie sich dadurch Kosteneinsparungen (oder Erlössteigerungen) verspricht. Demgemäß gilt es z. B. für eine Unternehmung abzuwägen, ob die erwarteten Kosten eines Auflagenverstoßes geringer sind als die Kosten der Auflagenbefolgung.

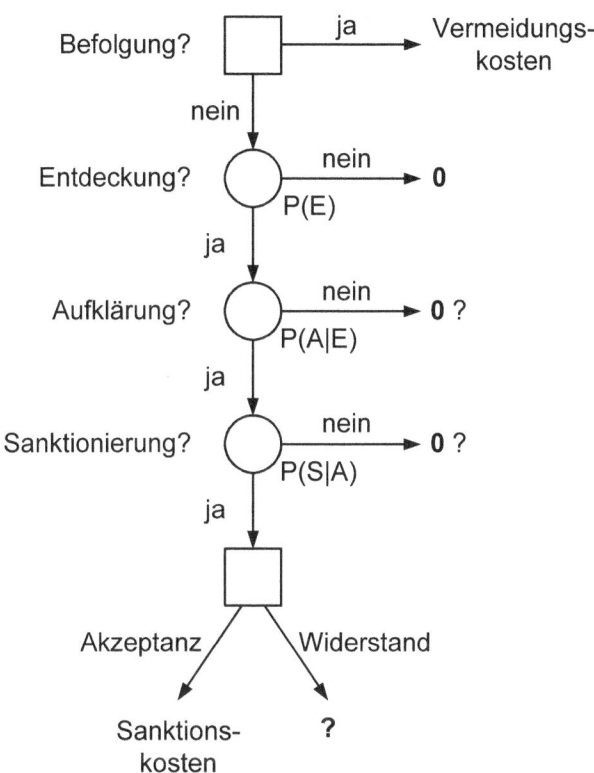

Abb. 6-2: Aufgliederung der Sanktionswahrscheinlichkeit bei Auflagenverstoß

Die erwarteten Sanktionskosten bei Auflagenverstoß hängen einerseits von der Sanktionshöhe und andererseits von der Sanktionswahrscheinlichkeit ab. Die Sanktionshöhe ist zumeist verhältnismäßig gering; im Jahr 1990 betrug sie in ca. 97 % der sanktionierten Delikte unter 10.000 DM. Schreckt schon die Sanktionshöhe in vielen Fällen eine Unternehmung kaum von umweltschädlichem Verhalten ab, so führt die Berücksichtigung der Sanktionswahrscheinlichkeit im unternehmerischen Entscheidungskalkül dazu, dass sich die zu erwartenden Sanktionskosten noch weiter absenken. Abbildung 6-2 zeigt, dass die Sanktionierung dabei von verschiedenen (bedingten) Teilwahrscheinlichkeiten abhängt. Als Anhaltspunkte für die Höhe der von jeder Unternehmung individuell abzuschätzenden (subjektiven) Wahrscheinlichkeiten lassen sich die in der Kriminalstatistik festgehaltenen (objektiven) Häufigkeiten heranziehen.

Hält eine Unternehmung die gesetzlichen Bestimmungen nicht ein, so folgen daraus nicht unmittelbar die Sanktionierung und die damit verbundenen Sanktionskosten. Zunächst einmal muss die Umweltstraftat entdeckt werden. Wenn man bedenkt, dass die entdeckten Straftaten vermutlich nur „die Spitze des Eisbergs" ausmachen, dürfte die Entdeckungswahrscheinlichkeit P(E) eher gering sein. Gleichwohl führt die Entdeckung auch noch nicht automatisch zur Bestrafung, denn die Straftat muss dann auch aufgeklärt, d. h. der Unternehmung das Delikt auch zugeordnet werden können und die Tat auch nachgewiesen werden. In den Jahren 1993 bis 2002 lag die objektiv ermittelte Aufklärungsquote bei ca. 60 % (vgl. Abbildung 6-1), so dass im Entscheidungskalkül vieler Unternehmungen die bedingte Wahrscheinlichkeit der Aufklärung entdeckter Straftaten P(A|E) in ähnlicher Höhe angesetzt werden dürfte. Und selbst wenn die Straftat aufgeklärt wird, besteht immer noch die Möglichkeit, dass die Unternehmung nicht verurteilt, die Straftat also nicht sanktioniert wird, z. B. weil das Gericht es beim erstmaligen Vergehen bei einer Verwarnung belässt. Die für die Abschätzung der bedingten Sanktionswahrscheinlichkeit P(S|A) relevante Häufigkeit jener aufgeklärten Umweltstraftaten, die auch zu einer Verurteilung führten, lag nach Angaben des Umweltbundesamt in den alten Bundesländern in den 1990er Jahren bei ca. 20 %.

Alles in allem kommt es also nur dann zu einer Sanktionierung, wenn die Straftat entdeckt, aufgeklärt und bestraft wird. Die Sanktionswahrscheinlichkeit folgt dabei aus der multiplikativen Verknüpfung der drei beschriebenen absoluten bzw. bedingten Wahrscheinlichkeiten P(E), P(A|E) und P(S|A), die für jede Unternehmung situativ unterschiedlich einzuschätzen sind. Überdies kann die Unternehmung auch noch dadurch versuchen, der Bestrafung zu entgehen oder sie zumindest hinauszuzögern, dass sie Einspruch gegen das Urteil einlegt.

Es dürfte letztlich keineswegs untertrieben sein, wenn man die Sanktionswahrscheinlichkeit, vor allem bei gravierenden Straftaten intelligenter Täter, auf einstellige Prozentwerte einschätzt. Bedenkt man ferner die oftmals niedrige Sanktionshöhe, so könnte der Schluss nahe liegen, dass ein Verstoß gegen die Umweltgesetzgebung gegenüber den oftmals hohen Vermeidungskosten bei Auflagenerfüllung die ökonomisch bessere Alternative wäre.

6.2.2 Abwägung innerhalb eines größeren Entscheidungskontextes

Das im vorigen Abschnitt geschilderte Entscheidungskalkül erweist sich meist als zu kurzsichtig (von moralischen Erwägungen ganz abgesehen). Legales Handeln wird i. d. R. selbst bei vorrangiger Orientierung an wirtschaftlichen Erfolgsgrößen und einer defensiven Ausrichtung der Unternehmenspolitik sinnvoll sein. Zu dieser Erkenntnis gelangt man, wenn man neben den staatlichen Sanktionskosten auch noch eventuell anfallende Haftungskosten für entstandene Umweltschäden sowie gesellschaftliche Sanktionen berücksichtigt. Hiermit sind insbesondere die Wirkungen auf das Image einer Unternehmung angesprochen, wenn umweltschädigendes Verhalten bekannt oder auch nur vermutet wird. Wie zahlreiche Fälle in der Vergangenheit beweisen, können Imageschädigungen den ökonomischen Erfolg einer Unternehmung langfristig negativ beeinflussen. Aufklärungskampagnen von Umweltschutzorganisationen (z. B. Greenpeace, BUND) besitzen demgemäß einen hohen gesellschaftlichen Nutzen, weil sie die Unternehmungen zu einem Umdenken zwingen.

Wie das Fallbeispiel Brent Spar in Abschnitt 7.1.2. zeigt, sind solche Kampagnen dabei keinesfalls auf illegales Verhalten beschränkt, sondern sie können auch legales, aber vermeintlich illegitimes Verhalten anprangern. Eine Prangerwirkung könnte ebenfalls von anderen Anspruchsgruppen hervorgerufen werden. So listet die britische Umweltbehörde jedes Jahr die größten Umweltsünder in einer „Hall of Shame" auf, aus der die Umweltstraftaten und die Sanktionskosten besonders umweltschädigender Unternehmungen hervorgehen. In Deutschland ist eine solche Maßnahme bislang nicht zulässig.

Die Imagewirkung dürfte insbesondere große, bekannte Unternehmungen veranlassen, sich unter allen Umständen legal zu verhalten. Kleinere konsumferne Unternehmungen werden dagegen weniger der Gefahr ausgesetzt sein, dass ihre illegale Unternehmenspolitik publik wird und zu Umsatzeinbußen führt.

Neben dem Imageeffekt ergibt sich ein weiteres beträchtliches ökonomisches Risiko für die Betreiber bestimmter, besonders umweltgefährdender Anlagen. Durch die im *Umwelthaftungsgesetz* (UmweltHG) verankerte Gefährdungshaftung unterliegen diese Unternehmungen der Ursachenvermutung, wonach bei Auflagenverstoß davon auszugehen ist, dass die Unternehmung für die Umweltschädigung verantwortlich ist. Sie ist deshalb gezwungen nachzuweisen, dass sie nicht illegal gehandelt hat (vgl. Abschnitt 5.1.1). Selbst bei legalem, nicht schuldhaftem Handeln haftet sie für hervorgerufene Schäden bis zu einer Höchstgrenze von 85 Mio. €, was für Unternehmungen aller Größenklassen ein erhebliches finanzielles Risiko darstellt. Durch die in § 19 UmweltHG geregelte Pflicht zur Deckungsvorsorge werden zudem Versicherungsunternehmungen mit in die Haftung einbezogen. Deren Prämienregelung dürfte erheblich von einer durchschaubaren, legalen Umweltschutzpolitik abhängen. Ein ausreichend dokumentiertes legales Verhalten bringt insofern auch aus diesem Grund einen, zumindest latenten, ökonomischen Nutzen mit sich.

Festzuhalten bleibt, dass illegale Unternehmenspolitik höchstens aus einer kurzsichtigen, moralisch verwerflichen Perspektive eine zu erwägende Option für Unternehmungen darstellt. Ökonomische Risiken und langfristige Imagenachteile führen das im vorigen Abschnitt beschriebene rein ökonomische Kalkül in den meisten Fällen ad absurdum. Eine defensive Unternehmenspolitik wird daher als minimaler ökologischer Handlungsrahmen anzusehen sein. Eine offensive Unternehmenspolitik eröffnet darüber hinaus Wettbewerbsvorteile, die beispielartig durch Imageverbesserungen oder auch die vereinfachte Beschaffung von Kapital über Öko-Fonds generiert werden können. Das verlangt dann aber eine umfassende, ernst gemeinte Beschäftigung mit den umweltorientierten (und auch sonstigen moralischen) Interessen aller wichtigen Anspruchsgruppen im Sinne einer umfassenden Nachhaltigkeit.

6.3 Weiterführende Literatur

Die Grundzüge der Unternehmenspolitik werden in vielen einschlägigen Lehrbüchern beschrieben. In dem von Kieser/Oechsler (2004) herausgegebenen Werk wird insbesondere auch auf Unternehmensethik und das normative Management im Rahmen des St. Galler Managementmodells eingegangen. Das neue St. Galler Managementmodell der dritten Generation beschreibt Rüegg-Stürm (2002).

Die in Abschnitt 6.2 dargestellten Überlegungen zur Nichtbefolgung gesetzlicher Umweltschutzregelungen gehen wesentlich auf die Dissertation von Terhart (1986) zurück. Die neuesten Zahlen zu den Entwicklungen der Umweltdelikte werden in regelmäßigen Abständen vom Umweltbundesamt veröffentlicht. Das hier verwendete Zahlenmaterial entstammt UBA (2004).

7 Nachhaltige Unternehmenspolitik

Die Verfolgung einer defensiven unternehmerischen Umweltschutzpolitik setzt in erster Linie die Kenntnis der die Unternehmung tangierenden Umweltschutzgesetze und die Kontrolle des legalen Verhaltens auf den verschiedenen Managementebenen voraus. Wenn auch durch die große Anzahl gesetzlicher Regelungen insbesondere kleinere Unternehmungen damit schon erheblich belastet sind, halten sich die Anforderungen an das Umweltmanagement noch in überschaubaren Grenzen. Eine ernsthaft verfolgte offensive Umweltschutzpolitik und damit nachhaltige Unternehmenspolitik bedarf dagegen einer umfassenden Auseinandersetzung mit den Interessen sämtlicher Anspruchsgruppen. Die Übernahme der Legitimationsverantwortung zeigt sich dann zum Beispiel dadurch, dass Frühinformationssysteme eingerichtet werden, um gegenwärtige oder zukünftige moralische Anforderungen zu erkennen. Durch den Dialog mit kritischen Anspruchsgruppen öffnet sich die Unternehmensführung für moralische Argumente und einen moralischen Diskurs und wird dadurch letztlich ihr Handeln (auch) auf nachhaltiges Wirtschaften ausrichten.

Abschnitt 7.1 geht zunächst der Frage nach, wie ein solcher moralischer Diskurs im Rahmen eines unternehmensethischen Entscheidungsprozesses geführt werden kann. Überdies soll anhand eines realen Fallbeispiels – dem im Jahre 1995 hoch brisanten Fall der Shell-Ölplattform Brent Spar – verdeutlicht werden, wie eine Unternehmung auf die gesellschaftlichen Ansprüche reagieren kann bzw. sollte und inwiefern ein einzelner Anspruch zum Überdenken der gesamten Unternehmenspolitik führen kann. Abschnitt 7.2 veranschaulicht dann Probleme und Möglichkeiten zur Übertragung einer offensiven Umweltschutzpolitik auf untergeordnete Managementebenen. Hierzu wird zunächst die oftmals zu beobachtende Lücke zwischen normativem und strategischem Umweltmanagement beschrieben und anschließend das weit verbreitete Umweltmanagementsystem gemäß ISO 14001 skizziert.

7.1 Auseinandersetzung mit moralischen Ansprüchen

7.1.1 Unternehmensethischer Entscheidungsprozess

Gemäß der Logik einer marktwirtschaftlichen Rahmenordnung wird selbst bei einer offensiven, auf Nachhaltigkeit ausgerichteten Unternehmenspolitik das Gewinnstreben im Vordergrund des Tagesgeschäfts einer Unternehmung stehen. Frühinformationssysteme und Dialoge mit kritischen Anspruchsgruppen dienen deshalb auch dazu, rechtzeitig zu erkennen, dass die ethische Richtigkeitsvermutung gewinnmaximierenden Handelns nicht mehr zutrifft. Dann ist zu entscheiden, wie der erkannte moralische Anspruch proaktiv, gegebenenfalls aber auch reaktiv, zu behandeln ist. Soll beispielsweise die Produktpolitik verändert werden, weil Menschenrechtsorganisationen Kinderarbeit anprangern? Müssen die Produktionsverfahren überdacht werden, weil Bürger in der Nachbarschaft gegen die Lärmbelästigung Sturm laufen? Ist die geplante, legale Versenkung einer Ölplattform im Meer legitim, auch wenn Umweltschutzorganisationen dagegen protestieren?

Zur Beantwortung dieser oder ähnlicher Fragen ist für die normative Managementebene wesentlich, inwieweit der an die Unternehmung herangetragene Anspruch zur eigenen Sache erklärt wird. (Die Frage, wie mit verschiedenen Stakeholdern auch im Hinblick auf ihr Einflusspotenzial umzugehen ist, betrifft dagegen eher die strategische Ebene.) Dafür schlagen Homann und Blome-Drees (1992, S. 156 ff.) einen *unternehmensethischen Entscheidungsprozess* in drei Schritten vor:

1. *Prüfung der moralischen Berechtigung*: Zunächst ist zu prüfen, ob der Anspruch überhaupt berechtigt ist. Ist er das Ansinnen eines einzelnen Idealisten oder spiegelt er die Interessen einer breiten Öffentlichkeit wider? Und gibt es gute Gründe, den Anspruch nicht bloß zu einer Forderung an die betreffende Unternehmung, sondern zu einer allgemeinen Norm zu erheben (Universalisierbarkeit)? Welche ökologischen, sozialen, aber auch ökonomischen Konsequenzen hat die allgemeine Befolgung des erhobenen Anspruchs? Ist der Preis, den die Unternehmung, aber indirekt auch Teile ihrer Anspruchsgruppen (z. B. die Mitarbeiter) für die Erfüllung dieses Anspruchs zahlen müssen, gerechtfertigt? Falls die moralische Berechtigung nach ausgiebiger Prüfung negiert wird, kann der Anspruch zurückgewiesen werden; andernfalls folgt als nächster Schritt die

2. *Prüfung der Legitimation durch die Rahmenordnung*: Ist die moralisch berechtigte Forderung (z. B. die Natur vor den negativen Folgen des Erdölverbrauchs oder der Emission von CO_2 zu schützen) durch die Spielregeln der Gesellschaft schon hinreichend abgedeckt, etwa indem sie ausreichend für eine Internalisierung externer Kosten sorgen (z. B. über eine ausreichend hoch veranschlagte Ökosteuer auf den Einsatz fossiler Brennstoffe bzw. die Einführung von CO_2-Emissionszertifikaten)? Falls die Prüfung positiv ausfällt, kann der Anspruch mit dem Hinweis, dass er schon ausreichend durch die Rahmenordnung abgegolten ist, ebenfalls abgelehnt werden; andernfalls folgt als letzter Schritt die

3. *Situative Analyse und Auswahl legitimer Handlungsmöglichkeiten*: Im Sinne eines integrierten Umweltmanagements sollte der Anspruch zu einem Zweck der Unternehmung und damit der betreffende Stakeholder zu einer Zielgruppe erklärt werden. Um dem Anspruch zieladäquat genügen zu können, muss die Situation, in der sich die Unternehmung befindet, analysiert werden. Dabei ergeben sich bezüglich der moralischen Akzeptanz und der ökonomischen Rentabilität vereinfacht vier denkbare Handlungsfelder, für die in der Tabelle 7-1 situative Handlungsnormen empfohlen werden. Letztlich zielen alle Handlungsnormen darauf ab, dass sich die Unternehmung mit allen ihren Produkten und Aktivitäten möglichst weit „nordöstlich" im I. Quadranten befindet.

Die Quadranten I und III in Tabelle 7-1 bilden die klassischen Fälle der Kompatibilität von Ökonomie und Moral ab. Bei positiver Kompatibilität können ökonomische und moralische Ziele simultan realisiert werden. Offensive Umweltschutzpolitik als (ökologisch) nachhaltige Unternehmenspolitik eröffnet neue Chancen im Wettbewerb, wie dies zumindest für viele Umweltpioniere in den Anfangsjahren der Umweltbewegung der Fall war. Dagegen legen bei negativer Kompatibilität allein schon die wirtschaftlichen Aussichten einen Marktaustritt bzw. allgemein den Verzicht auf eine problematische Verhaltensweise nahe, so dass sich von daher auch keine Konflikte mit Umweltzielen mehr ergeben können.

Die Quadranten II und IV stehen für die Konfliktmöglichkeiten, in denen Gewinnstreben und moralische Akzeptanz auseinander fallen. Im moralischen Konfliktfall ist die Situation angesprochen, in der durch das Gewinnstreben berechtigte moralische Anforderungen unterschritten werden. Durch wettbewerbsorientiertes Verhalten mittels moralischer Innovationen soll die Unternehmung zunächst versuchen, in den I. Quadranten zu gelangen. Dabei ist sogar zu erwägen, ob die Unternehmung zeitweise (!) wirtschaftliche

Einbußen zugunsten moralischer Akzeptanz in Kauf nimmt, d. h. einen (produktiven) Umweg über den II. Quadranten nimmt.

Tab. 7-1: Handlungsfelder und Handlungsnormen offensiver Unternehmenspolitik (nach Homann/Blome-Drees 1992, S. 133 und 141)

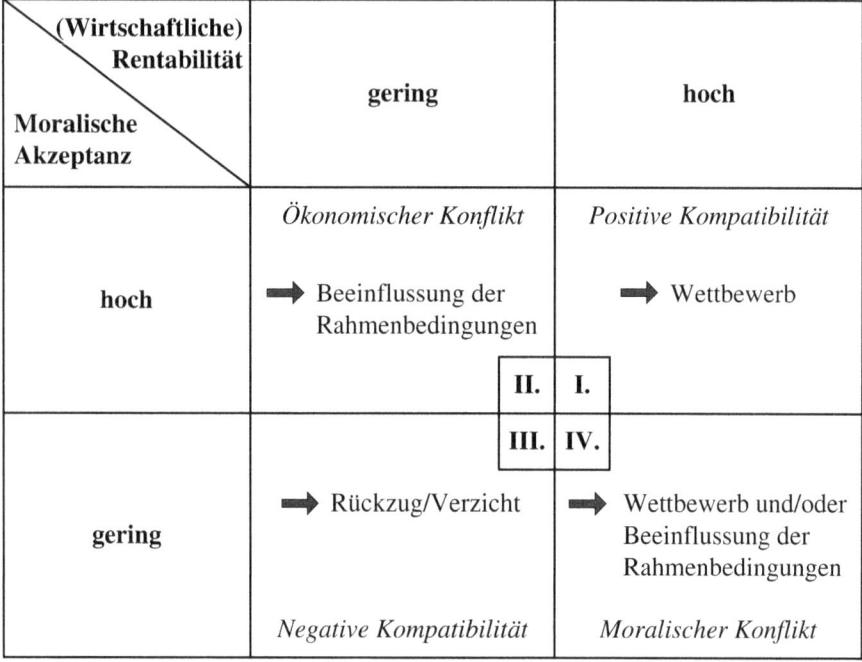

Erweist sich die Erreichung positiver Kompatibilität durch wettbewerbsorientiertes Verhalten als unmöglich, sei es ausgehend vom moralischen oder auch vom ökonomischen Konfliktfall, so bleibt nur der Weg über die Beeinflussung der Rahmenbedingungen übrig. Durch eine Behebung ihrer Defizite soll das Verhalten nicht nur der Unternehmung selber, sondern auch aller Wettbewerber verändert und damit eine soziale Dilemmasituation ausgeschlossen werden. Die Unternehmung kann hierzu entweder im Rahmen ihrer Möglichkeiten unmittelbar auf eine Änderung der Rahmenordnung einwirken (politischer Lobbyismus, Verbandspolitik) oder durch Kooperation mit ihren Wettbewerbern eine kollektive Selbstbindung eingehen (Branchenabkommen).

7.1.2 Fallbeispiel „Brent Spar"

Als weltweit zweitgrößter Ölkonzern ist die Royal Dutch/Shell Gruppe (im Folgenden kurz: Shell) seit jeher nicht nur wegen ihrer Größe, sondern auch wegen der Umweltrelevanz ihrer Produkte und Produktionsverfahren zahlreichen Ansprüchen ausgesetzt; ihr Handeln wird von Umweltschutzorganisationen laufend hinterfragt. Im Jahr 1995 gelangte Shell über Monate in die öffentliche Diskussion, weil sie angekündigt hatte, die ausgediente Ölplattform *Brent Spar* in der Nordsee versenken zu wollen. Vorausgegangen waren laut Shell umfangreiche, mehrjährige Gutachten über die ökologische Unbedenklichkeit sowie die Erlaubnis der britischen Behörden im Februar 1995. Zu diesem Zeitpunkt ahnte Shell noch nicht, welch schmerzhafte Erfahrung in den nächsten Monaten und Jahren auf sie zukommen sollte.

Am 30. April 1995 besetzen Greenpeace-Aktivisten die 190 km nordöstlich der Shetland-Inseln gelegene Plattform und machen mit Transparenten auf die vermeintlich erhebliche Umweltgefährdung durch eine Versenkung im Meer aufmerksam. (Greenpeace gerät einige Zeit später in die Kritik, bei den öffentlich gemachten Restölquantitäten absichtlich übertrieben zu haben.) Dem Protest schließen sich im Laufe der nächsten Wochen zahlreiche Institutionen an (so auch Politiker verschiedener Parteien, unter ihnen auch die damalige deutsche Umweltministerin Angela Merkel). Am 23. Mai 1995 werden die Greenpeace-Aktivisten von der Plattform entfernt. Zeitgleich rufen Greenpeace und andere Institutionen zum Boykott der Shell-Tankstellen auf. Am 9. Juni 1995 kommen die zuständigen Minister diverser europäischer Länder (gegen die Stimmen von Norwegen und Großbritannien) auf der vierten Nordseeschutzkonferenz überein, dass Offshore-Plattformen entweder wiederverwertet oder an Land entsorgt werden sollen. Im Laufe des Juni berichten zahlreiche Shell-Tankstellenpächter von zum Teil drastischen Umsatzeinbußen.

Am 20. Juni gibt Shell dem Drängen der diversen Anspruchsgruppen nach und den Verzicht auf die Versenkung der Plattform bekannt. Die Plattform wird dann bis Mitte Juli in den norwegischen Erfjord geschleppt, wo sie zunächst bis zur weiteren Entscheidung über ihre Entsorgung verbleibt. Im Oktober schreibt Shell die Entsorgung öffentlich aus, worauf hin sie 21 Angebote erhält. In den kommenden zweieinhalb Jahren werden diverse Entsorgungskonzepte diskutiert und darüber hinaus die politische Diskussion über die Entsorgung von Ölplattformen weitergeführt. Im Januar 1998 entscheidet sich Shell schließlich für eine Entsorgung an Land, bei der ein Großteil der Plattform als Baumaterial für eine Kaianlage in der Nähe von Stavanger (Norwegen) genutzt werden soll. Am 10. Juli 1999 sind die

Baumaßnahmen für diesen Kai und damit auch der Fall *Brent Spar* abgeschlossen. (Greenpeace und andere Interessenverbände arbeiten jedoch weiter an der Thematik, auch weil aus dem Einzelfall Konsequenzen für das zukünftige Verhalten aller Ölkonzerne erwachsen sollen.)

Aus dem Blickwinkel des normativen Umweltmanagements lässt sich der geschilderte Fall *Brent Spar* wie folgt analysieren: Die Unternehmenspolitik von Shell war zu jeder Zeit legal, da das britische Recht eingehalten wurde. Fraglich ist, ob sie als defensiv oder offensiv charakterisiert werden kann. Dies hängt letztendlich von der Beantwortung der Fragen ab, ob Shell erst durch den Protest von Greenpeace die ökologische Problematik bewusst geworden ist und ob Shell aufgeschlossen und in angemessener Zeit auf die Ansprüche reagiert hat. Je nachdem, ob man der Darstellung des Falls durch Shell oder Greenpeace mehr Glauben schenkt, ergeben sich ganz unterschiedliche Einschätzungen.

Unabhängig davon lässt sich der unternehmensethische Entscheidungsprozess, der, offensive Unternehmenspolitik unterstellt, bei Shell durchlaufen wurde bzw. hätte durchlaufen werden müssen, folgendermaßen charakterisieren:

1. *Prüfung der moralischen Berechtigung*: Spätestens durch die Proteste von Greenpeace wurde der Anspruch an Shell herangetragen, für eine umweltfreundliche Entsorgung der Ölplattform zu sorgen. Dieser Anspruch besitzt durchaus eine moralische Berechtigung, was nicht zuletzt die Reaktionen der breiten Bevölkerung verdeutlichen. Überdies wurde zwar Shell zunächst nur alleine mit dem Anspruch konfrontiert, aber eine Ausdehnung der Proteste gegen analoge Überlegungen der Wettbewerber war zu erwarten (Universalisierbarkeit).

2. *Prüfung der Legitimation durch die Rahmenordnung*: Waren im Fall *Brent Spar* die Ansprüche bereits ausreichend durch Gesetze abgedeckt? Hierbei geht es nicht darum, die Legalität des Vorgehens zu attestieren, die zweifellos vorlag. Vielmehr stellt sich die Frage, ob das Gesetz die moralischen Wertvorstellungen der Gesellschaft in angemessenem Maß berücksichtigt. Spätestens mit den Bedenken politischer Entscheidungsträger in den meisten europäischen Ländern, wenn auch nicht allen, war für Shell diese zweite Frage nicht mehr einfach zu negieren. Dementsprechend war für Shell auch der dritte Schritt zu erwägen.

3. *Situative Analyse und Auswahl legitimer Handlungsmöglichkeiten*: Im Fall *Brent Spar* lag vermutlich ein moralischer Konfliktfall vor,

wonach die Versenkung moralisch inakzeptabel, aber ökonomisch plausibel war. (Für die Versenkung wurden nach Angaben von Shell ursprünglich Kosten in Höhe von 17-20 Mio. £ veranschlagt, das günstigste Angebot zur Verwertung an Land belief sich auf 23-26 Mio. £. Letztendlich beliefen sich die mit der Demontage verbundenen Kosten nach Unternehmensangaben sogar auf 41 Mio. £.) Gemäß den in Tabelle 7-1 vorgeschlagenen Handlungsnormen blieben Shell die Möglichkeiten, mittels Wettbewerb oder Beeinflussung der Rahmenbedingungen eine positive Kompatibilität zu erreichen. Die von Shell durchgeführte Ausschreibung weist auf die Suche nach moralischen Innovationen hin. Überdies könnte die von Shell teilweise selbst angestoßene öffentliche Diskussion als Versuch der Veränderung des ordnungsrechtlichen Rahmens verstanden werden.

Es bleibt offen, ob Shell schon damals offensiv, wenn auch etwas zögerlich, gehandelt hat oder doch eher durch die drohenden Verluste an den Tankstellen gezwungen war einzulenken. Letztes spräche dafür, Shell als Unternehmung mit defensiver Unternehmenspolitik einzuordnen. In jedem Fall hat sich gezeigt, dass Shell in den Folgejahren sehr stark um einen offenen Umgang mit seinen Anspruchsgruppen bemüht war. Schon kurze Zeit nach der Entscheidung für die Verwertung an Land schaltete Shell in Deutschland große Zeitungsanzeigen mit der Botschaft „Wir haben verstanden". Überdies bezeichnete der Chef der Deutschen Shell, Kurt Döhmel, in einem Interview in DIE ZEIT, das zehn Jahre nach den Ereignissen geführt wurde, die Ereignisse des Jahres 1995 als „eine schmerzliche Erfahrung" und einen „Weckruf", der Shell dazu veranlasst hat, in einen ständigen Dialog mit Umweltschutzorganisationen zu treten.

7.2 Umsetzung offensiver Umweltschutzpolitik

7.2.1 Potenzielle Defizite bei der Umsetzung nachhaltiger Wertvorstellungen

Mit dem Bekenntnis einer Unternehmung zu einer offensiven Unternehmenspolitik manifestiert sich ihre Bereitschaft zur ernsthaften Auseinandersetzung mit moralischen Ansprüchen der Stakeholder, wie etwa ihren Forderungen nach umweltfreundlichem Unternehmenshandeln. Gleichwohl ist die Verankerung des Umweltschutzes und anderer moralischer Ansprüche auf der normativen Managementebene nur eine (meist) notwendige Bedingung für das nachhaltige Wirtschaften der Unternehmung. Da es überwiegend durch untergeordnete Managementebenen realisiert wird, muss sichergestellt sein, dass die Wertvorstellungen adäquat in Entscheidungsprozesse des strategischen, taktischen und operativen Managements einfließen. In der Realität offenbaren sich jedoch des Öfteren Defizite in der durchgängigen Verankerung des Umweltschutzes auf den verschiedenen Managementebenen.

Hierzu zählt in erster Linie die *Lücke zwischen normativer und strategischer Managementebene in Bezug auf Umweltschutzbelange*. Sie wird in der Realität immer dann sichtbar, wenn eine Unternehmung zwar den Umweltschutz oder die Nachhaltigkeit ausdrücklich in ihren Wertvorstellungen (Leitbildern) verankert, aber sich diese Aspekte bei der Festlegung der Strategien nicht oder nur unzureichend wiederfinden.

Diese Lücke mag zuweilen auf die fehlende Ernsthaftigkeit umweltorientierter Leitlinien und somit auf eine vorgespielte offensive Umweltschutzpolitik hindeuten. Aber auch Unternehmungen, denen zweifellos ein hohes Umweltengagement bescheinigt werden kann, weisen ein solches Defizit auf. Es ist zwar letztlich unerheblich, warum sich die Mitarbeiter nachgelagerter Managementebenen umweltfreundlich verhalten, ob stringent aus den Wertvorstellungen abgeleitet oder z. B. nur aufgrund einer entsprechend gelebten Unternehmenskultur. Bei fehlender Ableitung strategischer Unterziele aus normativen Leitlinien besteht jedoch zumindest die erhöhte Gefahr eines Rationalitätsdefizits im Management. Abhilfe können hier formalisierte Abläufe, wie das im folgenden Abschnitt beschriebene Umweltmanagementsystem nach ISO 14001, schaffen. Darüber hinaus ist es die Aufgabe des Ökocontrollings, solchen Defiziten möglichst weit reichend entgegenzuwirken.

Neben den (vertikalen) Lücken zwischen verschiedenen Managementebenen bestehen in der Regel auch zahlreiche (horizontale) Diskrepanzen auf den verschiedenen Managementebenen. So lässt sich etwa in vielen Unternehmungen ein, zumindest latenter, Rollenkonflikt zwischen (zu) idealistischen Umweltmanagern und (rein) wirtschaftlichkeitsorientierten Controllern feststellen (vgl. Lektion 11.1.1).

7.2.2 Umweltmanagementsystem nach ISO 14001

Eine adäquate Umsetzung umweltorientierter Wertvorstellungen in unternehmerisches Handeln lässt sich teilweise dadurch erleichtern, dass Unternehmungen ein formalisiertes Managementsystem einrichten. Mit dem *EMAS* (Environmental Management and Auditing System) und der *ISO-Norm 14001* sind in der Praxis zwei eng verwandte Konzepte solcher Umweltmanagementsysteme verbreitet. Die Implementierung beider Konzepte ist freiwillig. Während die EMAS auf einer gesetzlichen Regulierung der Europäischen Union (EU Verordnung 1863/93) beruht, stellt die ISO 14001 das Ergebnis eines Normungsprozesses der ISO (International Standardization Organization) dar. Nach außen sichtbar wird das Umweltmanagementsystem in erster Linie durch die Zertifizierung und das damit verbundene Recht, das Zertifikatslogo in der Außendarstellung zu verwenden. Die Zertifizierung wird im Rahmen der EMAS von staatlichen Stellen, im Rahmen der ISO 14001 von privatwirtschaftlichen Organisationen durchgeführt.

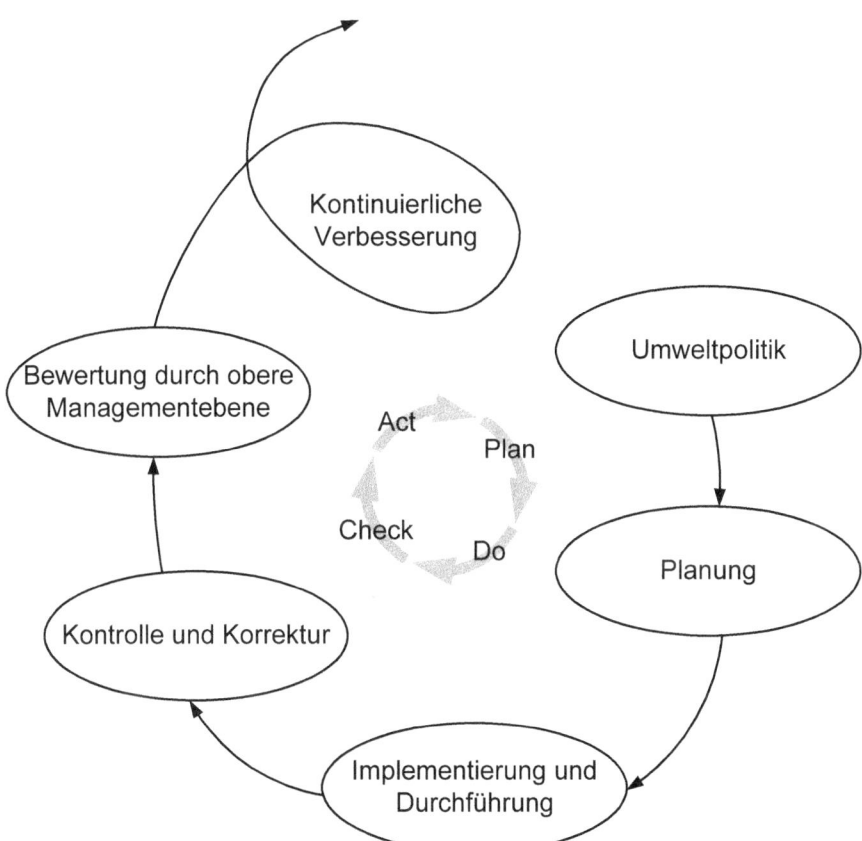

Abb. 7-1: Elemente des Umweltmanagementsystems nach ISO 14001

Das Umweltmanagementsystem ist ein Instrument, das „die Organisationsstruktur, Planungstätigkeiten, Verantwortlichkeiten, Methoden, Verfahren, Prozesse und Ressourcen zur Entwicklung, Implementierung, Erfüllung,

Bewertung und Aufrechterhaltung der Umweltpolitik umfasst" (ISO 14001, Abschnitt 3.5). Es dient also dazu, die Unternehmenspolitik umweltorientiert zu konkretisieren und ihre Umsetzung in unternehmerisches Handeln zu ermöglichen. Dabei verlangt die Zertifizierung, dass die verschiedenen Stufen des Managementprozesses ähnlich wie bei der ISO 9001 (Qualitätsmanagement) gemäß eines Plan-Do-Check-Act-Zyklus durchlaufen und im Sinne eines *kontinuierlichen Verbesserungsprozesses* (KVP) fortlaufend Anpassungen vorgenommen werden.

Die Struktur und Aufgabenstellungen des Umweltmanagementsystems nach ISO 14001 sind in Abbildung 7-1 wiedergegeben. In einem ersten Schritt wird die unternehmerische Umweltschutzpolitik bestimmt, d. h. umweltorientierte Wertvorstellungen müssen expliziert und im Rahmen eines Umweltleitbilds festgehalten werden. In der sich anschließenden Planungsphase soll zunächst die Situation der Unternehmung auf umweltrelevante Aspekte hin analysiert werden. Daraus werden dann konkrete Umweltziele formuliert und Programme zur Erreichung dieser Ziele erstellt. In der sich anschließenden Implementierungs- und Durchführungsphase werden die organisatorischen und personellen Strukturen verändert, die Verantwortlichkeiten für die Durchführung der Umweltprogramme festgelegt und die Programme umgesetzt. In der Kontrollphase erfolgt ein Soll-Ist-Vergleich, auf dessen Basis mögliche Korrekturvorschläge entwickelt werden. Diese werden anschließend durch Vertreter oberer Managementebenen bewertet, was insbesondere einen Abgleich mit den unternehmerischen Wertvorstellungen gewährleisten soll.

7.3 Weiterführende Literatur

Eine ausführliche Beschreibung des in Abschnitt 7.1.1 dargestellten unternehmensethischen Entscheidungsprozesses findet sich bei Homann/Blome-Drees (1992), Abschnitt 3.3.

Umfangreiche, konträre Dokumentationen des Falls *Brent Spar* sind auf den Homepages der beiden Hauptbeteiligten (Royal Dutch/Shell Gruppe vs. Greenpeace) nachzulesen:

- http://www.shell.com/home/Framework?siteId=uk-en&FC2=/uk-en/html/iwgen/zzz_lhn.html&FC3=/uk-en/html/iwgen/about_shell/brentspardossier/dir_brent_spar.html
- http://www.greenpeace.de/themen/oel/brent_spar/

Die in Abschnitt 7.2.1 beschriebene Lücke zwischen normativem und strategischem Umweltmanagement wird von Ahn (2003), Abschnitt 10.4, anhand der Umsetzung der Balanced Scorecard (BSC) dreier börsennotierter Unternehmungen näher analysiert. Obwohl alle drei Unternehmungen Nachhaltigkeit explizit in ihren Leitbildern kommunizieren, wird Nachhaltigkeit in den BSCs nicht oder nur sehr eingeschränkt berücksichtigt. Dem Zweck einer BSC entsprechend sollten jedoch alle wichtigen Oberziele der Unternehmung in das hierarchisch geordnete System der strategischen Unterziele der BSC einfließen.

Das umfangreiche Regelungswerk der ISO 14001 sowie die mit der Einführung eines formalisierten Umweltmanagementsystems verbundenen betrieblichen Implikationen werden insbesondere bei Engelfried (2004), Kapitel 4, sowie Promberger/Kössler/Baumann (2005) beschrieben. Gastl (2005) untersucht die Frage, wie der in der Richtlinie formulierten Forderung nach einem Kontinuierlichen Verbesserungsprozess (KVP) im Umweltmanagement nachgekommen werden kann. Dyllick/Hamschmidt (2000) liefern einen repräsentativen Überblick über den Einsatz des Umweltmanagementsystems in Schweizer Unternehmungen.

8 Strategisches Umweltmanagement

Das strategische Management leitet sich auf der Grundlage der autorisierten Wertvorstellungen aus der Unternehmenspolitik ab. Unter Strategien versteht man sachbezogene Grundsatzentscheide, durch die die Handlungen aller Unternehmensmitglieder auf die angestrebten Unternehmensziele ausgerichtet werden. Zur Erreichung der Unternehmensziele werden über die Bereitstellung und den Einsatz geeigneter Ressourcen Erfolgspotenziale aufgebaut, gepflegt und genutzt sowie umgekehrt Schadens- oder Misserfolgspotenziale vermieden bzw. abgebaut.

Für das Überleben einer in der Marktwirtschaft agierenden Unternehmung sind ökonomische Erfolgspotenziale essenziell. Sie offenbaren sich in Fähigkeiten, die auf die Erlangung möglichst dauerhafter Vorteile gegenüber Wettbewerbern gerichtet sind. Eine solche Profilierung gelingt zuweilen auch durch die konsequente Ausrichtung der Unternehmensstrategie auf die ökologische Nachhaltigkeitsdimension. Die Aufgabe des strategischen Umweltmanagements besteht dann in der Entwicklung und Bewahrung der damit einhergehenden Erfolgspotenziale. Gleichwohl sollte das strategische Umweltmanagement spiegelbildlich auch die Wirkung ökonomisch motivierter Strategien auf ökologische Erfolgsgrößen beurteilen und gegebenenfalls auf die Risiken einer ökonomisch geprägten, aber ansonsten wenig nachhaltigen Unternehmensstrategie hinweisen.

Diesbezüglich werden in Abschnitt 8.1 zunächst Basisstrategien vorgestellt, die versuchen, ein Kontinuum umweltbezogener Strategien idealtypisch abzubilden. Da diese Einteilung gedanklich das strategische Umweltmanagement eines Industriebetriebs analysiert, unterscheiden sich die Basisstrategien insbesondere durch Art und Umfang der geplanten Umweltschutzmaßnahmen in der Produktion und Produktgestaltung. In Abschnitt 8.2 werden dann einige Aufgaben und Dimensionen des strategischen Umweltmanagements skizziert. Neben der Gestaltung der Beziehungen zu den Anspruchsgruppen sollen hier auch strukturelle Überlegungen zur Verankerung des Umweltschutzes innerhalb der Unternehmung angestellt werden, wie sie dann in den Teilen C und D des Buches vertieft werden.

8.1 Typen nachhaltigkeitsorientierter Unternehmensstrategien

In der Literatur zum Umweltmanagement finden sich mehrere Strategietypologien, die den Umgang mit Umweltproblemen in ihrer ökologischen, aber auch ihrer gesellschaftlichen und wettbewerbsbezogenen Relevanz beschreiben. Zuweilen werden lediglich zwei Extremalternativen, eine offensive und eine defensive Strategie, gegenübergestellt. Gegen eine solchermaßen polarisierende Aufspaltung spricht die fehlende Möglichkeit, Unterschiede bei der Umsetzung ein und derselben (offensiven oder defensiven) Unternehmenspolitik machen zu können.

Aus diesem Grund wird nachfolgend eine andere Typologie zugrunde gelegt, die, vorrangig aus dem Blickwinkel eines Industriebetriebs, ausgewogenere strategische Stoßrichtungen defensiver und offensiver Unternehmenspolitiken beinhaltet. Die Typologie beschreibt fünf Idealtypen von *Umweltbasisstrategien*, die in der Praxis zumeist in Mischformen anzutreffen sind, und setzt dabei unmittelbar an dem Ausmaß und der Intensität der Umweltschutzaktivitäten der Unternehmung an. Prinzipiell existiert diesbezüglich ein Kontinuum von Ausprägungen zwischen den beiden Extremen *„Keine Maßnahmen für den Umweltschutz!"* und *„Alle erdenklichen Maßnahmen für den Umweltschutz!"*. Hieraus werden die Basisstrategien so herausgegriffen, dass sie die gesamte Spannweite in diskreten Stufen zunehmender Umweltschutzaktivitäten repräsentieren, und zwar durch die Differenzierung nach zwei Merkmalen mit je zwei Ausprägungen:

- *Direkter (unternehmensbezogener) versus indirekter (unternehmensübergreifender) Umweltschutz*: Im ersten Fall betreffen die Maßnahmen jene Umweltbelastungen, die unmittelbar von der Unternehmung ausgehen (z. B. Verminderung der Produktionsemissionen). Im zweiten Fall dienen die Maßnahmen zum Schutz vor Umweltschäden, die nur mittelbar von der Unternehmung verursacht, aber von ihr wesentlich mit beeinflusst werden (z. B. Entwicklung von Produkten mit umweltverträglichen Gebrauchs- und Entsorgungseigenschaften).

- *Nachgeschalteter versus präventiver Umweltschutz*: Maßnahmen der ersten Art setzen an schon vorhandenen Umweltbelastungen an und können als Beseitigungs- oder Verwertungsaktivitäten generell der Entsorgung zugeordnet werden (z. B. Einbau eines Schadstofffilters in einen Abgasschornstein). Präventive Maßnahmen versuchen dagegen, Belastungen schon vor ihrem Entstehen zu vermeiden (z. B. Einsatz einer Anlage mit integriertem Umweltschutz).

Abbildung 8-1 ordnet die fünf nachfolgend beschriebenen Umweltbasisstrategien gemäß den beiden Kriterien ein. Die Pfeile an den beiden Achsen sollen dabei andeuten, dass sich der Umfang der beiden Kriterien kontinuierlich ausweitet, die Ausprägungen also nicht als Gegensätze sondern Erweiterungen aufzufassen sind. Überdies ordnet die Abbildung die Strategien tendenziell den verschiedenen Ausprägungen der betrieblichen Umweltschutzpolitik (illegal, defensiv, offensiv) zu.

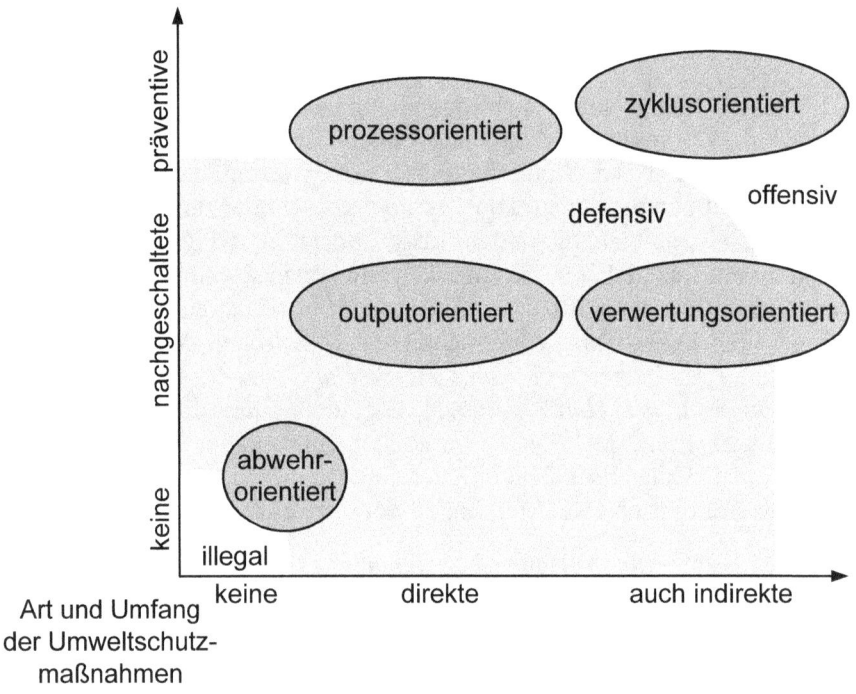

Abb. 8-1: Fünf idealtypische Umweltbasisstrategien

Abwehrorientierte Strategie („Kein Umweltschutz")

Durch den Grundgedanken „*Wir tun möglichst nichts!*" repräsentiert dieser Basistyp das eine Ende des Kontinuums, in dem keine oder zumindest *keine nennenswerten Maßnahmen* für den Umweltschutz ergriffen werden. Er ist gekennzeichnet durch Ignoranz gegenüber umweltbezogenen moralischen Ansprüchen und durch ein Festhalten an gewohnten Verhaltensweisen, sodass unter Umständen sogar die Einhaltung gesetzlicher Auflagen nicht gewährleistet ist. Stattdessen werden von außen herangetragene Ansprüche abgewehrt, sei es durch Kommunikationsaktivitäten, wie Lobbyismus und

Verhandlungen mit Behörden, oder durch die Überwälzung der Ansprüche auf andere Akteure, wie etwa Zulieferer oder Versicherungen.

Dadurch können kurzfristig zwar umweltschutzbedingte Kosten vermieden werden. Langfristig wird durch den möglichen Verlust sozialer Akzeptanz aber die Existenz der Unternehmung gefährdet, sei es durch Imageverlust gegenüber Öffentlichkeit und Marktpartnern aufgrund mangelnder Legitimität oder aber sogar wegen Betriebsverbotes durch die Behörden aufgrund mangelnder Legalität. Ein der abwehrorientierten Strategie entsprechendes Verhalten war bis in die 1970er Jahre in Deutschland noch weit verbreitet und kommt auch heute zumindest noch in Einzelfällen vor, wie die Erfahrung lehrt. Es ist Ausdruck einer defensiven, wenn nicht sogar illegalen Umweltschutzpolitik.

Outputorientierte Strategie („Additiver Umweltschutz")

Einer defensiven Grundhaltung entspricht auch der Gedanke *„Wir tun nur so viel wie nötig!"*. Um die gesetzlichen Auflagen einhalten zu können, stellt dieser Strategietyp schwerpunktmäßig auf *direkte, nachgeschaltete Umweltschutzmaßnahmen* ab. Ansatzpunkt sind die bei der Produktion und gegebenenfalls auch in anderen Unternehmensbereichen anfallenden Rückstände und Emissionen. Sie sollen durch die Anwendung additiver Techniken (*end-of-pipe-technology*) beherrscht und gesetzeskonform beseitigt werden. Bisherige Prozessabläufe bleiben davon weitgehend unberührt. Durch die Überwachung und Wartung der additiven Techniken sowie durch die Prüfung und Dokumentation der Emissionslage ergeben sich jedoch zumindest zusätzliche Kontrollaufgaben.

Die outputorientierte Strategie ist kurzfristig vorteilhaft, weil sie relativ einfach und schnell sowie ohne großen Änderungsaufwand implementiert werden kann und dabei kaum technische Risiken birgt. Langfristig sind aber Wettbewerbsnachteile möglich, wenn die Rahmenbedingungen oder die Konkurrenz zu stärkeren Umweltschutzanstrengungen zwingen. Vermutlich repräsentiert dieser Basistyp die umweltbezogene Unternehmensstrategie einer Vielzahl von Unternehmungen in der heutigen Praxis (immer noch?) am ehesten.

Prozessorientierte Strategie („Produktionsintegrierter Umweltschutz")

Der Grundgedanke *„Wir tun bei uns so viel wie möglich!"* signalisiert den Übergang von einer defensiven zu einer offensiven Umweltschutzpolitik. Rechtsnormen werden freiwillig, d. h. proaktiv übererfüllt. Die prozessorientierte Strategie ergreift dazu hauptsächlich *direkte, präventive Umwelt-*

schutzmaßnahmen, vor allem im Produktionsbereich. Zur Verminderung von Rückständen und Emissionen werden veraltete Prozessabläufe durch den Einsatz integrierter Techniken (*clean technology*) grundlegend modifiziert.

Zwar beruht der produktionsintegrierte Umweltschutz meist auf einem proaktiven Umweltschutzverständnis, er wird zuweilen aber auch durch gesetzliche Regelungen, wie z. B. das Umwelthaftungsgesetz, mit angeregt. Wie Abbildung 8-1 verdeutlicht, kann die prozessorientierte Strategie dann in Richtung einer defensiven Grundhaltung verschoben sein.

Daraus resultieren kurzfristig ein großer Änderungsaufwand wegen umfangreicher Planungs- und Realisationsaufgaben sowie hohe Investitionsausgaben verbunden mit erheblichen technischen Risiken. Langfristig führen Prozessinnovationen für den Umweltschutz dagegen zu größeren Wettbewerbschancen, unter anderem auf Grund von Kostenvorteilen gegenüber der Konkurrenz wegen eines geringeren Entsorgungsaufwandes bei sich verschärfenden Umweltschutzanforderungen. Eine größere Zahl fortschrittlicher Industriebetriebe in Deutschland scheint diesem Strategietyp zu folgen.

Verwertungsorientierte Strategie („Recyclingorientierter Umweltschutz")

„Wir tun bei uns und bei anderen zur Schließung der Stoffkreisläufe soviel wie nötig" ist oft das Motto dieser Strategie, in der dann eine defensive Umweltschutzpolitik deutlich wird. In erster Linie gilt es, Rechtsnormen bezüglich der Kreislaufführung der eigenen Produkte bzw. Produktabfälle einzuhalten. *Indirekte, nachgeschaltete Umweltschutzmaßnahmen* stehen demgemäß im Vordergrund. Falls möglich, versucht sich die Unternehmung an einem bestehenden Verwertungssystem zu beteiligen, bei dem die physischen Transformationsprozesse zur Reduktion der Produktabfälle von Entsorgungspartnern durchgeführt werden. (Auch die Entsorgung der unternehmensinternen Produktionsabfälle, die durch additive Techniken aufgefangen werden, wird zumeist anderen Akteuren überlassen.)

Gleichwohl bauen zumindest einige Unternehmungen eigene Verwertungswege für die beim Konsumenten anfallenden Produktabfälle auf, so etwa Hersteller und Vertreiber von Tonerkartuschen. Geschieht dies nicht nur aus ökonomischen Überlegungen, so lässt sich die verwertungsorientierte Strategie dieser Unternehmungen auf eine offensive Umweltschutzpolitik zurückführen (vgl. die Darstellung in Abbildung 8-1).

Die verwertungsorientierte Strategie ist kurzfristig vorteilhaft, weil sie versucht, die Anstrengungen zur Kreislaufführung der Produktabfälle auf Akteure mit größerem Know-how zu verlagern und dadurch den Planungsaufwand gering zu halten. Allerdings besteht die Gefahr, sich in Abhängigkeit von Entsorgungsbetrieben zu begeben. Zudem sind langfristig dann

Wettbewerbsnachteile möglich, wenn Konkurrenten Kreislaufkonzepte entwickeln, die neben Kostenvorteilen auch Erfolgspotenziale bei den Kunden mit sich bringen. Vermutlich repräsentiert dieser Basistyp heutzutage die umweltbezogene Unternehmensstrategie der meisten Unternehmungen, die zur Kreislaufführung ihrer Produktabfälle gezwungen sind.

Zyklusorientierte Strategie („Produkt- und serviceintegrierter Umweltschutz")

Das Maximum an Umweltschutzanstrengungen im Sinne einer offensiven Unternehmenspolitik wird erst mit Unternehmensstrategien erreicht, die über die direkten präventiven und indirekten nachgeschalteten Maßnahmen hinaus auch indirekte präventive Aktivitäten vorsehen: *„Wir tun bei uns und bei anderen so viel wie möglich!"* Die Grundsätze eines ökologisch nachhaltigen Wirtschaftens erfordern eine umfassende Kooperation mit allen beteiligten Akteuren zur Realisierung möglichst intelligenter Stoffkreisläufe sowie vermeidungsorientierter Produkt- und Servicekonzepte, welche die Funktionserfüllung in den Vordergrund stellen. Umweltschutz bedeutet dann eine echte Querschnittsaufgabe, die sämtliche inner- und überbetrieblichen Prozesse betrifft, auf welche die Unternehmung durch ihr Verhalten Einfluss nimmt oder nehmen kann. Die Verwirklichung der zyklusorientierten Strategie hat somit umfangreiche Planungs- und Realisationsaufgaben in allen Unternehmensbereichen zur Folge und macht auch nach der Einführung eine enge Kooperation mit den Partnern entlang des Produktkreislaufs notwendig.

Kurzfristig führt die Strategie zu sehr hohen Kosten und Änderungsrisiken und auch langfristig zu einer generellen Komplexitätssteigerung. Die Vorteile einer hohen ökologischen Qualität können diese Nachteile nur dann kompensieren oder übertreffen, wenn sie über große Wettbewerbschancen auf Dauer mit ökonomischem Erfolg verbunden sind, da andernfalls über Arbeitsplatzverluste auch die soziale Akzeptanz leidet. Auch wenn sich dieser Strategietyp in der Praxis in Einzelfällen ansatzweise andeutet, so hat er zukünftig vermutlich nur in Verbindung mit einer adäquaten Rahmenordnung Aussichten auf Verbreitung. Hierzu ist es Aufgabe des Staates, im Rahmen der Produktverantwortung nicht nur Regelungen zur Verwertung zu konkretisieren, sondern darüber hinaus auch vermeidungsorientierte Ansätze zur Erfüllung kreislaufwirtschaftlicher Ziele einzufordern.

Abbildung 8-2 fasst die Gedanken zu jenen Basisstrategien zusammen, die zumindest rudimentäre Umweltschutzmaßnahmen vorsehen (also ohne die abwehrorientierte Strategie). Aus dem Blickwinkel der Akteursebene eines

Produktkreislaufs werden die Umweltschutzmaßnahmen in der eigenen Unternehmung sowie der Einfluss auf die Kooperationspartner visualisiert.

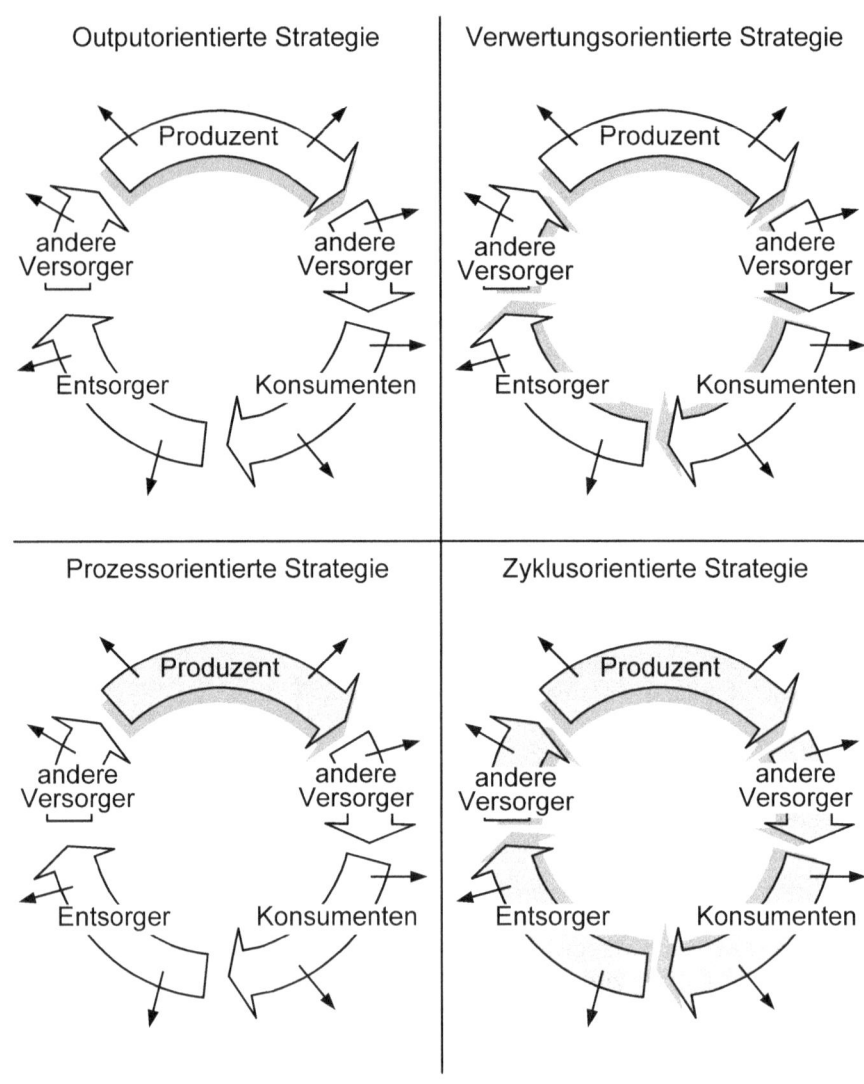

Abb. 8-2: Ansatzpunkte der Umweltbasisstrategien aus dem Blickwinkel der Kreislaufwirtschaft

8.2 Aufgaben und Dimensionen des strategischen Umweltmanagements

8.2.1 Umfeldanalyse

Will man die Unternehmensstrategie in ihren verschiedenen Dimensionen weiter konkretisieren, bedarf es einer Umfeldanalyse zum frühzeitigen Erkennen zukünftiger Chancen und Risiken sowie einer Unternehmensanalyse zur Ermittlung der eigenen Stärken und Schwächen. Auf der Basis der so gewonnenen Erkenntnisse formuliert das strategische Management Handlungsprogramme, legt Strukturen fest und wirkt verhaltensleitend auf die Mitarbeiter. Institutionell verantwortlich dafür sind die Geschäftsführung (Vorstand) sowie die oberen Hierarchieebenen der Unternehmung.

Bei der *Umfeldanalyse* gilt es vor allem, jene dauerhaften Veränderungen in natürlichen, technischen, sozialen, politischen, rechtlichen und wirtschaftlichen Umfeldern zu prognostizieren, welche gravierende Auswirkungen auf den wirtschaftlichen Erfolg, die soziale Akzeptanz oder die ökologische Qualität des Unternehmenshandelns haben. Hilfreich und im Rahmen einer nachhaltigen, offensiven Umweltschutzpolitik unabdingbar ist die Identifikation und Beachtung relevanter *Anspruchsgruppen* (vgl. Abschnitt 7.1) sowie die Klärung der Frage, wie mit ihnen umgegangen werden soll. Tabelle 8-1 unterteilt diesbezüglich die Anspruchsgruppen in vier Stakeholderklassen und nennt Beispiele für solche *Stakeholder*. Die Einteilung bestimmter Stakeholder kann dabei situativ und von Unternehmung zu Unternehmung variieren. Je nach Kooperationsbereitschaft und umweltorientiertem Beeinflussungspotenzial lassen sich dann unterschiedliche Normstrategien im Umgang mit den Stakeholdern empfehlen:

- *Einbeziehung von Typ A* (z. B. Mitarbeiter bei Fragen des Umweltschutzes am Arbeitsplatz), um ihn durch Teilnahme an Unternehmensentscheidungen zu größtmöglicher Kooperationsbereitschaft zu ermuntern

- *Zusammenarbeit mit Typ B* (z. B. Banken bei wichtigen umweltrelevanten Investitionsentscheidungen), um die ohnehin hohe Kooperationsbereitschaft dieser über ein hohes Beeinflussungspotenzial verfügenden Stakeholder durch gemeinsames Erarbeiten von Problemlösungen zu stabilisieren oder noch zu erhöhen

- *Beobachtung von Typ C* mit geringem Aufwand, um ihn themenbezogen bei Bedarf näher zu analysieren und anzusprechen (z. B. Aufklärung von Nachbarn über Störfallrisiken)

- *"Verteidigung"* gegenüber Typ D, um die Abhängigkeit von seinem Verhalten durch Reduzierung des Konfliktpotenzials zu vermindern (z. B. durch Vorwegnehmen gesetzlicher Entwicklungen oder durch Lösung ökologischer Probleme vor Aufdeckung durch Medien oder Umweltverbände).

Tab. 8-1: Umweltbezogene Typologie wichtiger Stakeholder (nach Gröner/Zapf 1998, S. 55)

Umweltorientiertes Beeinflussungspotenzial / Kooperationsbereitschaft	gering	hoch
hoch	Typ A: „Supportive" - Mitarbeiter - Lieferanten ➡ Einbeziehung	Typ B: „Mixed Blessing" - Anteilseigner - Kunden - Banken/ Versicherungen ➡ Zusammenarbeit
gering	Typ C: „Marginal" - Wettbewerber/ Branchenmitglieder - Nachbarn ➡ Beobachtung	Typ D: „Nonsupportive" - Medien - Staat - Umweltschutzorganisationen ➡ „Verteidigung" bzw. kritischer Dialog

Ziel dieser Umgangsempfehlungen ist es zum einen, das Verhalten der Stakeholder vorhersehbar und somit eher kontrollierbar zu machen, um auf mögliche Aktionen und Beeinflussungsmöglichkeiten besser vorbereitet zu sein. Zum anderen wird durch die solchermaßen erhöhte Kooperationsbereitschaft die Gefahr einer unerwünschten Einflussnahme durch den Stakeholder verringert. Dabei beinhalten die Normstrategien nur eine Tendenzaussage, die im Einzelfall zu prüfen und gegebenenfalls zu modifizieren ist. Letztlich sollte mit jedem Stakeholder, der im Rahmen des normativen Managements zur Zielgruppe erklärt wird, eine mehr oder minder umfangreiche Zusammenarbeit angestrebt werden (z. B. Kooperation eines pharmazeutischen Konzerns mit einem Öko-Institut für die ökologische Beurteilung ihrer Geschäftsfelder).

8.2.2 Entwicklung von Strukturen und Verhaltensweisen im Rahmen verschiedener Managementfunktionen

Entscheidend für eine rasche und zielstrebige Anpassung an wichtige Umfeldentwicklungen ist die Lernfähigkeit der Unternehmung als Gesamtsystem. Sie wird wesentlich durch die grundsätzliche Auslegung der organisatorischen Strukturen und Management(teil)systeme sowie durch das Problemlösungsverhalten der Unternehmensmitglieder bestimmt. Im Mittelpunkt strategischer Überlegungen steht die Entwicklung von Kernkompetenzen zu Erfolgspotenzialen. Dazu wird die generelle Unternehmensstrategie in untereinander abgestimmte Bereichsstrategien und Handlungsprogramme heruntergebrochen und dann einzelnen Bereichen bzw. Handlungsträgern der Unternehmung zugeordnet. Bereichsstrategien äußern sich in Geschäftsfeldstrategien (z. B. für Sparte X oder Produktgruppe Y) oder in Funktional- bzw. Geschäftsbereichsstrategien (für F&E, Marketing, Produktion u. a.).

Als Querschnittsfunktion bildet oft auch das Umweltmanagement einen eigenen Bereich, der als das auf die Umweltaspekte bezogene Teilsystem verstanden werden kann. Es handelt sich also um denjenigen „Teil des übergreifenden Managementsystems, der die Organisationsstruktur, Planungstätigkeiten, Verantwortlichkeiten, Methoden, Verfahren, Prozesse und Ressourcen zur Entwicklung, Implementierung, Erfüllung, Bewertung und Aufrechterhaltung der Umweltpolitik umfasst" (ISO 14001 § 3.5, vgl. Abschnitt 7.2.2). Das strategische Umweltmanagement hat somit für eine mit der Umweltbasisstrategie kompatible Ausrichtung der einzelnen Managementfunktionen zu sorgen. Wie das prinzipiell möglich ist, sei anhand der in Teil C des Buches behandelten Managementfunktionen nachfolgend bereits kurz skizziert:

Organisation des betrieblichen Umweltschutzes

Für die Implementierung und Durchführung einer Strategie sind generelle Regelungen zur Steuerung des Verhaltens eines arbeitsteiligen Handlungssystems notwendig. Wesentliche Gestaltungselemente sind die Arbeitsteilung durch die Bildung von Aufgabenkomplexen und ihre Zuordnung zu organisatorischen Einheiten (Stellen, Abteilungen) sowie deren Verknüpfung über Weisungsrechte und Entscheidungsbefugnisse und eine geeignete hierarchische Einordnung (Aufbauorganisation).

Mit gewissen Ausnahmen, etwa der Bestimmung eines für den Umweltschutz verantwortlichen Mitglieds der Geschäftsleitung und der Bestellung von Betriebsbeauftragten für Umweltschutz in bestimmten Fällen, werden im Allgemeinen keine gesetzlichen Vorschriften über die organisatorische Gestaltung des betrieblichen Umweltschutzes gemacht. Verlangt wird dagegen wohl Transparenz und Dokumentation gegenüber den Behörden. Vor diesem Hintergrund bestehen weitgehende Freiheitsgrade in der Ausgestaltung organisatorischer Lösungen. Entscheidend für ihre Effektivität und Effizienz ist die Frage, inwieweit sie helfen, die durch die Unternehmenspolitik angestrebten Umweltziele zu realisieren. Während für die output- und die verwertungsorientierte Strategie lediglich spezielle Umweltschutzeinheiten zur bestehenden Organisationsstruktur hinzugefügt zu werden brauchen, verlangen die prozess- und die zyklusorientierte Strategie die Integration des Umweltschutzes in die Produktionseinheiten bzw. die Durchdringung sämtlicher Unternehmensbereiche der (primären) Organisationsstruktur. Für die zyklusorientierte Strategie erscheint darüber hinaus die Erweiterung um (sekundäre) interdisziplinäre Teamstrukturen notwendig.

Umweltorientiertes Personalmanagement

Die unternehmenspolitische Grundhaltung und die gewählte Umweltbasisstrategie sollen sich auch im Personalmanagement widerspiegeln. Die Wahrnehmung der Legitimationsverantwortung durch die Unternehmung wird getragen von der Unternehmenskultur. Auch wenn Umweltschutz strategisch gesehen Chefsache ist, hängt sein Gelingen auf der operativen Ebene wesentlich von der Identifikation möglichst aller Mitarbeiter mit den angestrebten Umweltzielen ab, besonders im Falle einer zyklusorientierten Strategie.

Für das Personalmanagement ergeben sich in diesem Zusammenhang zwei Aufgabenbereiche. Zum einen ist es Aufgabe der Personalführung, die Mitarbeiter durch einen adäquaten Führungsstil und geeignete Anreize für den Umweltschutz zu motivieren. Über die allgemeine Managementfunktion der Personalführung hinaus ist zum anderen auch die Personalplanung betroffen. Mit zunehmender Umweltorientierung wachsen die Anforderungen an die Planung des Bedarfs, der Beschaffung und Freisetzung, der Ausbildung und Entwicklung sowie des Einsatzes des Personals. Reicht hinsichtlich der Ausbildung und Entwicklung bei einer defensiven Umweltschutzpolitik noch die Vermittlung von Faktenwissen für die Umweltschutzspezialisten aus, so erfordert eine offensive Politik im Hinblick auf ein verantwortliches, umweltverträgliches Handeln die Schärfung des Umweltbewusstseins und die Erweiterung der Umweltkompetenz möglichst aller Mitarbeiter. Im Extremfall einer zyklusorientierten Strategie werden besonders durch die wachsende Komplexität sowie den disziplin- und funktionsübergreifenden Querschnittscharakter vieler neuer Aufgaben hohe Anforderungen an die Mitarbeiter gestellt und umweltorientierte Lernprozesse notwendig.

Ökocontrolling

Die Bildung geeigneter Managementteilsysteme und die Strukturierung ihrer Wechselwirkungen sind Aufgaben des Managements, die mit der Organisation und dem Controlling zur Herausbildung (unter anderem) darauf spezialisierter Managementfunktionen geführt haben. Das Controlling als derivative Managementfunktion richtet den Blick „von außen" auf die konstitutiven Managementprozesse, um durch die Offenlegung ihrer Inhalte, die Analyse der Inhalte hinsichtlich ihrer Güte und die Erschließung möglicher Verbesserungspotenziale die Rationalität des Managements, insbesondere seine Effektivität und Effizienz, sicherzustellen. Eine zentrale Aufgabe ist die Koordination der verschiedenen Managementteilsysteme durch geeignete, in der Regel quantitative Instrumente der Entscheidungsunterstützung und Verhaltenslenkung (Budgets, Verrechnungspreise, Ziel- und Kennzahlensysteme). Vor allem werden die Teilsysteme auf die generellen Unternehmensziele ausgerichtet und ihre Anpassungs-, Reaktions- und Innovationsfähigkeit ausgebildet. Im Vordergrund der Betrachtung stehen typischerweise die Teilsysteme der Planung, der Kontrolle und der Informationsversorgung.

Das Ökocontrolling konzentriert sich auf die relevanten Umweltschutzaspekte der Unternehmensführung und stellt damit sowohl ein Subsystem des Umweltmanagements als auch des Unternehmenscontrollings dar. Zur ziel- und problemorientierten Unterstützung des Umweltmanagements entwickelt das Ökocontrolling geeignete Methoden und Instrumente, und zwar sowohl durch ökologiebezogene Anpassung und Weiterentwicklung bekannter allgemeiner Controllinginstrumente als auch durch die Schaffung vollkommen neuer Instrumente. Ein zentrales Instrument der Informationsversorgung stellt die Stoff- und Energiebilanzierung mit der darauf aufbauenden Ökobilanzierung dar. Aus ihr lassen sich Informationen für weiterführende Koordinationsinstrumente, wie z. B. Umweltkennzahlensysteme, generieren. Gemeinsam dienen sie im Rahmen von Umweltinformationssystemen der Bereitstellung umweltorientierter Daten für interne Entscheidungsträger (Geschäftsleitung, Umweltabteilung und andere Unternehmensmitglieder) und externe Anspruchsgruppen (z. B.

Behörden, Banken, Umweltschutzorganisationen). Das Stoffstromcontrolling unterstützt darüber hinaus das Planungssystem, indem es die funktionalen Zusammenhänge der Stoff- und Energieflüsse innerhalb der Unternehmung genauer abbildet und damit auch das „Durchspielen" zukünftiger Szenarien erlaubt.

8.2.3   Umsetzung strategischer Vorgaben im taktischen Umweltmanagement

Während ein Hauptzweck des Ökocontrollings im Rahmen des strategischen Umweltmanagements darin besteht, die verschiedenen Managementsysteme und Unternehmensbereiche auf die umweltbezogenen Unternehmensziele hin auszurichten, soll das taktische Umweltmanagement eines jeden Bereiches die betreffende Bereichsstrategie umweltbezogen umsetzen. Dazu wird die Strategie in Gestalt detaillierter Maßnahmenbündel bereichsspezifisch konkretisiert.

Unternehmensbereiche, auf die sich das taktische Management bezieht, können aus einer geschäftsfeldbezogenen (objektorientierten) oder geschäftsbereichsbezogenen (funktionalen) Gliederung resultieren. Üblich für eine objektbezogene Einteilung großer Konzerne sind nach Regionen und Produktgruppen unterschiedene Produkt/Markt-Kombinationen, die auf diese Weise bestimmte strategische Geschäftseinheiten definieren. Für das taktische Umweltmanagement einer strategischen Geschäftseinheit ergeben sich hinsichtlich der verschiedenen Managementfunktionen keine neuen Anforderungen, die grundsätzlich über die obigen Aussagen zur normativen und strategischen Ebene hinausgehen.

Anders sieht es in Bezug auf die verrichtungsorientierte Gliederung der Unternehmung nach den verschiedenen Geschäftsbereichen bzw. Unternehmensfunktionen aus, von denen die nachfolgend skizzierten Bereiche industrieller Wertschöpfung in Teil D des Buches näher analysiert werden.

Umweltorientiertes F&E-Management (Produkt- und Servicegestaltung)

Der wichtigste Ansatzpunkt einer Unternehmung, um ihre Produktverantwortung wahrzunehmen, ist die Produktdefinition im Rahmen des Produktentstehungsprozesses. Gleichzeitig schafft die Unternehmung mit der Entwicklung neuer Produkte die Voraussetzung zum langfristigen Überleben am Markt. Ökologische Produktinnovationen ermöglichen es der Unternehmung, einerseits ihre Legitimationsverantwortung wahrzunehmen und andererseits im Wettbewerb erfolgreich zu sein.

Produkte durchleben schon vor ihrer eigentlichen physischen Existenz bis nach ihrem „Tod" unterschiedliche Phasen bzw. Funktionen. Je nach Sichtweise lassen sich ein technischer, ein ökonomischer und ein ökologischer Produktlebenszyklus unterscheiden, deren integrative Sicht für die Produktentstehung von besonderer Bedeutung ist. Neben den positiven, von den Kunden erwünschten Eigenschaften eines Produktes legt die Produktkonzeption auch einen Großteil aller negativen, insbesondere ökologisch unerwünschten Aspekte während des gesamten Lebenszyklus fest, und zwar sowohl den Verbrauch natürlicher Ressourcen als auch die Entstehung von Emissionen. Beispiele für ökologische Produkt- und Servicekonzepte sind die Gestaltung Ressourcen schonender oder recyclinggerechter Produkte (z. B. Kraftstoff sparende Motoren oder demontagegerechte Steckverbindungen) oder Langzeitgüter (z. B. Energiesparlampen) sowie Konzepte zur Produktdauerverlängerung (z. B. technisches Hochrüsten durch Modulaustausch) und Nutzungsintensivierung (z. B. Sharing- oder Poolingkonzepte).

Umweltorientiertes Marketingmanagement

Eine Nachfrage nach solchen Produkt- und Servicekonzepten zu wecken, entsprechende Bedürfnisse zu ermitteln und die Umweltschutzmaßnahmen der Unternehmung dem Kunden transparent zu machen, sind wesentliche Aufgaben eines (ökologisch) nachhaltigen Marketings. Um mit umweltfreundlichen Produkten neben ökologischen außerdem ökonomische Erfolgspotenziale zu erschließen, sind bestimmte Voraussetzungen zu beachten. Das Kriterium der Dauerhaftigkeit eines Wettbewerbsvorteils verlangt, dass die ökologische Produktqualität durch die Konkurrenz nicht leicht imitierbar ist. Weiterhin müssen die ökologischen Produkteigenschaften dem Kunden wichtig sein, d. h. ihm einen subjektiven Nutzenzuwachs versprechen. Eine solche objektiv vorhandene und für den Kunden grundsätzlich wichtige Produkteigenschaft kann aber erst kaufwirksam werden, wenn sie von der anvisierten Kundengruppe auch wahrgenommen wird.

Überdies fällt den Nachfragern die Beurteilung der ökologischen Qualität oft schwer, wobei sie vielfach auf die nicht immer glaubhaften Informationen der Anbieter angewiesen sind, besonders wenn es jene Phasen des ökologischen Produktlebenszyklus betrifft, an denen sie selber nicht beteiligt sind. Nur wenn es seriösen Anbietern gelingt, die Informations- und Unsicherheitsprobleme zu überwinden und sich von Trittbrettfahrern glaubwürdig abzugrenzen, lassen sich durch eine nachhaltige Produktpolitik ökonomische Vorteile erzielen.

Umweltorientiertes Management von Produktion und Logistik

Anders als das Marketingmanagement betrachtet das Produktions- und Logistikmanagement die Wertschöpfungsprozesse und Stoffkreisläufe bzw. Produktlebenszyklen im Hinblick auf die dabei vollzogenen Transformationsprozesse. Die Relevanz eines taktischen Umweltmanagements in diesen Teilbereichen folgt schon daraus, dass es die Transformationen sind, in denen die Umweltbelastungen entstehen.

Für die Gestaltung und Lenkung materieller Erzeugungsprozesse ist das Produktionsmanagement zuständig. Ein nachhaltiges Produktionsmanagement hat sich nicht nur mit der Schaffung von Hauptprodukten, sondern zugleich mit der Entstehung umweltrelevanter Kuppelprodukte (Emissionen bzw. Abfälle) zu befassen, die zwangsläufig bei der Produktion mit anfallen. Dies gilt nicht nur für Unternehmungen, die aufgrund einer offensiven Umweltschutzpolitik die Senkung von Emissionsquantitäten als eigenständige Zielgröße deklarieren. Auch defensiv ausgerichtete Unternehmungen, die ihr Handeln ausschließlich auf ökonomische Ziele ausrichten, müssen gesetzliche Beschränkungen der Emissionsquantitäten von Kuppelprodukten in ihrer Produktionsprogrammplanung berücksichtigen.

Gegenstand eines nachhaltigen Logistikmanagements sind die raumzeitlichen Transformationsprozesse, die neben der Versorgung der Nachfrager mit Wirtschaftsgütern im Rahmen von Beschaffungs- und Distributionsprozessen auch die Entsorgung der Wirtschaftsakteure von ihren Abfällen umfassen. Möglichkeiten zur Einflussnahme auf Umweltbelastungen existieren sowohl bei der Gestaltung als auch bei der Lenkung der logistischen Subsysteme Transport, Lagerhaltung, Verpackung und Auftragsabwicklung. Beispielsweise beziehen sich beim Transport Gestaltungsmaßnahmen auf die umweltfreundliche Nutzung von Verkehrsmitteln und Antriebsenergien.

8.3 Weiterführende Literatur

Die in Abschnitt 8.1 vorgestellte Typisierung der Umweltbasisstrategien geht zurück auf Jacobs (1994), Kapitel 5. In seiner ursprünglichen Einteilung benennt er allerdings nur vier dieser Umweltbasisstrategien; eine verwertungsorientierte Strategie unterscheidet er nicht. Vielmehr versteht er die zyklusorientierte Strategie als unternehmensübergreifende Ausweitung der prozessorientierten Strategie, ohne diesen Strategietyp hauptsächlich auf präventive Maßnahmen zu beschränken. Verständlich wird die fehlende Separierung einer eigenen verwertungsorientierten Strategie, wenn man bedenkt, dass zum damaligen Zeitpunkt jedwede kreislaufwirtschaftlichen Maßnahmen, unabhängig ob nachgeschaltet oder präventiv, das „Nonplusultra" des Umweltschutzes darstellten. Durch das KrW-/AbfG sowie damit einhergehende Verordnungen gehört die bloße nachgeschaltete Kreislaufführung der Produktabfälle jedoch heutzutage für viele Unternehmungen bereits zur Pflicht. Die oftmals gesetzlich erzwungene verwertungsorientierte Strategie ist demnach nicht als Verbesserung gegenüber der prozessorientierten Strategie, sondern nur als Erweiterung nachgeschalteter Maßnahmen auf unternehmensübergreifende Phasen anzusehen.

Möglichkeiten zur adäquaten Berücksichtigung der vorrangig ökologischen Stakeholder-Interessen bei der Ableitung ökologischer Wettbewerbsstrategien werden in Dyllick/Belz/Schneidewind (1997) beschrieben. Dem Dialog zwischen Unternehmungen und ihren Stakeholdern, insbesondere NGOs, widmen sich mehrere Beiträge in Heft 1/2007 der Zeitschrift *UmweltWirtschaftsForum*.

Die Notwendigkeit einer durchgängigen Berücksichtigung des Umweltschutzes in den verschiedenen Managementbereichen und die all zu oft auftretenden Lücken zwischen den verschiedenen Managementebenen werden von Schwegler/Schmidt (2003) behandelt. Ahn/Dyckhoff (2003) identifizieren diesbezüglich eine strategische Lücke zwischen normativem und strategischem Umweltmanagement und schlagen zu deren Schließung die Einführung eines ausgewogenen strategischen Ökocontrollings vor.

Teil C

Umweltorientierung ausgewählter Managementfunktionen

9 Organisation des Umweltschutzes

Unter Organisation versteht man die Gesamtheit aller Regelungen zur Steuerung des Verhaltens der in einer arbeitsteiligen Unternehmung beschäftigten Mitarbeiter. Hierzu zählt die Ablauforganisation, in der wichtige Vorgänge in ihre prozessualen Bestandteile zerlegt und ihre zieladäquate Durchführung koordiniert werden. Die im Weiteren vorrangig behandelte Aufbauorganisation beschäftigt sich dagegen mit der Bildung von Aufgabenkomplexen und ihrer Zuordnung zu hierarchisch strukturierten Einheiten (Stellen/Abteilungen). Wichtige Bereiche der betrieblichen Organisation betreffen somit die Arbeitsteilung, die hierarchische Einordnung der organisatorischen Einheiten mit der Zuordnung von Weisungsrechten zwischen den verschiedenen Stellen sowie die Festlegung von Entscheidungskompetenzen. Inwiefern Umweltschutzbelange bei der Organisation berücksichtigt werden, hängt in erster Linie von der Relevanz des Umweltschutzes für das Management ab. Zwischen einer punktuellen Berücksichtigung im Aufgabenbereich eines bzw. weniger Mitarbeiter und einer sowohl vertikal wie horizontal allumfassenden Verankerung auf den verschiedenen organisatorischen Ebenen sind zahlreiche Varianten denkbar. Die Struktur der Unternehmung leitet sich diesbezüglich idealtypisch aus der im vorigen Kapitel behandelten Umweltschutzstrategie ab („structure follows strategy"), auch wenn tatsächlich umgekehrt auch Rückwirkungen von einer gelebten Organisation auf die Strategie existieren („strategy follows structure").

Abschnitt 9.2 geht der Frage nach dem Umfang der organisatorischen Verankerung des Umweltschutzes in Abhängigkeit von der gewählten Umweltschutzstrategie nach. Ausgehend von der outputorientierten bis hin zur zyklusorientierten Basisstrategie werden Strukturierungskonzepte als grobe Orientierungsmuster beschrieben, die in der Praxis einer unternehmensspezifischen Anpassung bedürfen. Auf Überlegungen zur abwehrorientierten Strategie wird verzichtet, da sie eine Beschäftigung mit umweltrelevanten Fragestellungen und somit auch eine organisatorische Verankerung des Umweltschutzes nahezu völlig negiert. Zuvor werden in Abschnitt 9.1 einige grundlegende Aspekte zur umweltorientierten Organisationsgestaltung angesprochen und dabei insbesondere die Aufgaben und Stellung des gesetzlich geforderten oder freiwillig eingesetzten Umweltschutzbeauftragten skizziert.

9.1 Organisatorische Verantwortung für den Umweltschutz

Bei der organisatorischen Verankerung des Umweltschutzes in der Unternehmung müssen folgende, interdependente Fragen beantwortet werden:

- Wie stark soll die umweltrelevante Aufgabenerfüllung die Struktur der Unternehmensorganisation durchdringen?
- Wer (welche Stelle) ist konkret für welche umweltrelevanten Aufgaben zuständig?
- Wer ist für die Einhaltung interner und externer umweltrelevanter Vorgaben verantwortlich?
- Welche Beziehungen (Berichtspflichten, Weisungsrechte) bestehen zwischen den verschiedenen Stellen in Bezug auf umweltrelevante Aufgaben und Problemfelder?

Ob Umweltschutzbelange lediglich dem Verantwortungsbereich einzelner Stellen zugerechnet werden oder eine integrativ zu bewältigende Aufgabe (nahezu) aller Mitarbeiter sein sollen, hängt in erster Linie von der gewählten umweltpolitischen Ausrichtung der Unternehmung bzw. ihrer Umweltschutzstrategie ab (vgl. Abschnitt 9.2). Diese Grundsatzentscheidung beeinflusst zudem wesentlich die Beantwortung der anderen Fragen. Denn mit einer umfassenderen Ausrichtung auf Umweltschutzbelange wird auch deren organisatorische Verankerung komplexer, da mehr Aufgaben durch mehr Stellen erledigt werden müssen, was einen höheren Koordinationsaufwand mit sich bringt.

Gleichwohl legt es dieser Koordinationsaufwand unabhängig von der Umweltschutzstrategie nahe, immer dann eine Bündelung bestimmter Aufgabenfelder vorzunehmen, wenn dies aufgrund überwiegender Synergieeffekte und Spezialisierungsvorteilen plausibel erscheint. Die Umweltschutzkompetenz kann in kleinen Unternehmungen bei einem einzelnen Mitarbeiter liegen, der sich dann als Ansprechpartner und Anwalt für Umweltschutzbelange einsetzt. In großen Unternehmungen finden sich dagegen oft mehrere Stellen, die in einer Umweltschutzeinheit (Abteilung, Gruppe) gebündelt sind. Auch wenn aus der Fachkenntnis ein gewisses Maß an Weisungsbefugnis und Verantwortung erwächst, verbleibt die letztendliche Verantwortung für Umweltschutzbelange bei der Geschäftsleitung.

Gesetzliche Regelungen, wie etwa § 52a Bundesimmissionsschutzgesetz (BImSchG), schreiben diesbezüglich sogar die namentliche Benennung eines verantwortlichen Mitglieds der Geschäftsleitung vor, das für den

Fall, dass ein Mangel in der Organisation festgestellt wird, sogar strafrechtlich belangt werden kann. Des Weiteren hat die Geschäftsleitung gemäß § 52a (2) BImSchG „der zuständigen Behörde mitzuteilen, auf welche Weise sichergestellt ist, dass die dem Schutz vor schädlichen Umwelteinwirkungen und vor sonstigen Gefahren, erheblichen Nachteilen und erheblichen Belästigungen dienenden Vorschriften und Anordnungen beim Betrieb beachtet werden." Dies erfordert i. d. R. die Bekanntgabe eines Organisationsplans, der Aufgabenbeschreibung bestimmter Organisationseinheiten sowie ihres Verhältnisses untereinander im Rahmen umweltrelevanter Abläufe.

Als zentrale organisatorische Einheit fungieren in vielen Unternehmungen *Umweltschutzbeauftragte*. Ihre Installierung ist in verschiedenen Gesetzen für Unternehmungen mit einer potenziellen Umweltgefährdung verpflichtend vorgeschrieben. Darüber hinaus richten viele Unternehmungen diese Stelle aber auch freiwillig ein.

Die Bezeichnung Umweltschutzbeauftragter ist gesetzlich nicht verankert. Verschiedene gesetzliche Regelungen (z. B. BImSchG, Wasserhaushaltsgesetz, Gefahrgutverordnungen, Gentechnikgesetz) sehen vielmehr Betriebsbeauftragte für spezielle Aufgaben vor, also z. B. den Immissions-, Strahlen- oder Gewässerschutzbeauftragten.

Zu den Aufgaben der Umweltschutzbeauftragten zählen vor allem:

- *Überwachung der Anlage(n)* im Hinblick auf die Einhaltung der Vorschriften mit Hilfe von Messungen, Meldung von Mängeln und Unterbreitung von Vorschlägen zu deren Beseitigung an die Geschäftsleitung

- *Instruktion der Belegschaft* über die betrieblichen Umwelteinwirkungen sowie die zu deren Verringerung bestehenden Maßnahmen und Einrichtungen

- *Förderung umweltfreundlicher Verfahren und Prozesse*

- *Begutachtung von Investitionsvorhaben* vom Standpunkt des Umweltschutzes

- *jährliche Berichterstattung* an den Betreiber der Anlage(n) über die im Rahmen der Aufgaben getroffenen und geplanten Maßnahmen.

Wegen der verantwortungsvollen Aufgaben sind die beruflichen Qualifikationserfordernisse (Fachkenntnisse, Ausbildungsniveau) des Umweltschutzbeauftragten in den meisten Fällen entsprechend hoch und spezifisch vorgeschrieben. Überdies werden insbesondere in Unternehmungen, in denen er als Einzelkämpfer für den Umweltschutz fungiert, hohe Anforderungen an Durchsetzungs- und Kommunikationsfähigkeit gestellt. Dies betrifft nicht nur die Instruktion der Belegschaft, sondern vor allem auch sein Vortrags- und Vorschlagsrecht gegenüber der Geschäftsleitung. Zur Stärkung seiner Stellung werden ihm deshalb gesetzlich Benachteiligungsverbote zuteil, die u. a. einen verstärkten Kündigungsschutz vorsehen.

9.2 Organisatorische Verankerung der Umweltschutzstrategie

9.2.1 Outputorientierte Organisationsgestaltung

Die outputorientierte Ausrichtung der Umweltschutzstrategie verfolgt eine aufwandsarme Umsetzung der (defensiven) Umweltschutzpolitik und legt in erster Linie Wert auf die Beherrschung der betrieblichen Emissionen durch nachgeschaltete, additive Umweltschutzmaßnahmen (end-of-pipe-technology). Zu den wesentlichen Aufgaben, die mit einer solchen Ausrichtung verbunden sind, zählen deshalb neben der Entscheidungsunterstützung beim Kauf und Einbau von Filtern u. a. die Kontrolle ihres laufenden Betriebs sowie die damit verbundene Dokumentation der Messwerte und sonstiger umweltrelevanter Daten. Darüber hinaus ist der Kontakt zu den Aufsichtsbehörden sicherzustellen, und alle die Unternehmung betreffenden Rechtsvorschriften sind auszuwerten.

Der Kerngedanke der outputorientierten Umweltschutzstrategie, die herkömmlichen Produktionsabläufe möglichst nicht zu verändern und nur durch aufgesetzte Maßnahmen eine gesetzeskonforme Produktion sicherzustellen, spiegelt sich auch in der Organisationsgestaltung wider. Da die umweltrelevanten Aufgaben weitgehend unabhängig von den unverändert ablaufenden Produktionsprozessen erledigt werden können, empfiehlt sich die Bildung spezieller Umweltschutzeinheiten. Herkömmliche Stellen im Produktionsbereich sind dann, mit Ausnahme eines Störfalls, nicht von Umweltschutzbelangen betroffen und gehen nahezu uneingeschränkt ihren normalen Aufgaben nach.

Vor allem für diese relativ schwache Form der Umweltorientierung erscheint es zweckmäßig, die umweltrelevanten Aufgaben auf wenige Stellen zu konzentrieren. (Für manche Aufgaben empfiehlt sich eventuell auch die Beauftragung externer Beratungsunternehmungen, die über das notwendige Know-how verfügen.) Dies ist in kleinen Unternehmungen oft einzig und allein der Umweltschutzbeauftragte, der zuweilen parallel auch noch anderen Aufgaben nachgeht und für den der Umweltschutz dann nur eine Teilzeitaufgabe darstellt. In der Praxis werden die Aufgaben des Umweltschutzbeauftragten oft an Stellen angesiedelt, die sich gleichzeitig mit der Qualitätssicherung oder dem Arbeitsschutz befassen. In größeren Unternehmungen können die Aufgaben in einer *zentralen Umweltschutzeinheit* (Gruppe, Abteilung) abgedeckt werden. Die sich darin offenbarende Förderung eines Spezialistentums und die daraus abgeleiteten Effizienzvorteile empfehlen sich aufgrund der zahlreichen Interdependenzen zwischen den umweltbezogenen Aufgaben und der daraus erwachsenden Notwendigkeit einer Schnittstellenverringerung. Zudem ist es auch für die Kommunikation nach außen von Vorteil, wenn zentrale Ansprechpartner vorhanden sind.

Nichtsdestotrotz können nicht alle Aufgaben von dieser Zentraleinheit erledigt werden. Insbesondere in Unternehmungen mit räumlich weit verstreuten Produktionsstandorten müssen zumindest die Überwachung der (end-of-pipe-) Anlagen und die Ermittlung der Messwerte durch eine *dezentrale Umweltschutzeinheit* vor Ort erfolgen. Dies wird in der Regel der Standortbeauftragte für Umweltschutz sein.

Um eine einheitliche Aufgabenerfüllung sicherzustellen, sollte die zentrale Umweltschutzeinheit den dezentralen Umweltschutzeinheiten gegenüber fachlich weisungsbefugt sein. Neben regelmäßigen Meetings lässt sich eine Abstimmung der Aufgabenerfüllung durch sog. Umweltschutzhandbücher erzielen, in denen wichtige Abläufe festgehalten sind.

Bezüglich der hierarchischen Einordnung empfiehlt sich bei einer ernst gemeinten Umweltorientierung sowohl für die zentrale als auch die dezentralen Umweltschutzeinheiten eine möglichst hohe (disziplinarische) Verankerung unterhalb der Geschäftsleitung respektive der Werksleitung am jeweiligen Standort. Dadurch erhalten die Umweltschutzeinheiten sowohl nach außen gegenüber Anspruchsgruppen als auch bei internen Interessenkonflikten gegenüber anderen Abteilungen ein ausreichendes Gewicht. Selbst wenn bei dieser Strategie versucht wird, den Umweltschutz weitgehend von der Produktion abzukoppeln, dürften solche internen Probleme insbesondere im Verhältnis zum Produktionsbereich bestehen. Während in den meisten Fällen interne Verhandlungen zur Lösung dieser Probleme führen, sollte den (dezentralen) Umweltschutzeinheiten im Störfall ein *Vetorecht* eingeräumt werden, das ihnen Entscheidungsbefugnisse bis hin zur völligen Stilllegung der Produktion einräumt. Ansonsten könnte die fehlende Sachkenntnis der Produktionsverantwortlichen gepaart mit der betriebsblinden Verfolgung ökonomischer Produktionsziele unter Umständen zu verheerenden Auswirkungen auf die Umwelt und für die Unternehmung führen.

9.2.2 Außengerichtete Erweiterungen einer verwertungsorientierten Organisationsgestaltung

Ähnlich wie bei der outputorientierten Basisstrategie ist für die verwertungsorientierte Strategie die Beschränkung auf nachgeschaltete Umweltschutzmaßnahmen charakteristisch. Dementsprechend gelten die Ausführungen zur outputorientierten Organisationsgestaltung weitgehend auch für die verwertungsorientierte Organisationsgestaltung. Die Ausweitung der Umweltschutzbelange auf unternehmensübergreifende Fragestellungen der Kreislaufwirtschaft erfordert allerdings auch Erweiterungen in der organisatorischen Verankerung des Umweltschutzes.

Die zentrale Umweltschutzeinheit muss die Vielzahl kreislaufwirtschaftlicher Rechtsvorschriften (Kreislaufwirtschaftsgesetz und nachgeordnete Verordnungen) auswerten und darüber hinaus auch neuartige Handbücher, wie etwa das gesetzlich vorgeschriebene Demontagehandbuch für Unternehmungen der Automobilindustrie, herausgeben und ständig aktualisieren. Je nach Inhalt dieser Handbücher ist sie dabei auf die Mithilfe von Fachabteilungen angewiesen, die sich mit der entsprechenden Problematik auskennen. So dürften bei der Erstellung eines Demontagehandbuchs auch die Forschungs- und Entwicklungs- sowie die Produktionsabteilung (v. a. der Montagebereich) beteiligt sein. Der zentralen Umweltschutzeinheit kommt dann in erster Linie die Aufgabe eines Moderators zu.

Sofern durch die Kreislaufführung neuartige Entsorgungsprozesse innerhalb der Unternehmung notwendig werden, müssen hierfür eigene Stellen eingerichtet werden, die von den die Stellen bekleidenden Mitarbeitern ein Grundverständnis umweltrelevanter Regelungen sowie ein gewisses Maß an Umweltbewusstsein verlangen. Viele Unternehmungen scheuen allerdings diese Ausweitung und überlassen die Entsorgungsaufgaben Fremdanbietern. Der zentralen Umweltschutzabteilung und den dezentralen Umweltschutzeinheiten vor Ort kommt dann die Aufgabe zu, in Kontakt mit den Entsorgungsunternehmungen zu treten und diese Geschäftsbeziehung zu pflegen. Für die Verhandlungen über die Konditionen werden allerdings sehr häufig auch Beschaffungs- oder Vertriebsstellen eingeschaltet, die aus ihrer herkömmlichen Tätigkeit ein größeres Verhandlungsgeschick mitbringen.

9.2.3 Innengerichtete Erweiterungen einer prozessorientierten Organisationsgestaltung

Mit der Verfolgung der prozessorientierten Umweltbasisstrategie nehmen die Umweltschutzmaßnahmen in der Unternehmung einen mehr präventiven Charakter an. Für die Produktion treten an die Stelle additiver (end-of-pipe-) Technologien verstärkt integrierte (clean) Technologien, die entsprechend eine Veränderung der Prozessabläufe bedingen. Das führt dann auch zu einer weit reichend geänderten Organisationsgestaltung, da jetzt zumindest die Produktionsabteilung viel stärker und direkter von Fragen des Umweltschutzes betroffen ist. Eine allumfassende Abdeckung der umweltrelevanten Aufgaben durch Spezialisten ist nicht mehr ratsam; Umweltschutz muss vielmehr auch in der (Linien-) Organisation des Produktionsbereichs integrativ verankert werden.

Durch die integrative Verbindung der Produktionsaufgaben mit den umweltorientierten Aufgaben als zusätzlichem qualitativem Bestandteil werden die *prozessabhängigen Aufgaben* bei den Produktionseinheiten angesiedelt. Dabei muss sichergestellt sein, dass die Produktionsmanager, aber auch die ausführend tätigen Mitarbeiter der Produktionsabteilung, bei ihrer Aufgabenerfüllung ein ausgewogenes Verhältnis zwischen dem Umweltschutz und herkömmlichen Produktionszielen verfolgen. Die mit der Integration in der jeweiligen Produktionseinheit verbundene Aufgabenerweiterung führt dann zu Flexibilitätsvorteilen, da die Entscheidungen keiner intersubjektiven Koordination bedürfen. Dadurch, dass die Produktionseinheiten jetzt auch über Fachwissen und Motivation im Umweltschutz verfügen (müssen), kann ihnen das alleinige Weisungsrecht übertragen werden; eines Vetorechts einer eigenständigen Umweltschutzeinheit bedarf es selbst im Störfall nicht.

Aus der prozessintegrierten Verankerung des Umweltschutzes folgt jedoch nicht, dass auf spezialisierte Umweltschutzeinheiten völlig verzichtet werden sollte. Denn auch in Unternehmungen mit prozessorientierter Umweltschutzstrategie lassen sich *prozessunabhängige Aufgaben* identifizieren, die ähnlich wie bei der outputorientierten Strategie die Außendarstellung in Fragen des Umweltschutzes, die Auswertung von Gesetzestexten und, in verstärktem Maße, interne Instruktionen und Schulungsmaßnahmen betreffen. Alles das sind Aufgaben, die einer zentralen Umweltschutzeinheit obliegen sollten. Sie weist gegenüber den Produktionseinheiten allerdings eher einen Stabscharakter auf und besitzt dementsprechend mehr einen beratenden Einfluss als ein Weisungsrecht. Zur Entlastung der Produktionseinheiten ist es mitunter durchaus sinnvoll, die reine Mess- und Kontrolltätigkeit, die auch beim Einsatz von Technologien mit produktionsintegriertem Umweltschutz vonnöten sind, dezentralen Umweltschutzeinheiten vor Ort zu überlassen.

Letztendlich führt das Nebeneinander von prozessabhängigen und prozessunabhängigen Aufgaben dann nicht nur auf Unternehmensebene, sondern auch in den einzelnen Werken zu einer parallelen Integration und Spezialisierung bezüglich umweltrelevanter Fragestellungen. Dass dabei vor allem in der Phase eines Übergangs von der outputorientierten (oder gar einer abwehrorientierten) zur prozessorientierten Strategie die Integration des Umweltschutzes im Produktionsbereich zu Widerständen führt, ist nahe liegend. Die organisatorische Umgestaltung erfordert deshalb auch eine personalpolitische Neuausrichtung, die ein grundlegend revidiertes Verhalten der Mitarbeiter mit sich bringt.

9.2.4 Komplexe Umgestaltung durch eine zyklusorientierte Organisationsgestaltung

Die zyklusorientierte Basisstrategie verbindet als Extremoption der nachhaltigen Umweltschutzorientierung die präventive Ausrichtung der (innengerichteten) prozessorientierten Strategie mit den unternehmensübergreifenden Anstrengungen einer (oft gesetzlich erzwungenen) verwertungsorientierten Strategie. Die freiwillige Übererfüllung gesetzlicher Regelungen in sämtlichen Unternehmensbereichen und über die Unternehmensgrenzen hinaus erfordert maximale Anstrengungen und demgemäß auch die umfassendste organisatorische Verankerung.

Gleichwohl kann sie in vielen Bereichen auf konzeptionelle Überlegungen der anderen Strategietypen zurückgreifen. So können Aufgaben, die sich auf den Umweltschutz innerhalb des Produktionsbereichs beziehen, oftmals durch eine der prozessorientierten Strategie entsprechende parallele Integration und Spezialisierung abgedeckt werden. Während bei der prozessorientierten Strategie die Umweltschutzbemühungen aber durchaus noch auf den Produktionsbereich beschränkt bleiben können, erfordert die zyklusorientierte Strategie eine Integration in alle Unternehmensbereiche, insbesondere Beschaffung, Absatz und Logistik, so dass auch hier organisatorische (und personalpolitische) Anpassungen erfolgen müssen.

Überdies erfordert die zyklusorientierte Strategie eine bereichsübergreifende Behandlung umweltrelevanter Fragestellungen, die sich vor allem in der grundsätzlichen Planung der ökologischen Produktqualität sowie in der Installation und Überprüfung von Umweltschutzsystemen offenbart. Um dieser Aufgabe gerecht zu werden, bietet sich die Bildung interdisziplinärer Teamstrukturen an, in denen das Fachwissen verschiedener Abteilungen bei Bedarf gebündelt wird. Neben die Verankerung des Umweltschutzes in der herkömmlichen Linienorganisation tritt somit eine mehr oder minder umfangreiche Projektorganisation.

Die konzeptionelle Ausgestaltung einer zyklusorientierten Umweltschutzstrategie bedarf in der Regel eines *Planungsteams*, in dem Führungskräfte der verschiedenen Unternehmensbereiche über die generelle Ausrichtung der unternehmerischen Leistungserstellung auf Umweltschutzbelange befinden. Da das Planungsteam starken Einfluss auf die strategische Ausrichtung der Produkt- und Serviceentwicklung besitzt, müssen ihm auch Weisungsrechte gegenüber dem Produktentwicklungsbereich zugeteilt werden. Um einem Interessenkonflikt zu entgehen, erscheint es deshalb ratsam, den Leiter der Entwicklungsabteilung in verantwortlicher Stellung in das Planungsteam zu integrieren.

Da das Planungsteam die Umsetzung der konzeptionellen Produktideen in der Regel nicht selber vornimmt, sollten *Innovationsteams* gebildet werden, die sich aus Spezialisten der einzelnen Unternehmensbereiche rekrutieren. Diese Teams sind dem Planungsteam unterstellt. Wie stark der Leiter des Innovationsteams mit Weisungsrechten in die herkömmliche Linienorganisation hinein betraut wird, entscheidet letztendlich der Stellenwert des Innovationsprojekts.

Neben diesen beiden Teamarten, die sich der konzeptionellen Planung respektive der konkreten Umsetzung des Umweltschutzgedankens als einer wesentlichen, aber nicht alleinigen Anforderung einer nachhaltigen Unternehmensführung im Leistungsprogramm widmen, ist die Einrichtung eines *Auditteams* als dritter Teamart sinnvoll, um die Überprüfung umweltorientierter Konzepte und Maßnahmen auch organisatorisch zu verankern. Dabei geht es nicht um die Messung und Dokumentation gesetzlich vorgeschriebener Grenzwerte, die weiterhin durch dezentrale Umweltschutzeinheiten (Betriebsbeauftragte) erfolgt. Die Aufgabe des Auditteams ist es vielmehr, die Umsetzung der zyklusorientierten Umweltstrategie in der Unternehmung zu überprüfen bzw. einer internen Revision zu unterziehen. Hierzu bedarf es unabhängiger, kompetenter Spezialisten, die zwar keinerlei Weisungsbefugnisse besitzen, aber ihre umfassenden Informationsbedürfnisse problemlos befriedigen können müssen. Das legt eine direkte Einordnung unter der Unternehmensleitung nahe, der das Auditteam in regelmäßigen Abständen über seine Einschätzung umweltrelevanter Entwicklungen berichtet. Da die Unabhängigkeit oftmals nur schlecht gewährleistet werden kann, können zu solchen Auditteams externe Berater hinzugezogen werden, die aufgrund ihres Know-hows dann häufig auch für die Teamleitung geeignet sind.

9.3 Weiterführende Literatur

Die Aufgaben des Umweltschutzbeauftragten sowie die gesetzlichen Regelungen zur Verankerung dieser Position werden z. B. in Breidenbach (2002), Abschnitt 3.2, behandelt.

Eine ausführliche Darstellung der in Abschnitt 9.2 beschriebenen strategieadäquaten Organisationsgestaltung in Industriebetrieben findet sich bei Jacobs (1994), Kapitel 6-9, der seinen Ausführungen allerdings eine leicht abgewandelte Klassifikation der Strategien zugrunde legt.

Ergänzende, umfassende Beiträge zur organisatorischen Verankerung des Umweltschutzes in Unternehmungen liefern Antes (1996), Matzel (1994), Müller-Christ (2001), Kapitel 3, sowie die Beiträge in den Heften 3/1995 und 1/1999 der Zeitschrift *UmweltWirtschaftsForum*.

10 Umweltorientiertes Personalmanagement

Das Personalmanagement nimmt in der Umsetzung der betrieblichen Umweltschutzpolitik aus zweierlei Gründen eine wichtige Rolle ein. Erstens stellen die Mitarbeiter wichtige Stakeholder dar, deren Ansprüche bezüglich moralischer (v. a. sozialer und umweltorientierter) Aspekte von der Unternehmensleitung ernst zu nehmen sind. Zweitens lässt sich die angestrebte Unternehmenspolitik erst durch eine adäquate Personalpolitik konsequent umsetzen. So wie gemäß dem Motto „structure follows strategy" die umweltbezogene Strategie in besonderem Maße die Aufbauorganisation der Unternehmung beeinflusst, ist die Organisationsgestaltung ihrerseits ein wesentlicher Einflussfaktor auf die meisten Entscheidungen im Rahmen der Personalplanung. Die von der Unternehmung verfolgte Umweltschutzstrategie spielt zudem für die Mitarbeitermotivation eine entscheidende Rolle.

Die Mitarbeitermotivation hängt überdies vor allem von der psychischen Prägung der Mitarbeiter ab, die somit einen zweiten wichtigen unternehmensinternen Kontextfaktor des Personalmanagements bildet. Die Sensibilisierung der Mitarbeiter für den Umweltschutz ist oft nicht einfach, insbesondere dann nicht, wenn sie sich vom Umweltschutz nicht betroffen fühlen. Nur wenn es gelingt, die Interessen und Werte der Mitarbeiter im Hinblick auf den Umweltschutz zu verstärken oder zumindest durch äußere Anreize ihr Verhalten zu beeinflussen, kann man entsprechendes Engagement für den Umweltschutz erwarten. Daneben erfordern die sich ständig ändernden umweltspezifischen Rahmenbedingungen auch eine permanente Weiterentwicklung des umweltorientierten Wissens der Mitarbeiter.

In dieser Lektion wird die Ausgestaltung des Personalmanagements auf die beiden geschilderten Kontextfaktoren der umweltorientierten Strategiewahl (bzw. Umweltschutzpolitik) sowie der psychischen Prägung der Mitarbeiter zurückgeführt. Die Ausführungen untergliedern sich dabei in zwei perspektivisch unterschiedliche, jedoch inhaltlich oft eng verbundene Teilbereiche des Personalmanagements. In Abschnitt 10.1 wird der Einfluss der Umweltorientierung auf die einzelnen Bereiche der *Personalplanung* näher untersucht. Abschnitt 10.2 befasst sich mit der *Personalführung* und der *Mitarbeitermotivation* zu umweltorientiertem Verhalten. Neben den Einsatzmöglichkeiten verschiedener Anreizinstrumente zur

Erreichung umweltorientierten Verhaltens werden Motivationskonzepte vorgestellt, die auf die individuellen Motivationsstrukturen der Mitarbeiter auszurichten sind.

10.1 Personalplanung

Die Personalplanung umfasst ähnlich wie die Planung anderer Produktionsfaktoren dispositive Aufgaben der Bedarfs-, Beschaffungs- und Einsatzplanung. Darüber hinaus ergibt sich mit der Personalausbildungs- und -entwicklungsplanung ein weiterer Planungsbereich, der spezifisch für den Faktor Mensch relevant ist. Auch wenn diese Teilplanungen eine Vielzahl an Überschneidungen aufweisen und deshalb in der Regel simultan durchgeführt werden (müssen), wird aus didaktischen Gründen in den folgenden Unterabschnitten die Umweltorientierung der Personalplanungsaspekte sukzessive und möglichst überschneidungsfrei behandelt.

10.1.1 Personalbedarfsplanung

Aufgabe der *Personalbedarfsplanung* ist die Ermittlung des Personals, das zur Realisierung zukünftiger Unternehmensaufgaben benötigt wird. Die Berücksichtigung von Umweltschutzaspekten führt dabei i. d. R. zu einem qualitativ und quantitativ geänderten Personalbedarf. Dieser ergibt sich zuweilen durch neue gesetzliche Vorgaben, z. B. wenn die Stelle eines Umweltschutzbeauftragten eingerichtet und besetzt werden muss. In der Hauptsache hängt das Ausmaß der umweltschutzbedingten Änderung jedoch von der Wahl der Umweltbasisstrategie ab.

Bei der abwehrorientierten Strategie fallen kaum Umweltschutzaufgaben an. Der geringe Umfang zusätzlicher Aufgaben, der hauptsächlich auf die Abwehr von Umweltschutzansprüchen gerichtet ist, erlaubt oft eine Delegation an bereits vorhandene Mitarbeiter. Mit den anderen Strategietypen wächst der Umfang der umweltbedingten Planungsüberlegungen dagegen immer stärker an. Im Extremfall einer zyklusorientierten Strategie muss der Umweltschutz in alle Unternehmensbereiche integriert werden, wodurch die Personalbedarfsplanung einen erheblichen Aufwand verlangt. Dabei beschränkt sie sich nicht nur auf die Festlegung der Anzahl benötigter Mitarbeiter (quantitativer Aspekt), sondern umfasst auch die Erstellung von Anforderungsprofilen (qualitativer Aspekt) sowohl für die Mitarbeiter der primären als auch der sekundären Organisationsstruktur.

Obwohl insbesondere die Mitarbeiter dezentraler Umweltschutzeinheiten auch über eine Fülle an Faktenwissen verfügen müssen, sind für Umweltmanager ganz allgemein sowie für die Mitglieder von Projektteams im Speziellen Schlüsselqualifikationen wie die Fähigkeit zum interdisziplinären Denken, das Erkennen komplexer Sachzusammenhänge sowie Überzeugungsfähigkeit und Glaubwürdigkeit von besonderer Bedeutung. Die Festlegung der Anforderungsprofile muss dabei auch die ausgewogene Zusammensetzung zukünftiger Projektteams berücksichtigen und sollte eine flexible Anpassung an nötige Änderungen zulassen.

10.1.2 Personalbeschaffungs- und -freisetzungsplanung

Aufgaben der Personalbeschaffungs- und -freisetzungsplanung sind die Ermittlung von Zahl und Art der zu beschaffenden bzw. freizusetzenden Personen sowie die Festlegung der Beschaffungs- bzw. Freisetzungsstrategie. Durch Abgleich des in der Personalbedarfsplanung ermittelten (Brutto-)Bedarfs an benötigten Mitarbeitern mit dem (prognostizierten) Personalbestand wird die Zahl des zu beschaffenden Personals eines bestimmten Qualifikationstyps (Nettobedarf) ermittelt. Positive Salden implizieren eine *Personalbeschaffung*, negative Salden hingegen eine Personalfreisetzung.

Im Rahmen der Beschaffungsstrategie sollte zunächst geprüft werden, ob der Bedarf unternehmensintern gedeckt werden kann, was in der Regel mit geringeren Einarbeitungskosten verbunden ist. Unabhängig davon, ob das Personal intern oder extern beschafft wird, ist zu prüfen, inwieweit die Bewerber dem Anforderungsprofil aus der Personalbedarfsplanung entsprechen. Insbesondere bei der prozess- und der zyklusorientierten Strategie sollten Bewerber ausgewählt werden, für die Umweltschutz nicht nur eine erwünschte Haltung ist, sondern die damit auch eigene Interessen verbinden. Die Personalbeschaffungsplanung verfügt über ein breites Spektrum an Personalauswahlverfahren (z. B. Fähigkeitstests, Interviews, Assessment-Center), durch die auch umweltorientierte Kenntnisse, Interessen sowie Werte und Einstellungen abgefragt werden können. Indikatoren für ein gesteigertes Umweltbewusstsein können dabei etwa Praktika oder Seminare im Umweltbereich sowie Engagement in Umweltschutzorganisationen sein.

Analog zur Personalbeschaffung kann man die umweltorientierte *Personalfreisetzung* in interne und externe Maßnahmen unterteilen. Die interne Personalfreisetzung wenig umweltmotivierter Mitarbeiter lässt sich z. B. durch die Versetzung in weniger umweltsensible Bereiche realisieren. Ob solch eine Möglichkeit besteht, hängt allerdings stark von der verfolgten umweltorientierten Strategie ab. Bei der abwehr-, der output- und selbst der verwertungsorientierten Strategie ist dies oft problemlos möglich. Die mit der Wahl der prozess- oder zyklusorientierten Strategie verbundene Forderung nach Glaubwürdigkeit jedes einzelnen Mitarbeiters kann dagegen letztendlich sogar dazu führen, dass Quertreiber, die die erfolgreiche Umsetzung der umweltorientierten Strategie gefährden, entlassen werden müssen.

10.1.3 Personalausbildungs- und -entwicklungsplanung

Die *Personalausbildung und -entwicklung* (PAE) zielt auf die Veränderung der Kenntnisse, Interessen, Werte und Einstellungen des Personals ab. Anders als in der Personalbeschaffungsplanung greift die Unternehmung hier nicht auf Fähigkeitspotenziale von außen zurück, sondern entwickelt die in der Unternehmung benötigten Fähigkeiten selbst. Wie Tabelle 10.1 zeigt, lassen sich für die umweltorientierte PAE je nach Umweltschutzpolitik und Ausrichtung unterschiedliche Stellenwerte und Aufgaben ableiten.

Tab. 10-1: Optionen für die strategische Ausrichtung umweltorientierter Personalausbildung und -entwicklung
(nach Proft 1996, S. 295, und Riekhof 1989, S. 294)

	Interne Ausrichtung	Externe Ausrichtung
Offensiv	Instrument der Strategieumsetzung	Quelle von Wettbewerbsvorteilen
Defensiv	fallweises Trouble-shooting	nach branchenüblichem Muster

Die umweltorientierte PAE nimmt bei defensiver (oder gar illegaler) Umweltschutzpolitik nur einen untergeordneten Stellenwert ein. Umweltanforderungen werden von diesen Unternehmungen als Einschränkungen des betrieblichen Leistungsprozesses angesehen. Einer umweltorientierten PAE durch fallweise Trouble-shooting-Aktivitäten liegt kein durchdachtes Konzept zugrunde. Nur wenn externe Forderungen nicht weiter ignoriert werden können, werden einige wenige Mitarbeiter mit dem unbedingt notwendigen Fachwissen ausgestattet.

Bei der umweltorientierten PAE nach branchenüblichem Muster richtet sich der überwiegend defensive Blick auf die Wettbewerber. Die PAE-Maßnahmen versuchen, die Programme der Wettbewerber mit gleicher umweltorientierter Strategie zu kopieren. Unternehmensspezifische Strategien kommen bei Schulungen nur selten zur Sprache. Die Grundphilosophie lautet „Wir tun nur das Nötigste, um nicht vom Standard abzuweichen!" und entspricht somit am ehesten der outputorientierten Umweltbasisstrategie. Bei dieser Option konzentriert sich die PAE ebenfalls nur auf die Aus- und Weiterbildung einiger weniger strategisch wichtiger Mitarbeiter (z. B. Experten für die zentralen und dezentralen Umweltschutzeinheiten). Im Vordergrund steht vor allem die Qualifizierung von Betriebsbeauftragten, die zum Zeitpunkt ihrer Ernennung die gesetzlich festgelegten Anforderungen noch nicht erfüllen.

Bei einer offensiven Umweltschutzpolitik reicht die Förderung bestimmten Fachwissens für einige wenige Mitarbeiter nicht mehr aus. Vielmehr müssen möglichst alle Mitarbeiter in Richtung eines verantwortlichen, umweltverträglichen Handelns geschult werden. Orientierungsrichtlinie ist hier die Umsetzung der (offensiv ausgerichteten) umweltorientierten Unternehmensstrategie. Demgemäß ist für Unternehmungen, die eine prozessorientierte Strategie durchführen, die Aus- und Weiterbildung der Mitarbeiter zur umweltorientierten Gestaltung aller internen Prozesse vorrangig.

Verfolgt die Unternehmung sogar eine zyklusorientierte Strategie, so wird sie in letzter Konsequenz die PAE auch dazu einsetzen, um durch die umfassende umweltorientierte Ausrichtung des Faktors Mensch einen strategischen Wettbewerbsvorteil zu erlangen. Dies kann z. B. in Branchen mit hoher Umweltbetroffenheit zweckmäßig sein, erfordert von der Unternehmung jedoch neben aufwändigen PAE-Maßnahmen auch eine langfristig geschaffene, auf alle Aspekte der Nachhaltigkeit ausgerichtete Unternehmenskultur.

10.1.4 Personaleinsatzplanung

Die *Personaleinsatzplanung* ist für die Zuordnung der Mitarbeiter auf die im Rahmen der Organisation geschaffenen Stellen zuständig. Dabei wird versucht, die Anforderungen der Sachaufgaben mit den Fähigkeiten der Mitarbeiter möglichst passgenau in Einklang zu bringen. Als ein (zusätzliches) Zuordnungskriterium tritt die Umweltsensibilität neben herkömmliche Kriterien wie Fachkenntnisse, Verantwortungsbewusstsein und Geschick. Besonders umweltsensible Sachaufgaben (bzw. Stellen) sollten dementsprechend umweltorientierten Mitarbeitern anvertraut werden. Da die meisten umweltorientierten Sachaufgaben den Erwerb neuartiger Kenntnisse verlangen, sind Mitarbeiter, die niedrige Lernfähigkeit und geringen Lernwillen aufweisen, selten in der Lage, umweltsensible Stellen zu besetzen.

Eine zweckentsprechende Zuordnung ist nicht nur dann problematisch, wenn gar keine geeigneten Mitarbeiter zur Verfügung stehen oder durch Personalbeschaffungs- sowie Weiterbildungsmaßnahmen kurzfristig keine Mitarbeiter mit geeignetem Fähigkeitsprofil beschafft bzw. geschaffen werden können. Selbst wenn prinzipiell eine ausreichende Anzahl umweltsensibler Mitarbeiter vorhanden ist, besteht die Möglichkeit, dass diese Mitarbeiter auch bezüglich anderer Fähigkeiten besonders geeignet sind und deshalb anderweitig eingesetzt werden. Erst wenn die Umweltsensibilität gegenüber anderen Kriterien ein hohes Gewicht erhält, werden besonders umweltorientierte Mitarbeiter auch den umweltsensiblen Stellen zugeordnet. Die (relative) Wichtigkeit des Kriteriums Umweltsensibilität, die mit der umweltschutzpolitischen Ausrichtung der Unternehmung korreliert, ist demgemäß für die Zuordnung entscheidend.

Durch Hinzunahme oder stärkere Gewichtung des Kriteriums Umweltsensibilität im Rahmen einer offensiven Umweltschutzpolitik können gänzlich andere Zuordnungen sinnvoll werden. Darüber hinaus führt eine offensive Umweltschutzpolitik auch wegen der erhöhten Anzahl umweltrelevanter Stellen zu einer Komplexitätssteigerung der Personaleinsatzplanung. Um eine klare Delegation von Aufgaben, Kompetenzen und Verantwortung zu gewährleisten, kann es dann zweckmäßig sein, die Zuordnung von Personal zu Stellen mittels einer Aufgaben-/Zuständigkeitsmatrix zu visualisieren. Sie kann darüber hinaus selbst im Rahmen einer outputorientierten Strategie von Nutzen sein, wenn mehrere Betriebsbeauftragte in einer Unternehmung vorhanden sind. Mit der Aufgaben-/Zuständigkeitsmatrix werden dann die Kooperationsbeziehungen der Betriebsbeauftragten untereinander sowie die speziellen Aufgaben für jeden einzelnen Beauftragten festgelegt.

10.2 Personalführung und Mitarbeitermotivation

Während die Überlegungen zur umweltorientierten Personalplanung im vorigen Abschnitt die dispositiven Aufgaben des Personalmanagements in den Vordergrund rückten, wird in diesem Abschnitt ein verhaltenswissenschaftlicher Zugang zum Personalmanagement gewählt. Auf Basis des Einflussschemas menschlichen Verhaltens (vgl. Abschnitt 1.3.1) gilt es zunächst zu erklären, inwiefern verschiedene *Anreizinstrumente* grundsätzlich dazu geeignet sind, die Mitarbeiter zu einem umweltfreundlichen Verhalten zu bewegen. Daran anschließend werden Motivationskonzepte vorgestellt, deren Umsetzung insbesondere davon abhängig ist, welche innere Einstellung die Mitarbeiter besitzen.

10.2.1 Umweltorientierung betrieblicher Anreizsysteme

Aus Sicht des Personalmanagements stellen Handlungsanreize neben der Kenntniserweiterung durch Aufklärungsmaßnahmen die wichtigste Einflussgröße auf das Mitarbeiterverhalten dar. Sie sollen die psychische Prägung der Mitarbeiter derart beeinflussen, dass ihre Handlungsabsichten mit den Vorgaben der Unternehmensführung in Einklang gebracht werden. Im Rahmen eines umweltorientierten Anreizsystems sollen demgemäß umweltorientierte Arbeitsergebnisse sowie ein umweltorientiertes Leistungsverhalten (Kooperation, Teamfähigkeit) gefördert werden.

Zur Umsetzung derartiger Ziele ist es notwendig, sie genauer zu operationalisieren und Bemessungsgrundlagen festzulegen. Welche Unterziele eine Unternehmung wählt, hängt stark von ihren spezifischen Umweltproblemen und der Wahl der umweltorientierten Strategie ab. Zur Messung obiger Ziele können ökologische Kennzahlensysteme genutzt werden, die u. a. Rohstoff-, Energie- oder Emissionskennzahlen enthalten. Die Vorgabe und Kontrolle der Kennzahlen dient dann nicht nur zur Überprüfung der Umweltfreundlichkeit der Leistungserstellung, sondern regt darüber hinaus die Mitarbeiter zu umweltfreundlichem Handeln an. So lässt sich beispielsweise das umweltbezogene Verhalten eines Mitarbeiters in der Produktion anhand der Stoffproduktivität (= Produktoutput/Stoffinput) messen. Durch an die Stoffeffizienz gekoppelte Anreize kann der Mitarbeiter dann zu sparsamem Verbrauch von Ressourcen motiviert werden.

Offen bleibt damit aber, durch welche Art von Anreiz umweltorientiertes Verhalten am besten erreicht werden kann. Unterscheiden lassen sich diesbezüglich *Anreizinstrumente* einerseits in materielle und immaterielle, andererseits in positive und negative Anreize. Tabelle 10.2 nennt hierzu einige Beispiele.

Der Umweltschutzgedanke lässt sich zwar prinzipiell in alle materiellen Anreizinstrumente einbeziehen, es bestehen jedoch zuweilen anreizimmanente Probleme. So fördern Erfolgsbeteiligungen in erster Linie solches Mitarbeiterverhalten, das auf den finanziellen Erfolg als ökonomisches Unternehmensziel abzielt. Umweltorientiertes Verhalten kann dann zwar als Bemessungsgrundlage herangezogen werden, mag aber die Erreichung des ökonomischen Erfolgsziels eher behindern und dadurch nur eingeschränkt eine Anreizwirkung entfalten. Die verschiedenen Entlohnungsformen betrifft dieses Problem weniger. Hier stellt sich vielmehr die Frage, wie die Entlohnung gestaltet werden muss, damit die Anreizwirkung genügend lange anhält. Die Gewährung von Prämien ist zumeist der Erhöhung des Grundlohns vorzuziehen, da mit Prämien ständig neue Anreize für den Mitarbeiter verbunden sind. Allerdings sollten Prämien bei Mitarbeitern, deren Umweltbewusstsein von sich aus stark ausgeprägt ist, nur sparsam eingesetzt werden, da die Vergabe von Prämien die bereits vorhandene intrinsische Motivation abschwächen kann.

Tab. 10-2: Betriebliche Anreizinstrumente
(in Anlehnung an Proft 1996, S. 302f., und Seidel 1990, S. 339)

	Materielle Anreize	**Immaterielle Anreize**
Positive Anreize (Belohnungen)	• Erhöhung des Grundlohns • Prämienlohn • Erfolgsbeteiligungen • Belohnungen im Rahmen des Vorschlagswesens	• Aufstiegsmöglichkeiten • Übertragung herausfordernder Aufgaben • Anerkennung • Möglichkeit zur Weiterbildung • Arbeitsplatzgestaltung
Negative Anreize (Bestrafungen)	• Haftungsregelungen • Disziplinarmaßnahmen	• Androhung von Entlassungen • Disziplinarmaßnahmen

Außer materiellen Anreizen sind auch immaterielle Anreize von Bedeutung. Umweltbezogene Aufstiegsmöglichkeiten eignen sich besonders, um bei den Mitarbeitern eine hohe Motivation zu erzeugen. Darüber hinaus wird dadurch auch für andere Mitarbeiter signalisiert, dass umweltorientiertes Verhalten honoriert wird. Einen ähnlichen Anreiz können Schulungsmaßnahmen darstellen, da entsprechende Kenntnisse i. d. R. Voraussetzungen für Aufstiegschancen sind. Die umweltorientierte Arbeitsplatzgestaltung lässt sich als Anreizinstrument zwar gut mit dem Umweltschutzgedanken verbinden (z. B. durch Aufstellen von Abfallcontainern), bietet aber kaum einen entsprechenden Anreiz, sondern wird oft als selbstverständlich angesehen. Dennoch sind solche organisatorischen Voraussetzungen wichtig, um Glaubwürdigkeit zu signalisieren.

Neben den positiven Anreizen spielen auch negative Anreize eine wichtige Rolle. Zwar ist es fraglich, ob sie bei unmotivierten Mitarbeitern zu umweltorientiertem Verhalten führen, sie machen aber das ernsthafte Interesse der Unternehmung am Umweltschutz deutlich und besitzen insofern für die motivierten Mitarbeiter eine wichtige Signalwirkung.

10.2.2 Konzepte zur Motivation unterschiedlicher Mitarbeitertypen

Ähnlich wie beim Umfang der Personalplanung ist auch das Ausmaß der *Mitarbeitermotivation* durch die Unternehmung in erster Linie abhängig von ihrer Umweltschutzpolitik. Demgemäß setzen Unternehmungen mit einer defensiven Umweltschutzpolitik, wenn überhaupt, nur sehr spärlich Anreizinstrumente zur umweltorientierten Motivation ihrer Mitarbeiter ein. In konsequenter Fortsetzung strategischer und organisatorischer Überlegungen lässt sich das Konzept umweltorientierter Personalführung solcher Unternehmungen somit als weitgehende *Akzeptanz des movitationalen Status quo* beschreiben. Offensiv ausgerichtete Unternehmungen richten ihre umweltorientierte Personalführung dagegen auf die konsequente *Mobilisierung vorhandener Motivationsreserven* sowie die *Entwicklung neuer Motivationspotenziale* aus.

Die Umsetzung derartiger Motivationskonzepte ist in erster Linie von der Motivationsstruktur der einzelnen Mitarbeiter abhängig, die sich von Person zu Person unterscheidet. In der empirischen Sozialforschung gibt es eine Reihe von Ansätzen, die Menschen allgemein bzw. Mitarbeiter im Speziellen in verschiedene Typen einteilen. Eine für die weiteren Analysen gut geeignete Klassifikation unterscheidet folgende vier *Mitarbeitertypen*, die hier (aufsteigend) bezüglich ihres Potenzials zur Motivation und zwar insbesondere aus dem Blickwinkel des umweltorientierten Personalmanagements aufgelistet sind (vgl. ausführlich Franz/Herbert 1987, S. 96 ff.):

- *Der perspektivenlos Resignierte* (Typ 1) zeigt keinerlei gesellschaftspolitisches Engagement bzw. Bereitschaft, sich aktiv für eigene Interessen einzusetzen. Darüber hinaus ist er durch äußerst geringe Durchsetzungsfähigkeit, Eigeninitiative und Arbeitsleistung gekennzeichnet. Er weist ein sehr hohes Interesse an sozialer Sicherheit und eine hohe Anpassungsbereitschaft auf. Aufgrund dieser Eigenschaften werden Mitarbeiter dieses Typs in den meisten Fällen wohl eher geringes Interesse an Umweltschutzfragen haben.

- *Der ordnungsliebende Konventionalist* (Typ 2) zeichnet sich ebenfalls durch ein geringes Interesse an gesellschaftlichen Änderungen und ein geringes gesellschaftspolitisches Engagement aus. Außerdem weist er ein sehr hohes Interesse an sozialer Sicherheit auf. Anders als Typ 1 ist er jedoch zu einer hohen Arbeitsleistung bereit, zumindest dann, wenn sie mit erhöhter Bezahlung verbunden ist. Noch stärker als Typ 1 sucht er überdies Rückhalt in organisatorischen Vorgaben bzw. Regelungen. Dennoch ist zu vermuten, dass die Mehrheit der Mitarbeiter dieses Typs dem Umweltschutz nur wenig Bedeutung beimisst. Sie werden sich daher nur schwer zu selbstständigem, umweltorientiertem Verhalten motivieren lassen.

- *Der aktive Realist* (Typ 3) zeichnet sich im Gegensatz zu den Typen 1 und 2 durch ein hohes Interesse an gesellschaftlichen Änderungen und ein hohes gesellschaftspolitisches Engagement aus. Er macht sein Engagement weniger von der Bezahlung abhängig und weist darüber hinaus hohe Eigeninitiative und Durchsetzungsfähigkeit auf. Auf der anderen Seite ist er jedoch weniger anpassungsbereit. Das skizzierte Wertgefüge lässt vermuten, dass auch der Umweltschutz einen hohen Stellenwert bei vielen Mitarbeitern dieses Typs einnimmt.

- *Der nonkonforme Idealist* (Typ 4) weist ein sehr starkes Interesse für gesellschaftliche Änderungen auf und engagiert sich dementsprechend für die Umsetzung seiner Vorstellungen sehr stark bis fanatisch. Seine Anpassungsbereitschaft ist dabei noch geringer als bei Typ 3. Gleiches gilt für die Abhängigkeit seines Engagements von der Bezahlung. Seine hochgesteckten Ideale führen häufig dazu, dass er mit den Vorgaben der Unternehmensleitung unzufrieden ist. Bezüglich des Umweltschutzes dürfte sein Engagement in vielen Fällen noch stärker ausgeprägt sein als bei Typ 3. Damit kann verbunden sein, dass er als „Umweltschutz-Polizei" in Unternehmungen auftritt und den Blick für das Machbare verliert.

Verfolgt die Unternehmung eine defensive Umweltschutzpolitik und belässt es demgemäß weitgehend beim *Status quo der Mitarbeitermotivation*, so ist damit ein geringer Handlungsbedarf und Aufwand verbunden. Im Vordergrund stehen vor allem Instrumente wie das umweltorientierte betriebliche Vorschlagswesen, Wettbewerbe zu Sonderaktionen oder Anerkennungen, durch die die gesamte Belegschaft zu sporadischen, kreativen Ideen motiviert werden kann. Eine derart schwache Mitarbeitermotivation mag allerdings zur Resignation und Fluktuation der Mitarbeiter (vor allem der Mitarbeitertypen 3 und 4) führen und kann dann auch die Marktposition der Unternehmung gefährden.

Eine offensive Umweltschutzpolitik erfordert zumindest die *Mobilisierung bereits vorhandener Motivationsreserven*, lässt sich in letzter Konsequenz oft aber erst durch die *Entwicklung neuer Motivationspotenziale* personalwirtschaftlich umsetzen. Hierzu muss zunächst die Motivation der Mitarbeiter analysiert und eine Einordnung in die verschiedenen Mitarbeitertypen vorgenommen werden, ehe für jeden Mitarbeitertyp spezifische Motivationsmaßnahmen festgelegt werden, die zur Nutzung oder zum Ausbau der Motivationspotenziale und zur erhöhten Zufriedenheit der Mitarbeiter führen. Typ 3 und Typ 4 verkörpern diejenigen Mitarbeiter, die am leichtesten zu einem umweltorientierten, selbständigen Verhalten motiviert werden können – auch wenn sie oft am wenigsten motiviert werden müssen. Typ 2 neigt dagegen eher zu einer selbstzufriedenen Unterwerfung und Typ 1 zur Resignation. Für diese beiden letztgenannten Typen können die vorhandenen Motivationsreserven kaum mobilisiert werden. Stattdessen sollten verstärkt neue Motivationspotenziale entwickelt werden – was allerdings bei diesen Typen besonders schwierig ist.

So benötigen perspektivenlos Resignierte und ordnungsliebende Konventionalisten neben einer starken Führung und klar abgegrenzten Aufgaben mit begrenzter Eigenverantwortung häufige Kontrollen. Materielle Anreize können sie möglicherweise dazu veranlassen, sich mit den zunächst unvertrauten umweltbezogenen Aufgaben überhaupt auseinander zu setzen und damit zu einem Kompetenzerleben führen, das die intrinsische Motivation weiter intensiviert. Immaterielle Anreizinstrumente sind bei diesen Mitarbeitertypen aufgrund ihres geringeren Engagements dagegen weniger geeignet. Das schließt nicht aus, dass die Unternehmung die Aufgaben des Umweltschutzbeauftragten dennoch auf einen ordnungsliebenden Konventionalisten überträgt, da ihn sein hohes Pflichtbewusstsein dafür in besonderem Maße qualifiziert. Eine Motivationssteigerung dürfte jedoch weniger in der damit verbunden Aufstiegsmöglichkeit als in einem erhöhten Grundgehalt begründet sein.

Im Gegensatz zu diesen beiden Typen lassen sich der aktive Realist und der nonkonforme Idealist immer dann für die unternehmerischen Umweltschutzbelange gewinnen, wenn sie bereits ein hohes Umweltbewusstsein aufweisen oder für den Umweltschutz sensibilisiert werden können. (Sporadische) Schulungsmaßnahmen sind dabei wenig zweckmäßig. Vielmehr sollte eine offene Kommunikation die intrinsische Motivation zur Kooperation steigern. Gleichsam erscheinen materielle Anreize, wie Prämien, bei diesen Mitarbeitertypen nur kurzfristig Erfolg versprechend; sie weisen vielmehr die Gefahr auf, dass ein Gefühl der Fremdsteuerung entsteht, das die intrinsische Motivation verdrängen könnte. Der aktive Realist eignet sich insbesondere zur Übertragung konfliktträchtiger umweltorientierter Aufgaben, da er sich gut behaupten kann und überdies i. d. R. als Koordinator geeignet ist. Somit kommt er sowohl als Teammitglied als auch als Teamleiter von Planungs- und Auditteams in Frage. Ein nonkonformer Idealist sollte dagegen aufgrund seiner oftmals übertriebenen Einstellung und wenig ausgleichenden Charaktereigenschaften eher als Mitglied umweltorientierter Innovationsteams fungieren, in die er seine hohe Kreativität einbringen kann.

Während bereits vorhandene Motivationsreserven zuweilen auch durch den Einsatz einzelner Anreizinstrumente mobilisiert werden können, lassen sich langfristige Veränderungen von Interessen und Werten der Mitarbeiter und somit neue Motivationspotenziale nur durch ein umfangreiches, ganzheitliches Konzept erreichen. Widersprüche müssen systematisch ausgeräumt und der Umweltschutz in alle Funktionsbereiche und Prozesse integriert werden. Ein zentraler Ansatzpunkt ist hierbei die Schaffung einer umweltfreundlichen Unternehmenskultur, die zur besseren Transparenz in schriftlich fixierten (internen) Leitbildern manifestiert werden sollte. Mit ihr soll Umweltschutz glaubhaft als zentraler Wert der Unternehmung den Mitarbeitern vermittelt werden, was insbesondere erfordert, dass er von der Unternehmensleitung vorgelebt wird.

10.3 Weiterführende Literatur

Eine ausführlichere Darstellung der hier behandelten Überlegungen zur umweltorientierten Personalplanung und -führung findet sich in Lektion X bei Dyckhoff (2000).

Weiterführende Überlegungen lassen sich insbesondere dem Beitrag von Remer/Sandholzer (1992) sowie Müller-Christ (2001), Kapitel 4, entnehmen. Eine umfassende Darstellung praktischer Konzepte des umweltorientierten Personalmanagements findet sich in Hopfenbeck/Willig (1995). In Kapitel 8 von Breidenbach (2002) werden überdies grundlegende Überlegungen zur umweltorientierten Aus- und Fortbildung sowie zur Mitarbeiterbeteiligung angestellt. Eine aktuelle Studie zur umweltorientierten Anreizgestaltung hat Gade (2005) vorgelegt.

Unter dem Stichwort „Nachhaltiges Personalmanagement" werden verschiedene Konzepte diskutiert, die eine sozial verträgliche Personalarbeit in Unternehmungen postulieren und dabei unter anderem eine langfristig angelegte Beschaffung, Entwicklung und Bestandssicherung des Personals fordern. Wie Müller-Christ/Ehnert (2006) verdeutlichen, sind diese Konzepte somit vorrangig nicht auf die ökologische Nachhaltigkeit ausgerichtet, sondern stellen auf eine sozial verantwortliche und gleichzeitig (langfristig) ökonomisch zweckmäßige Personalarbeit ab.

11 Ökocontrolling und betriebliches Stoffstrommanagement

Aufgabe des Controllings ist es, die Rationalität der Unternehmensführung zu sichern, indem es den Prozess der Entscheidungsfindung transparent macht, die Güte möglicher Alternativen beurteilt und dadurch Verbesserungspotenziale bezüglich der Effizienz und Effektivität betrieblicher Prozesse und Leistungen aufzeigt. Das Ökocontrolling ist dabei auf Fragestellungen bezüglich des Umweltschutzes ausgerichtet. Zur ziel- und problemorientierten Unterstützung des Umweltmanagements entwickelt es geeignete Methoden und Instrumente, und zwar sowohl durch ökologiebezogene Anpassung und Weiterentwicklung bekannter allgemeiner Controllinginstrumente als auch durch die Schaffung völlig neuer Instrumente.

In dieser Lektion sollen einige dieser Instrumente skizziert werden. Abschnitt 11.2 behandelt verschiedene Instrumente, die eine Darstellung und Analyse umweltrelevanter Aspekte erlauben. Mit der Ökobilanzierung wird darüber hinaus ein umfassendes Instrument vorgestellt, das zusätzlich den Anspruch besitzt, die ökologischen Auswirkungen zu bewerten. Ausgehend von der Feststellung, dass herkömmliche Instrumente des Ökocontrollings die internen Materialflüsse oft nur unzureichend analysieren, behandelt Abschnitt 11.3 dann das betriebsinterne Stoffstromcontrolling. Es kann als jener Bestandteil des Ökocontrollings angesehen werden, der das betriebliche Stoffstrommanagement unterstützen soll. Während somit in den Abschnitten 11.2 und 11.3 eine instrumentelle Perspektive vorherrscht, sollen zuvor in Abschnitt 11.1 die Funktionen des Ökocontrollings genauer beschrieben und häufig zu beobachtende Rollenkonflikte bei der institutionellen Ausgestaltung des Ökocontrollings analysiert werden.

11.1 Aufgaben und Aufgabenträger des Ökocontrollings

11.1.1 Zum Verhältnis von (Öko-) Controlling und (Umwelt-) Management

In diesem Abschnitt wird zunächst der Frage nachgegangen, welche Aufgaben das Ökocontrolling besitzt. Hierzu soll das Verhältnis von Ökocontrolling und Management näher beschrieben werden. Abbildung 11-1 stellt diesbezüglich das „magische Viereck" jener Begriffe dar, die in diesem Zusammenhang relevant sind.

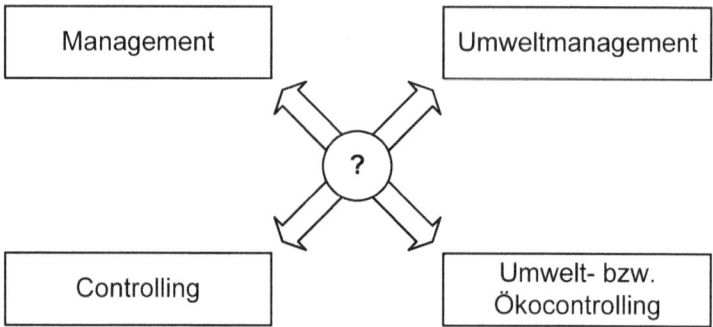

Abb. 11-1: Magisches Viereck relevanter Begriffe

Welche Aufgaben dem Ökocontrolling im Rahmen des (allgemeinen) Managements zukommen, lässt sich nicht unmittelbar beantworten. Denn die Beziehung zwischen diesen beiden Begriffen ist, wie Abbildung 11-1 verdeutlicht, nicht so einfach zu kennzeichnen.

Gleiches gilt für die Beziehung zwischen Umweltmanagement und (allgemeinem) Controlling. Allerdings steht hierbei nicht die inhaltliche, funktionale Beziehung bezüglich der Aufgaben im Vordergrund, sondern vielmehr die Beziehung bzw. potenziellen Konflikte auf institutioneller Ebene zwischen den organisatorischen Bereichen Controlling und Umweltmanagement. Diesem Aspekt widmet sich der nachfolgende Unterabschnitt 11.1.2.

Um dem Problem einer direkten Beschreibung der Zusammenhänge zwischen Management und Ökocontrolling aus dem Weg zu gehen, wird nachfolgend versucht, durch eine möglichst exakte Beschreibung der Beziehungen zwischen Management auf der einen und Umweltmanagement bzw. Controlling auf der jeweils anderen Seite – quasi auf Umwegen – eine nähere Kennzeichnung vorzunehmen.

Solch eine Kennzeichnung gelingt recht einfach für das Umweltmanagement, das hier im Einklang mit dem in diesem Buch verwendeten Begriffsverständnis als jener Teil des Managements verstanden wird, der sich mit *umweltrelevanten Aspekten* auseinandersetzt. Das sind in erster Linie also solche Unternehmensaktivitäten, die der Schonung der natürlichen Umwelt dienen. Darüber hinaus gehören hierzu aber auch jene Planungs- und Gestaltungsprozesse, die spiegelbildlich die (direkten und indirekten) Wirkungen der natürlichen Umwelt auf die Unternehmung betreffen. Das

Umweltmanagement bleibt als umweltrelevanter Teil des Managements dabei nicht bloß auf formalisierte Managementteilsysteme beschränkt, wie es die Definition des „Umweltmanagementsystems" gemäß ISO 14001 in einem verengten Sinn nahe legt (vgl. Abschnitt 7.2). Es umfasst vielmehr auch informale und intuitive Führungshandlungen.

Schwieriger ist dagegen schon die Kennzeichnung der inhaltlichen Zusammenhänge zwischen Management und Controlling. Diesbezüglich wird Controlling hier als derjenige unterstützende Teil des Managements verstanden, dessen Aufgabe in der *Sicherung der Rationalität* des (übrigen) Managements besteht. Die Rationalitätssicherung äußert sich in dem Bestreben, eine möglichst hohe Effektivität und Effizienz der Unternehmensführung zu erreichen. Zu den Funktionen, die das Controlling damit übernimmt, zählt in erster Linie die Zielausrichtungsfunktion. Danach hat das Controlling zu gewährleisten, dass sämtliche Handlungen in der Unternehmung in Einklang mit den gesetzten Zielen stehen. Es stellt demnach eine Hauptaufgabe des Controllings dar, die unteren Managementebenen dazu zu bringen, die autorisierten Wertvorstellungen der obersten Führungsebene adäquat zu berücksichtigen. Im Rahmen seiner Innovations- und Anpassungsfunktion hat das Controlling dazu das Managementsystem geeignet zu gestalten und weiter zu entwickeln. Überdies fällt dem Controlling in diesem Zusammenhang eine Servicefunktion zu, die insbesondere die Koordination der verschiedenen Managementteilsysteme, aber auch ihre Informationsversorgung beinhaltet.

Fasst man nun die Definitionsansätze des Umweltmanagements und des Controllings zusammen, so lässt sich gemäß Abbildung 11-2 *Ökocontrolling* verstehen als derjenige Teil des Managements, welcher der Sicherstellung der Rationalität des Managements hinsichtlich umweltrelevanter Aspekte dient. Zu seinen Aufgaben zählen u. a. die Klärung des Stellenwerts des Umweltschutzes in der Zielhierarchie sowie die Sicherung des Stellenwerts bei der Formulierung von Umweltschutzpolitik und Umweltstrategien (Zielausrichtungsfunktion). Um dies sicherzustellen, sind geeignete Managementsysteme und -methoden für die politikadäquate Strategieplanung und deren Umsetzung zu entwickeln, beispielsweise durch die umweltorientierte Erweiterung der Balanced Scorecard einer Unternehmung (Innovations- und Anpassungsfunktion). Darüber hinaus soll es das Umweltmanagement mit anderen Teilsystemen koppeln (z. B. mit der Produktentwicklung zur Wahrnehmung der Produktverantwortung) und alle Teilsysteme des Managements mit den nötigen umweltrelevanten Informationen versorgen (Servicefunktion).

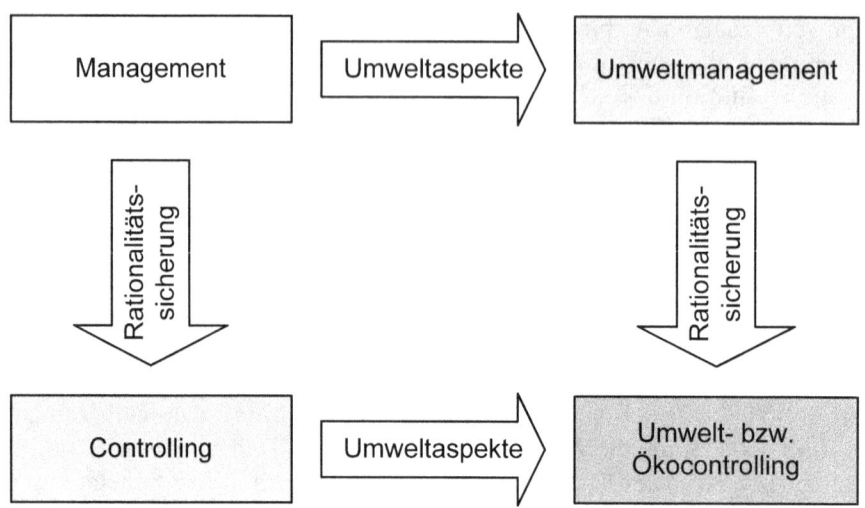

Abb. 11-2: Zusammenhang von Management und Ökocontrolling (nach Dyckhoff 2000, S. 6)

11.1.2 Rollenkonflikte zwischen Controllern und Umweltmanagern

Die geschilderten Aufgaben des Ökocontrollings werden in der Praxis nur sehr selten allumfassend und ausgewogen von einem oder mehreren Mitarbeitern der Unternehmung wahrgenommen, die man dann treffend „Ökocontroller" nennen könnte. Solche Stellen sind organisatorisch weitgehend unbekannt. Die Aufgaben obliegen stattdessen teilweise den (zentralen und dezentralen) organisatorischen Einheiten des Umweltmanagements (vgl. Lektion 9). Außerdem nimmt regelmäßig das „Controlling" (als so gekennzeichnete organisatorische Einheit) Teilaufgaben des Ökocontrollings wahr. Durch unter Umständen gegensätzliche Zielsetzungen ihrer primären Aufgaben sind so allerdings in der Zusammenarbeit von Umweltmanagern und Controllern Konflikte vorgezeichnet. Diese treten immer dann auf, wenn der Umweltschutz sich nicht „wirtschaftlich zu rechnen" scheint und sich zum einen die Controller als „ökonomisches", zum anderen die Umweltmanager als „ökologisches Gewissen" der Unternehmung verstehen.

Tabelle 11-1 kennzeichnet diesbezüglich je zwei verschiedene Idealtypen des Controllings bzw. Umweltmanagements, die häufig auch dem Selbstverständnis der beteiligten Akteure (Controller bzw. Umweltmanager) entsprechen. Während das *offensive Umweltmanagement* der Schonung der natürlichen Umwelt bei allen Handlungen und Entscheidungen der Unternehmung dient, beschäftigt sich ein *adaptives Umweltmanagement* nur insofern mit der natürlichen Umwelt, als es dadurch die autorisierten Wertvorstellungen der Unternehmung realisieren kann. Lediglich in dem hypothetischen Fall, dass Umweltschutz die (alleinige) oberste Maxime bildet, führen beide Umweltmanagementtypen zu gleichen Resultaten. Für gewerbliche Unternehmungen sind ökonomische Ziele wie Rentabilität und Liquidität in einer Marktwirtschaft jedoch überlebenswichtig, sodass ein adaptiver Umweltmanager sie stets mitberücksichtigen muss. Bestimmen ökonomische Ziele die autorisierten Wertvorstellungen sogar vorrangig, so ist der Stellenwert des Umweltschutzes (gewollt) eingeschränkt, und das adaptive Umweltmanagement ist dann eher Ausdruck einer defensiven Umweltschutzpolitik.

Tab. 11-1: Rollenkonflikte in Abhängigkeit vom Typ des Controllers und Umweltmanagers (nach Dyckhoff/Ahn/Schwegler 2003, S. 259)

Umweltmanagement- typen \ Controlling-typen	(Strikt) Wirtschaftlichkeitsfokussiertes Controlling	Rationalitätsorientiertes Controlling
(Strikt) Offensives Umweltmanagement	Unvermeidlichkeit eines latenten Rollenkonflikts	Auflösung des Rollenkonflikts, soweit die Umweltpolitik den Unternehmenszielen entspricht
Adaptives Umweltmanagement	Auflösung des Rollenkonflikts, soweit die Umweltpolitik der Gewinnerzielung dient	weitgehende Auflösung des Rollenkonflikts

Analog lassen sich die beiden Controllingtypen unterscheiden. Während das *wirtschaftlichkeitsfokussierte Controlling* ausschließlich die Renditeinteressen der Shareholder im Auge hat und somit eine (kompromisslose) Sicherung der Gewinnerzielung als dominantes Ziel ansieht, bezieht sich ein *rationalitätsorientiertes Controlling* auf sämtliche autorisierten Wertvorstellungen der Unternehmung und betrachtet demgemäß die Sicherung der Managementrationalität aus einem weiteren Fokus. Nur für den Fall, dass die Unternehmung ausschließlich gewinnorientierte Ziele verfolgt, stimmen diese beiden Controllingtypen überein.

Wie Tabelle 11-1 zeigt, ist immer dann ein (zumindest latenter) Rollenkonflikt vorprogrammiert, wenn ein Umweltmanager mit (stark) offensiver umweltpolitischer Haltung auf einen wirtschaftlichkeitsfokussierten Controller trifft, der seine Aufgabe ausschließlich in der Gewährleistung des ökonomischen Erfolgs sieht. Solche Konflikte verstärken sich noch, wenn die beiden Kontrahenten aufgrund ihrer Vorbildung gänzlich anderen Denkwelten entstammen, so bei einem naturwissenschaftlich geprägten Umweltmanager und einem finanzwirtschaftlich geprägten Controller. Das gegenseitige Misstrauen mag zuweilen sogar derart stark ausgeprägt sein, dass vom Gegenpart initiierte Projekte kategorisch abgelehnt werden, selbst wenn dabei Umweltschutz und Wirtschaftlichkeit „Hand in Hand" gehen. Da vor allem langfristige Investitionsentscheidungen auf einer Vielzahl unsicherer Schätzwerte beruhen, ist die Einschätzung ihrer Zuverlässigkeit stark vom Vertrauen in den „Schätzer" geprägt.

Für den Fall, dass lediglich der Umweltmanager durch ein adaptives Umweltmanagement Verständnis für die ökonomischen Belange aufbringt, der Controller aber auf seiner wirtschaftlichkeitsfokussierten Sichtweise beharrt, sind Rollenkonflikte nur dann nicht existent, wenn das Gewinnziel von der Unternehmensleitung eindeutig als oberste Maxime vorgegeben und der Umweltschutz dem kategorisch untergeordnet wird. In diesem Fall einer defensiven Umweltschutzpolitik dürfte das adaptive Grundverständnis des Umweltmanagements meist auch bereits in der Organisation und der Personalstruktur der Unternehmung verankert sein. Auf der anderen Seite wird ein Rollenkonflikt auch dann vermieden, wenn der Umweltschutz im Sinne einer auch institutionell verankerten offensiven Umweltschutzpolitik eindeutig zu den obersten Zielen gezählt wird und ein rationalitätsorientierter Controller dem unter Abwägung *aller* Kriterien Rechnung trägt.

Auflösen lassen sich die verbleibenden Rollenkonflikte eigentlich nur durch eine übergeordnete Instanz, falls es nicht zu einer Selbstkoordination im Sinne eines „partnerschaftlichen" Ökocontrollings kommt. Besser für die Realisierung der autorisierten unternehmerischen Wertvorstellungen ist es jedoch, derartige Rollenkonflikte durch geeignete Stellenbeschreibungen und Personalwahl im Sinne eines rationalitätsorientierten Controllings und eines adaptiven Umweltmanagements von vorneherein zu vermeiden.

11.2 Instrumente des Ökocontrollings

Von den zahlreichen in der Praxis eingesetzten Instrumenten des Ökocontrollings sollen hier nur einige wenige vorgestellt werden, um das mögliche Spektrum anzudeuten. Es reicht von Instrumenten, die lediglich der punktuellen Ermittlung und Beschreibung zentraler Umweltschädigungen durch den betrieblichen Leistungsprozess dienen, bis hin zu Instrumenten, welche die ökologischen Auswirkungen der betrieblichen Prozesse sowie auch der hergestellten Produkte bewerten wollen. Tabelle 11-2 listet die Auswahl der hier beschriebenen Instrumente bzw. Instrumentgruppen auf und kennzeichnet diese anhand einiger wichtiger Kriterien.

11.2.1 Erhebungs-, Darstellungs- und Analyseinstrumente

Zu den einfachsten Instrumenten des Ökocontrollings zählen *Öko-Checklisten*, die der Ermittlung zentraler ökologischer Schwachstellen und Risiken der Unternehmung dienen. Ähnlich wie andere Formen von Checklisten (z. B. Sicherheits-Checklisten im Flugverkehr oder Merkzettel beim privaten Einkauf) sind Öko-Checklisten derart konzipiert, dass durch die strukturierte Auflistung und Abfrage zahlreicher Problembereiche ein Abbild des (hier ökologischen) Problemfeldes geschaffen und somit ein Übersehen wichtiger Aspekte vermieden werden soll.

Ein wichtiger Gegenstandsbereich der Öko-Checklisten ist die Ermittlung des Verbrauchs umweltkritischer Einsatzstoffe sowie der Entstehung umweltschädlicher Abfallstoffe. Dabei geht es in erster Linie darum zu klären, ob gesetzliche Vorschriften eingehalten oder verletzt werden. So wird z. B. für umweltschädliche Rückstände erhoben, in welchen Quantitäten sie in der Produktion anfallen und ob sie einer Verwertung oder geordneten Beseitigung zugeführt werden.

Darüber hinaus lassen sich Öko-Checklisten auch im Rahmen des formalisierten Umweltmanagementsystems gemäß ISO 14001 verwenden, um das Vorhandensein und die Weiterentwicklung bestimmter organisatorischer Strukturen und Abläufe zu überprüfen.

Auch wenn in manchen Öko-Checklisten Stoffquantitäten explizit erhoben werden, liegt ihr Hauptaugenmerk nicht auf der umfassenden Beschreibung aller Materialflüsse, sondern darauf, einen qualitativen Überblick über zentrale Problembereiche zu erlangen, um damit eine Informationsgrundlage zur Identifikation notwendiger Umweltschutzmaßnahmen zu besitzen. Öko-Checklisten werden deshalb auch kaum regelmäßig, sondern nur im Bedarfsfall und dann zumeist beschränkt auf bestimmte Unternehmens- bzw. Funktionsbereiche eingesetzt.

Tab. 11-2: Ausgewählte Instrumente des Ökocontrollings (nach Rüdiger 2000, S. 19)

Instrument	Untersuchungsobjekt	Untersuchungsziel	Frequenz	Art der Informationsverarbeitung	Managementebene
Checklisten	Funktionsbereich des Unternehmens	ökologische Schwachstellen und Risiken	bei Bedarf	qualitativ	strategisch/ operativ
Stoff- und Energiebilanzen	beliebiges System	Stoff- und Energieströme in Art und Quantität	regelmäßig	quantitativ	strategisch/ operativ
Kennzahlen (-systeme)	beliebiges System, Funktionsbereich des Unternehmens	Perioden-, Betriebs-, Soll-Ist-Vergleich zwecks Kontrolle und Abweichungsanalyse	bei Bedarf	quantitativ/ monetär	operativ
ABC-Analyse	Stoff, Produkt, Prozess	grobe Bewertung der Problemvarianz	regelmäßig	qualitativ	operativ
Ökobilanzmethoden	Betrieb, Prozess, Produkt	Bestimmung des ökologischen „Schadens" unternehmerischer Aktivitäten	regelmäßig	quantitativ/ qualitativ	operativ

(schwerpunktmäßig: Frequenz, Art der Informationsverarbeitung, Managementebene)

Öko-Checklisten sind ein relativ einfach handhabbares und pragmatisch einsetzbares Instrument, mit dem es in der Regel gelingt, ohne großen Aufwand die wichtigsten Schwachstellen offen zu legen. Allerdings ist ihr Erfolg davon abhängig, ob durch die vorgegebenen Fragen auch wirklich alle wesentlichen Problembereiche abgedeckt sind. Eine subjektive Schwerpunktbildung bei der Erstellung der Checklisten ist häufig unvermeidbar. Überdies besteht bei der kritiklosen Anwendung von Standard-Checklisten die Gefahr, dass unternehmensspezifische Problembereiche nicht entdeckt werden. Neben diesen Schwachpunkten muss sich der Anwender überdies bewusst sein, dass es sich bei den Öko-Checklisten lediglich um ein deskriptives Instrument handelt, das nur sehr eingeschränkt zur Prioritätensetzung und Allokation finanzieller Mittel für Umweltschutzmaßnahmen herangezogen werden kann.

Ein Ökocontrolling-Instrument, mit dessen Hilfe insbesondere dem Kritikpunkt einer nur punktuellen Erhebung wichtiger Stoffquantitäten begegnet werden kann, sind *Stoff- und Energiebilanzen*. Ihr Hauptaugenmerk liegt auf der möglichst lückenlosen Erhebung und strukturierten Darstellung aller relevanten stofflichen und energetischen Austauschbeziehungen zwischen einem räumlich, zeitlich und sachlich abgegrenzten System und seiner künstlichen und natürlichen Umwelt. Zu den unterschiedlichen *Stoffstrom-* bzw. *Bilanzsystemen* zählen dabei vor allem:

- *unternehmensbezogene Systeme*: Konzern, Betriebe, Werke
- *technische Systeme*: Werkstätten, Anlagen, Aggregate, Prozesse, Verfahren
- *produktbezogene Systeme*: Produkte, Produktgruppen, Verpackungen
- *volkswirtschaftliche Systeme*: Länder, Regionen, Städte, Branchen.

Von den in der Praxis am häufigsten eingesetzten Varianten unterscheiden sich bezüglich ihrer Zielsetzung insbesondere *Produkt(linien)bilanzen* und *Betriebsbilanzen*. Erste versuchen, die stofflichen und energetischen Auswirkungen eines Produkts über den gesamten Lebensweg möglichst umfassend zu quantifizieren. Bezogen auf eine Einheit der betrachteten Produktart werden dazu nicht nur die Stoff- und Energiequantitäten bei der Herstellung aufgelistet, sondern auch vor- und nachgelagerte Prozesse im Produktkreislauf analysiert. Dabei besteht ein nicht unerhebliches Problem darin, die Systemgrenze festzulegen, da sich das Netzwerk vor- und nachgelagerter Prozesse nahezu beliebig ausdehnen lässt. Hier hilft nur ein pragmatisches Vorgehen, das sich insbesondere an der Frage orientiert, wie weit der einzubeziehende Prozess kausal oder final mit der Produktherstellung und -nutzung verknüpft werden kann.

Bei der zweiten Hauptkategorie von Stoff- und Energiebilanzen, den *Betriebsbilanzen*, gelingt die Systemabgrenzung i. d. R. einfacher, wenn auch nicht völlig problemlos. Denn ihr Fokus liegt auf den Stoff- und Energieflüssen, die zwischen einer Unternehmung bzw. eines Subsystems der Unternehmung (Werksbilanz, Standortbilanz) und seiner Umwelt innerhalb einer Periode (meist ein Jahr) ausgetauscht werden. Die Auflistung der ökologisch relevanten Stoff- und Energiequantitäten dient insbesondere zur externen ökologischen Rechenschaftslegung und ähnelt zumindest, was ihre periodische Erhebung betrifft, den ökonomischen Jahresabschlüssen des externen Rechnungswesens.

Stoff- und Energiebilanzen unterscheiden sich allerdings auch erheblich von den üblichen Bilanzen des externen Rechnungswesens, indem sie unterschiedliche Objektarten fokussieren, insbesondere ökologisch relevante, dagegen immaterielle Objektarten gänzlich außen vor lassen. Außerdem erheben sie in der Hauptsache zeitraumbezogene Stoffflüsse und weniger zeitpunktbezogene Bestände (und entsprechen insofern eher einer Gewinn- und Verlustrechnung als einer Bilanz) und geben die Quantitäten in ihren (unterschiedlichen) physikalischen Maßeinheiten an. Schon alleine deswegen ist, anders als bei Handels- und Steuerbilanzen, die stichtagsbezogen das Vermögen und die Mittelherkunft in monetären Größen angeben, ein Bilanzausgleich (zwischen Input- und Outputseite) nicht gegeben.

Als Informationsbasis über die ökologisch relevanten Input- und Outputquantitäten der Unternehmung bieten (betriebliche) Stoff- und Energiebilanzen ein umfassendes Abbild des unternehmerischen Leistungsprozesses. Diese Stärke des Instruments beinhaltet aber auch gleichzeitig einen Schwachpunkt, da die Fülle an Informationen oftmals zu umfangreich ist, um geeignete Entscheidungen ableiten zu können.

Deshalb dienen *ökologische Kennzahlen(systeme)*, als eine weitere Kategorie von Ökocontrolling-Instrumenten, insbesondere dazu, Informationen über die Stoff- und Energieflüsse geeignet zu verdichten. Aufbauend auf der Input/Output-Systematik der Stoff- und Energiebilanzen erfolgt diese Verdichtung in der Hauptsache durch Quotienten- bzw. Anteilsbildung der jeweils in ihren physikalischen Einheiten gemessenen Input- und Outputgrößen. So gelingt es etwa durch Kennzahlen der Art „Schadstoffquantität pro Produkteinheit" das Ausmaß der ökologischen Schädigung der Produktherstellung auch auf Basis von Betriebsbilanzen besser einschätzen zu können. Erst dadurch wird dann auch eine Vergleichbarkeit über mehrere Jahre mit unterschiedlichen Produktquantitäten ermöglicht.

Neben der entscheidungsorientierten Informationsbereitstellung durch Verdichtung von Einzeltatbeständen (bottom up), auf deren Basis eine bessere Messung der Stoff- und Energieeffizienz erfolgen kann, dienen Öko-Kennzahlen auch der Operationalisierung von Zielvorgaben für untergeordnete Hierarchieebenen (top down). Demgemäß können die Kennzahlen dann auch zur Strukturierung der Kontrollfunktion im Rahmen der Rationalitätssicherung des Ökocontrollings genutzt werden.

11.2.2 Die Ökobilanzierung als ein umfassendes Instrument

Das wohl bekannteste Instrument des Ökocontrollings ist die *Ökobilanzierung*. Anders als die im vorherigen Abschnitt beschriebenen Instrumente versucht sie, die Erhebung und Verdichtung umweltrelevanter Informationen in ein gesamthaftes Konzept zu integrieren. Insbesondere durch die Art und Weise der Verdichtung unterscheiden sich die zahlreichen, vorrangig in den 1990er Jahren entwickelten Ökobilanzmethoden. Mit der ISO-Reihe 14040 ff. zum sog. *Life Cycle Assessment* (LCA) entstand ab dem Jahre 1997 ein Normierungsansatz, der die in Abbildung 11-3 dargestellte grobe Struktur der (Produkt-) Ökobilanzierung vorgibt.

Abb. 11-3: Grundstruktur der Ökobilanzierung

In einem ersten Schritt werden das *Bilanzierungsziel* und die Untersuchungsprämissen fixiert. Einerseits muss hierzu das *Bilanzsystem* abgesteckt, d. h. die Eingrenzung aller betrachteten Prozesse des Produktlebenswegs vorgenommen werden. Andererseits ist es notwendig, die Bezugsbasis der Untersuchungen zu bestimmen. Als sog. *funktionale Einheit* wird dabei eine produktspezifische Größe festgelegt, die einen Vergleich unterschiedlicher Produkte bzw. Lösungen ermöglicht. Das kann z. B. eine Einheit der Produktart sein (z. B. eine Glühlampe), aber auch eine Einheit der Leistungsabgabe der Produktart betreffen (z. B. eine bestimmte Leuchtkraft der Lampe).

Die sich anschließende *Sachbilanzierung* erhebt die Quantitäten des Stoff- und Energieaustauschs des betrachteten Bilanzsystems mit seiner künstlichen und natürlichen Umwelt. Sie entspricht demgemäß der im vorigen Abschnitt beschriebenen rein deskriptiven Stoff- und Energiebilanzierung.

Auf Basis naturwissenschaftlicher Erkenntnisse werden in der sich anschließenden *Wirkungsabschätzung* die wesentlichen Auswirkungen der Stoff- und Energieflüsse auf die Natur untersucht. Kriterien, die hierbei eine Rolle spielen, sind beispielartig der Beitrag zum Treibhauseffekt (gemessen in CO_2-Äquivalenten), zur Vergrößerung des Ozonlochs oder zur Eutrophierung von Gewässern.

In der *Bilanzauswertung* werden schließlich die wichtigsten Auswirkungen zusammengetragen, Sensitivitätsanalysen durchgeführt und eine Abwägung zwischen den verschiedenen Umweltschädigungen vorgenommen. In der Literatur ist hierzu eine Vielzahl Aggregations- und Bewertungsverfahren vorgeschlagen worden, die zuweilen auf die Bündelung der Umweltwirkungen in eine einzige Spitzenkennzahl abzielen (z. B. Umweltbelastungspunkte, Eco-Indikator 99, MIPS: Materialinput pro Serviceeinheit). Die verwendeten Methoden zur Bewertung der umweltschädlichen Stoff- und Energieflüsse lassen sich dabei unterscheiden in:

- schadensfunktionsorientierte Methoden
- grenzwertorientierte Methoden
- monetäre Methoden
- verbal-argumentative Methoden.

Zu den letztgenannten Methoden zählt etwa die *ökologische ABC-Analyse*, die den Grad der ökologischen Auswirkung des Produkts bezüglich verschiedener Kriterien in eine hohe, mittlere und geringe Problemrelevanz einteilt. Anschließend wird dann durch bloßes Abzählen der A-, B- und C-Bewertungen die Umweltrelevanz eingeschätzt, ohne eine (unterschiedliche) Gewichtung der einzelnen Schädigungskategorien vorzunehmen. Es bleibt offen, ob eine derartig einfache kategorisierende Bewertungsmethode besser geeignet ist als eine komplexere Methode, die den Grad einzelner Schädigungskategorien mittels Funktionsverläufen abbildet und die Aggregation über einheitliche Maßstäbe, wie etwa monetäre Schadensäquivalente, vornimmt.

Letztendlich gilt es, die (vermeintliche) Präzision gegen die Nachvollziehbarkeit der Bewertung abzuwägen. Anfangs stand diesbezüglich der möglichst präzise Vergleich unterschiedlicher Produktalternativen im Vordergrund. Die Tatsache, dass aus den von unterschiedlichen Interessenten beauftragten Ökobilanz-Studien zuweilen konträre Ergebnisse zustande kamen, offenbarte allerdings die große Subjektivität der Bewertung. Um der damit verbundenen Willkür Einhalt zu gebieten, ist die Offenlegung der getroffenen Prämissen und Interpretationen oberster Grundsatz einer ordnungsgemäßen Ökobilanzierung. Aus diesem Grund ist die ursprünglich vorgesehene Bilanz*bewertung* anhand einer einzelnen Kennzahl heute vielfach einer Bilanz*auswertung* auf Basis verschiedener Kennzahlen gewichen. Sie ermöglicht es, eigene Schlussfolgerungen zu ziehen, erfordert aber gleichzeitig auch eine tiefer gehende individuelle Auseinandersetzung mit den Ergebnissen.

Hilfreich für eine derartige individuelle Bilanzauswertung sind Sensitivitätsanalysen, die insbesondere die Auswahl der zu berücksichtigenden Größen sowie die Festlegung bestimmter Berechnungsprämissen hinterfragen (vgl. die Rekursion I in Abbildung 11-3). Für den Fall, dass man die Ökobilanzierung auch zur vorausschauenden Produktentwicklung nutzt, ist überdies eine Rückkopplung zwischen Wirkungsabschätzung und Sachbilanz hilfreich, die bereits vor der Bilanzauswertung mögliche Entwicklungsszenarien anhand ihrer ökologischen Wirkungen beurteilt (vgl. die Rekursion II in Abbildung 11-3).

11.3 Stoffstromanalyse und -management

11.3.1 Management innerbetrieblicher Materialflüsse

Mit der Ökobilanzierung ist ein umfassendes Instrument zur Erhebung und verdichteten Darstellung der ökologischen Auswirkungen vorhanden, das auf verschiedene Bilanzsysteme angewendet werden kann. Ihr Fokus ist auf die rückschauende Bilanzierung der ökologischen Auswirkungen gerichtet. Im Sinne einer *black box* werden dabei allein die Austauschbeziehungen des Systems mit seiner Umwelt und nicht ihr innerer Zusammenhang analysiert. Ein Manko der Ökobilanzierung besteht demgemäß darin, dass sie nur eingeschränkt zur Planung der ökologischen Auswirkungen der betrieblichen Leistungserbringung verwendet werden kann. Neben dem fehlenden Zukunftsbezug ist hierfür insbesondere die fehlende Modellierung der system*internen* Stoff- und Energieflüsse verantwortlich. Genau hierauf ist das Augenmerk des (betrieblichen) Stoffstrommanagements gerichtet.

Stoffstrommanagement bezeichnet die „zielorientierte, verantwortliche, ganzheitliche und effiziente Beeinflussung von Stoffsystemen" (Enquete-Kommission 1994, S. 85). Das von der „Enquete-Kommission des Deutschen Bundestags – Schutz des Menschen und der Umwelt" auf Basis des Leitbilds Sustainable Development entwickelte Konzept sieht im Stoffstrommanagement zunächst eine staatliche Aufgabe. Durch den Einsatz staatlicher Umweltschutzinstrumente sollen die Stoff- und Energieflüsse innerhalb des staatlichen Hoheitsgebiets ökologisch verträglich gelenkt und dabei insbesondere die Quantitäten besonders umweltschädlicher Stoffe möglichst weitgehend eingeschränkt werden.

Abb. 11-4: Bestandteile des betrieblichen Stoffstrommanagements (nach Enquete-Kommission 1994, S. 262)

Da der Staat nur den gesetzlichen Rahmen für die Wirtschaftsakteure setzt, erfordert das gesamtwirtschaftliche Stoffstrommanagement ein geeignetes Pendant auf Seiten der einzelnen Akteure. Vor allem Unternehmungen – mit einer offensiven Umweltschutzpolitik – werden somit in die Pflicht genommen, sich mittels eines eigenen (betrieblichen) Stoffstrommanagements an der Verwirklichung der staatlichen Ziele zu beteiligen.

Abbildung 11-4 verdeutlicht, wie das Stoffstrommanagement nach dem Verständnis der Enquete-Kommission allgemein, d. h. sowohl in seiner gesamtwirtschaftlichen als auch betrieblichen Form, ausgestaltet sein sollte. Dabei lässt sich eine Reihe von Analogien zur Ökobilanzierung erkennen. So enthält das (betriebliche) Stoffstrommanagement ähnlich wie die (Betriebs-) Ökobilanzierung Elemente zur Zielfestlegung, quantitativen Erhebung der Stoff- und Energieflüsse, Wirkungsanalyse und Bewertung der Umweltschädigungen anhand verschiedener Indikatoren.

Aus Abbildung 11-4 sind jedoch auch zumindest zwei wesentliche strukturelle Unterschiede zu erkennen, die das Stoffstrommanagement von der Ökobilanzierung unterscheiden. Zum einen zeigt sich der stärker zukunftsgerichtete Planungscharakter des Stoffstrommanagements darin, dass die Ableitung von Strategien und Maßnahmen aus dem erhobenen Zahlenmaterial sowie die Kontrolle ihrer tatsächlichen Umsetzung explizit vorgesehen sind. Zum anderen sieht die Stoffstromanalyse anders als die Sachbilanzierung nicht nur die Quantifizierung der ökologisch relevanten Außenbeziehungen vor. Der wesentliche zusätzliche Teilschritt besteht vielmehr in der Strukturanalyse der funktionalen Beziehungen innerhalb des Stoffstromsystems.

11.3.2 Stoffstromanalyse auf Basis von Petri-Netzen

Kern der Stoffstromanalyse ist die Abbildung der vernetzten Stoff- und Energieströme. Hierfür ist in der Praxis eine Vielzahl von Softwaretools entwickelt worden. Wie Abbildung 11-5 verdeutlicht, bleiben die meisten kommerziellen Tools zumeist nicht auf die reine Modellierung der Stoffstromnetze (*Stoffstromanalyse i. e. S.*) beschränkt, sondern ermöglichen auch eine Auswertung der Stoffstrommodelle in vielerlei Hinsicht.

Ziel der Stoffstromanalyse i. e. S. ist es jedoch zunächst, die Mengenflüsse im Stoff- und Energiestromsystem in ihrer ganzen Komplexität abzubilden. Gleichwohl sollten die hierzu eingesetzten Softwaretools so einfach konzipiert sein, dass sie die Abbildung und Simulation der Stoffströme ohne umfassende IT-Kenntnisse erlauben. Mit der *Petri-Netz-Theorie* steht hierfür ein theoretischer Rahmen aus der Informatik zur Verfügung, der enge Beziehungen zu produktionswirtschaftlichen Modellierungsansätzen besitzt. Nachfolgend seien die Grundgedanken dieser Theorie und ihre

Anwendung im Rahmen der Stoffstrommodellierung exemplarisch anhand der Stoffstromanalyse-Software *Umberto* skizziert.

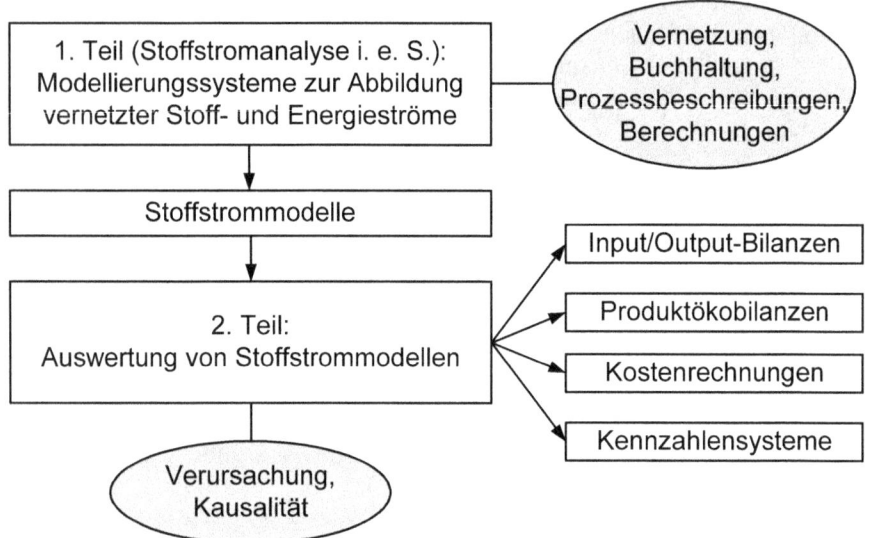

Abb. 11-5: Bestandteile von Softwaretools zur Stoffstromanalyse (nach Möller 2000, S. 28)

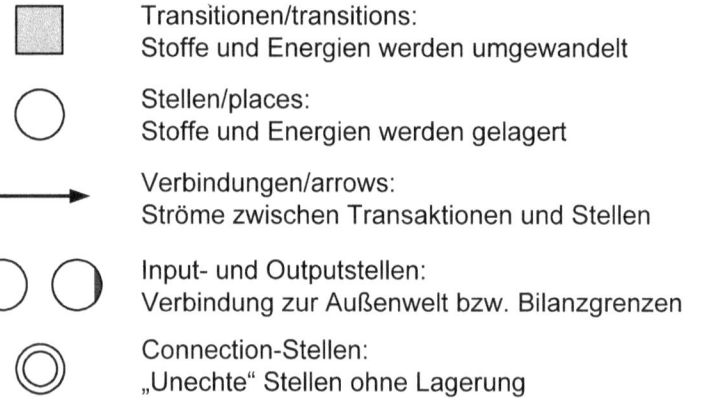

Abb. 11-6: Elemente eines Stoffstromnetzes auf Basis der Petri-Netz-Theorie

Ein Bestandteil der Stoffstromanalyse-Software *Umberto* sind Materiallisten, in denen die relevanten Stoff- und Energiearten strukturiert hinterlegt und bezüglich ihrer Maßeinheiten sowie einer vereinfachten ökologischen und ökonomischen Klassifikation (Gut, Übel, Neutrum) und anderer Eigenschaften beschrieben werden können. Den Kernbestandteil des Softwaretools bildet darüber hinaus ein graphischer Netzeditor, mit dessen Hilfe interaktiv das Stoff- und Energiestromnetz modelliert werden kann. In Analogie zur Petri-Netz-Theorie beschränkt sich dieser Netzeditor auf drei grundlegende Modellierungselemente (vgl. Abbildung 11-6):

- *Transitionen* (dargestellt durch eckige Knoten) kennzeichnen Transformationsprozesse, in denen Stoffe und Energie umgewandelt werden. Zur Beschreibung der Input/Output-Zusammenhänge können unterschiedlich komplexe Produktionsmodelle verwendet werden. Für den einfachsten Fall durchgängig proportionaler Input/Output-Verhältnisse, wie sie etwa Montageprozessen zugrunde liegen, wird eine musterhafte Prozessbeschreibung mittels konstanter Input- und Outputkoeffizienten in einer Tabelle hinterlegt. Komplexere Zusammenhänge lassen sich durch benutzerdefinierte (nicht-lineare) Produktionsfunktionen modellieren, in die auch Abhängigkeiten von Prozessparametern (z. B. Druck, Temperatur) integriert werden können. Zur Vereinfachung der Stoffstrommodellierung sind im Programm *Umberto* zudem in einer Prozessbibliothek zahlreiche Standardprozesse enthalten, die durch Angabe bestimmter Parameter geeignet justiert werden können.

- *Stellen* (dargestellt durch runde Knoten) lassen sich als Lagerorte von Stoffen und Energie(trägern) auffassen. In ihnen werden Anfangsbestände fixiert und nach der Berechnung des Stoffstrommodells Endbestände „gespeichert". Als besondere Stellentypen definieren Input- und Outputstellen die Bilanzgrenzen des Systems zu seiner Umwelt. Überdies werden in Stoffstrommodellen sog. Connection-Stellen verwendet, die als unechte Lagerorte zwei Transformationen verbinden, zwischen denen im realen System keine Pufferung von Stoff- und Energiequantitäten vorgesehen ist. Die Notwendigkeit ihrer Modellierung ist in erster Linie der Tatsache geschuldet, dass sich gemäß dem Modellierungsprinzip der Petri-Netz-Theorie Transitionen und Stellen stets abwechseln müssen.

- *Verbindungen* (dargestellt durch Pfeile) dienen schließlich der Kopplung zwischen Transitionen und Stellen und bilden demgemäß die Struktur der Stoff- und Energieströme durch das betriebliche System bzw. entlang des Produktlebenswegs ab.

Abbildung 11-7 verdeutlicht beispielartig, wie diese Elemente zu einem Stoffstrommodell verbunden werden können.

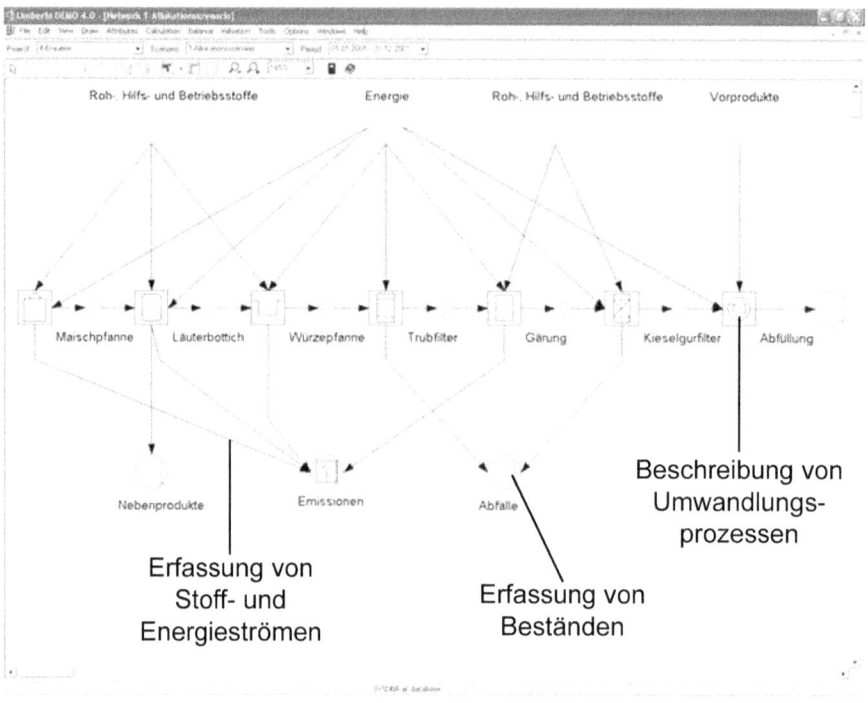

Abb. 11-7: Beispiel eines Stoffstromnetzes (Grafik modifiziert entnommen aus: *Umberto*-Demoversion 4.0, Beispielprojekt 4: Brauerei)

Auf Basis der funktionalen Objektbeziehungen und Verursachungszusammenhänge lassen sich die Stoff- und Energieflüsse des Systems sowie die Endbestände der Stoffe in den Stellen berechnen, wenn bestimmte Stoffströme vorgegeben werden. So kann etwa das geplante Erzeugnisprogramm für die kommende Periode in das Modell eingespeist werden, indem die Zuflüsse der Produkte in die Outputstelle (als Absatzlager) vorgegeben werden. Die Berechnung des gesamten Stoffstromnetzes gibt dann Auskunft über die zur Produktherstellung benötigten Material- und Rohstoffquantitäten sowie die entstehenden Abfallprodukte.

Aufbauend auf den Ergebnissen des berechneten Stoffstrommodells können dann im zweiten Teil der Stoffstromanalyse verschiedene Auswertungen durchgeführt werden (vgl. nochmals Abbildung 11-5). Im einfachsten Fall werden für das Bilanzsystem die in den einzelnen (Input- und Output-)

Stellen ermittelten Objektzu- bzw. -abflüsse in eine Input/Output-Bilanz zusammengefasst. Im Grunde genommen enthält diese Bilanz die gleichen Informationen wie die in Abschnitt 11.2.1 beschriebenen herkömmlich ermittelten Stoff- und Energiebilanzen. Allerdings basiert die Bilanz nicht auf einer Erhebung der Stoff- und Energieströme in das bzw. aus dem System (Außensicht), sondern auf der Berechnung der Stoff- und Energieströme im System (Innensicht). Letztere lassen sich im Softwaretool *Umberto* auch in Form sog. Sankey-Diagramme visualisieren, in denen der Umfang der Stoffströme durch unterschiedlich breite und verschieden farbige Verbindungslinien visualisiert wird.

Die bei der Stoffstromanalyse vorgenommene Berechnung der Stoff- und Energieströme steht nicht im Widerspruch zu ihrer Erhebung im Rahmen herkömmlicher Stoff- und Energiebilanzen; beide Instrumente ergänzen sich vielmehr. Die Berechnung von Stoff- und Energieströmen mittels der Stoffstromanalyse vereinfacht insbesondere die Ermittlung solcher Stoff- und Energiequantitäten, die sich nur schwierig direkt erheben lassen – oder die ohne eine Betrachtung der internen Beziehungen schlichtweg vernachlässigt würden. Die (zusätzliche) Erhebung realer Austauschbeziehungen des Bilanzsystems ermöglicht es hingegen, die Richtigkeit der in den Transitionen modellierten funktionalen Zusammenhänge zu überprüfen. Ein derartiger Abgleich erlaubt insbesondere die Aufdeckung von (Material-) Ineffizienzen im System.

Neben der rein quantitativen Beschreibung des Stoffstromsystems unterstützen Stoffstromanalyse-Softwaretools wie *Umberto* auch die weiteren Schritte der Ökobilanzierung. Zum einen erlauben sie die Verdichtung spezieller Objektquantitäten zu ökologischen Kennzahlen. Darüber hinaus ermöglichen verschiedene, im System verankerte Wirkungsfunktionen und Bewertungsverfahren eine Wirkungsanalyse und Bilanzauswertung.

Nachdem anfänglich in der ökologischen Auswertung des Stoffstromsystems und damit verbunden der Erstellung von Ökobilanzen die zentrale Aufgabe der Softwaretools bestand, werden sie heutzutage auch immer häufiger zur Unterstützung ökonomischer Bewertungen der unternehmensinternen Materialflüsse verwendet. Sie lassen sich dann mit der herkömmlichen Kostenrechnung verzahnen und bilden somit eine instrumentelle Basis für die gemeinsame Arbeit von Umweltmanagern und Controllern. Dementsprechend beinhalten die in den Softwaretools verankerten Auswertungsmöglichkeiten durch Kennzahlensysteme nicht nur ökologische sondern auch rein ökonomische Kennzahlen.

11.4 Weiterführende Literatur

Der in Abschnitt 11.1 dargestellte Rollenkonflikt zwischen Umweltmanagern und Controllern wird ausführlich in Dyckhoff/Ahn/Schwegler (2003) beschrieben.

Eine umfassende Diskussion verschiedener Bewertungskonzepte im Rahmen der Ökobilanzierung liefern Schaltegger/Sturm (2000), Kapitel 3. Eine aktuelle kritische Bestandsaufnahme der Ökobilanzierung nimmt Siegenthaler (2006) vor.

Weithin erprobte Ökocontrolling-Instrumente werden z. B. in BMU/UBA (2001) sowie bei Müller-Christ (2001), Abschnitt 5.1, und Rüdiger (2000), Kapitel 3, vorgestellt. Einen quantitativen Ansatz, der Ökologie und Entscheidungslehre anwendungsorientiert integriert, liefern Seip/Wenstop (2006). Das Buch enthält eine große Sammlung quantitativer Ausdrücke und grundlegender Formeln, welche für das betriebliche Ökocontrolling von hoher Bedeutung sind. Fundierte Grundzüge einer finanzwirtschaftlichen Bewertung von Umweltschutzinvestitionen behandelt Klingelhöfer (2006). In einer Reihe von Beiträgen des Sammelbands des Instituts der deutschen Wirtschaft (2004) werden überdies einige neu entwickelte Instrumente des Ökocontrollings präsentiert. Eine praxiserprobte Software zur umweltorientierten Leistungsmessung in KMU stellen Günther et al. (2006) vor.

Unter den Stichworten *Umweltkostenrechnung*, Environmental Cost Accounting bzw. Environmental Management Accounting beschäftigen sich zahlreiche Arbeiten mit den Möglichkeiten, Umweltschädigungen in die unternehmerische Kostenrechnung zu integrieren. Für einen ersten Überblick zu dieser hier nicht behandelten Thematik sei auf Letmathe (1998) und Letmathe/Wagner (2002) verwiesen.

Eine ausführliche Darstellung der Konzeption des in Abschnitt 11.3 beschriebenen (betrieblichen) Stoffstrommanagements ist Gegenstand der Lektion VI in Dyckhoff (2000). Die Arbeit von Rüdiger (2000) vermittelt hierzu aufbauend auf Dyckhoff (1994) produktions- und entscheidungstheoretische Grundlagen des Stoffstrommanagements, wie sie auch in Möller (2000) im Hinblick auf eine IT-Umsetzung in Betrieblichen Umweltinformationssystemen analysiert werden. Dort, wie auch in den Büchern von Schmidt/Häuslein (1997) und Schmidt/Schorb (1995), werden zudem die Modellierungsprämissen und Anwendungsmöglichkeiten der Software *Umberto* vorgestellt.

Teil D

Umweltorientierung ausgewählter Wertschöpfungsfunktionen

12 Kreislaufgerechte Produktentwicklung

Die Produktentwicklung zählt zu den zentralen umweltrelevanten Unternehmensfunktionen. Ihre Relevanz folgt weniger aus den Umweltschädigungen, die unmittelbar in den Forschungs- und Entwicklungsabteilungen von Unternehmungen entstehen. Vielmehr bedingt die Produktkonstruktion und -spezifikation mittelbare Umweltschädigungen, die sich im Laufe des Produktlebenszyklus offenbaren. Dieser, in ähnlicher Weise von der Kostenverursachung und -entstehung bekannte Ausstrahlungseffekt macht es erforderlich, schon in der Produktentwicklung die ökologischen Auswirkungen des gesamten Produktlebenszyklus zu berücksichtigen. Das gilt noch umso mehr, als durch die erweiterte Produktverantwortung die ökologischen Auswirkungen unternehmensexterner Prozesse in der Produktentwicklung eine immer wichtigere Rolle spielen.

In Abschnitt 12.1 wird zunächst verdeutlicht, welche grundsätzlichen Überlegungen bei der Umsetzung einer nachhaltigen Unternehmenspolitik in den Produktentwicklungsprozess anzustellen sind. Dabei wird auch ein Systematisierungsrahmen abgeleitet, der auf Basis der Kreislaufphasen und abfallwirtschaftlicher Handlungsoptionen die Einordnung kreislaufgerechter Produktkonzepte ermöglicht. Abschnitt 12.2 befasst sich ausführlich mit einer bestimmten Art solcher Konzepte, den sog. vermeidungsorientierten Produktnutzungskonzepten. Neben einer Systematisierung und Wirkungsanalyse der Konzepte, aus der unterschiedliche Stoßrichtungen der umweltrelevanten Produktentwicklung hervorgehen, werden auch die Probleme ihrer Implementierung diskutiert. Um einen umfassenden Einblick in die kreislaufgerechten Produktkonzepte zu gewähren, werden in Abschnitt 12.3 dann kurz einige weitere Produktkonzepte vorgestellt, die der verwertungs- bzw. recyclinggerechten Produktentwicklung zuzuordnen sind.

12.1 Verankerung des Umweltschutzes in der Produktentwicklung

12.1.1 Nachhaltige Unternehmenspolitik und Produktentstehung

Eine ernst gemeinte, auf (ökologische) Nachhaltigkeit angelegte Unternehmenspolitik erfordert von industriellen Unternehmungen eine umfassende Beschäftigung mit den umweltrelevanten Wirkungen des unternehmerischen Handelns innerhalb und außerhalb der eigenen Unternehmensgrenzen. Sie offenbart sich mithin nicht nur in einem produktionsintegrierten sondern auch in einem produkt- und serviceintegrierten Umweltschutz, der eine zyklusorientierte Umweltschutzstrategie charakterisiert (vgl. Abschnitt 8.1). Demgemäß sind das unternehmerische Handeln im Allgemeinen und die Produktentwicklung im Speziellen auf den gesamten Lebenszyklus der Produkte auszurichten. Damit kommt die Unternehmung dann auch ihrer Produktverantwortung nach, die neben der Verwertung der Produkte auch umweltfreundliche Produktinnovationen fordert. Gemäß § 22 KrW-/AbfG sollen dabei einerseits die Verminderung der Produktabfälle während ihrer Herstellung und ihres Gebrauchs, aber auch ihre Rezyklierbarkeit und Langlebigkeit gewährleistet sein.

Die Forderung nach umfassender Berücksichtigung des gesamten Produktlebenszyklus sollte in allen Phasen des Produktentstehungsprozesses, wie in Abbildung 12-1 dargestellt, Berücksichtigung finden. Insbesondere in den frühen Phasen der Produktentwicklung werden im Rahmen der Situationsanalyse und Ideengenerierung die entscheidenden Weichen für die spätere technische Gestaltung des Produkts sowie für die Handhabung in den einzelnen Phasen des ökologischen Produktlebenszyklus gestellt. Notwendig bei der Situationsanalyse ist somit nicht nur eine fundierte Marktforschung, sondern außerdem die Erforschung aller durch ein zukünftiges Produkt potenziell hervorgerufenen ökologischen Wirkungen sowie der damit verbundenen Ansprüche aller Akteure, die aktiv oder passiv am Kreislauf des Produktes beteiligt sind.

Während für die Situationsanalyse geeignete Frühinformationssysteme eingesetzt werden können, bedarf die Ideensuche verschiedener Verfahren der logisch-kombinativen oder intuitiven Ideengewinnung (z. B. Brainstorming, morphologische Analyse, Synektik oder Bionik). Dass dabei auch umweltrelevante Aspekte einfließen können, macht das Beispiel bionischer Verfahren zur Ideengewinnung deutlich. So mag die Erkenntnis, dass die Natur ihre Produkte (Tiere und Pflanzen) letztendlich aus nur wenigen organischen Basissubstanzen zusammensetzt, Produktentwickler dazu inspirieren, zur Erhöhung der Kreislaufgerechtigkeit ebenfalls möglichst wenige verschiedene Bausteine bzw. Materialien einzusetzen.

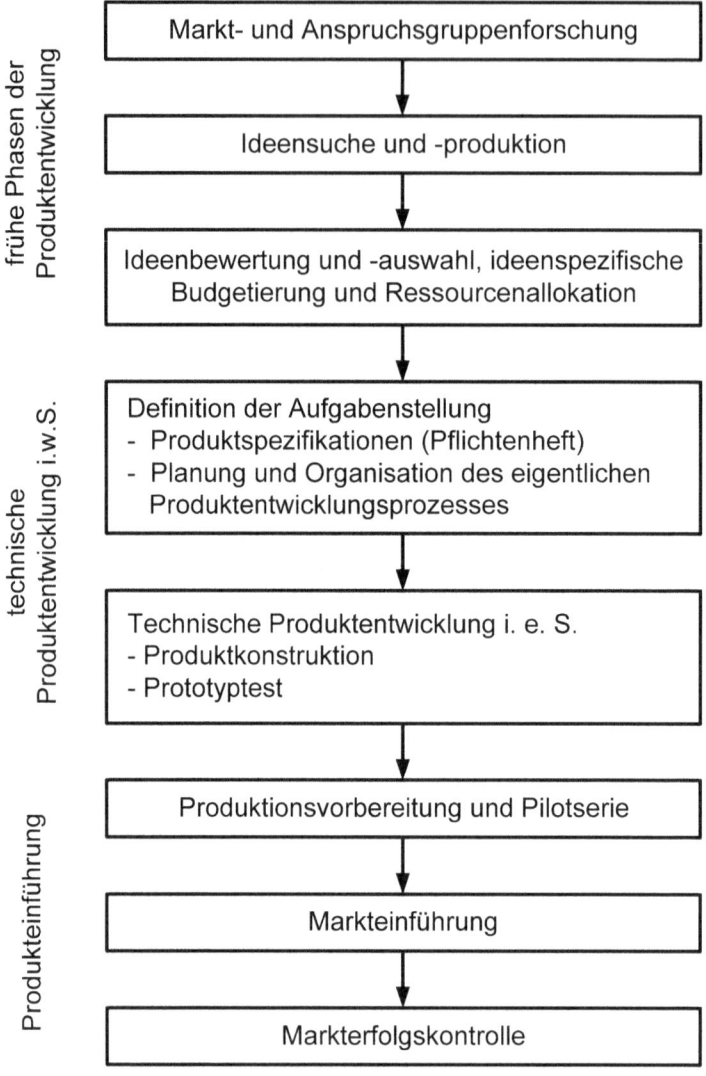

Abb. 12-1: Phasen des Produktentstehungsprozesses (nach Bennauer 1994, S. 23)

Darüber hinaus lässt sich der Kreislaufgedanke auch in die Überlegungen zur technischen Produktentwicklung integrieren, z. B. wenn das Produktdesign so gestaltet wird, dass seine Nutzung einen geringeren Energieverbrauch während der Konsumtion verursacht (Beispiel: PKW mit niedrigem Luftwiderstandsbeiwert). Will die Unternehmung darüber hinaus auch die Verwertbarkeit im Rahmen der Reduktionsphase vereinfachen, so kann sie dies zum Beispiel durch eine recyclinggerechte Konstruktion tun.

12.1.2 Systematisierung kreislaufgerechter Produkt- und Servicekonzepte

Wie die vorangehenden Ausführungen verdeutlichen, muss die Entwicklung umweltfreundlicher Produktkonzepte den Produktkreislauf umfassend berücksichtigen. Demgemäß lassen sich *kreislaufgerechte Produktkonzepte* zunächst danach systematisieren, in welcher Kreislaufphase ihre wesentliche Umweltentlastung gegenüber herkömmlichen Produktkonzepten realisiert wird. Im Vordergrund stehen dabei die transformationsbezogenen Kreislaufphasen:

- *Produktionsorientierte Produktkonzepte* zielen auf die Absenkung der Umweltschädigungen im Rahmen der Produktion ab. Durch entsprechende Konstruktionsmaßnahmen oder die Vorgabe günstiger Abmessungen und Dimensionen kann etwa der Materialeinsatz oder der Verschnitt pro Produkteinheit gesenkt werden.

- *Konsumtionsorientierte Produktkonzepte*, sog. *Produktnutzungskonzepte*, versuchen die Umweltschädigungen der Produkte innerhalb der Nutzungsphase zu verringern. Ein Beispiel hierfür ist die Konstruktion energiesparender Elektrogeräte. Auch die Bemühungen der Automobilhersteller, ein 3-Liter-Auto zu konzipieren, fallen in diese Kategorie.

- *Reduktionsorientierte Produktkonzepte* setzen an der Absenkung der Umweltschädigungen im Rahmen der materiellen Umwandlung der Altprodukte an. Hierzu zählen etwa Maßnahmen recyclinggerechter Konstruktion, ohne die ein höherer Anteil unbrauchbarer, weil nicht mehr verwertbarer Altproduktkomponenten entstehen würde.

Die hier vorgenommene Dreiteilung stellt die zentrale Stoßrichtung der Produktkonzepte in den Vordergrund. Dies soll nicht darüber hinwegtäuschen, dass manches konkrete Konzept Wirkungen in mehreren Kreislaufphasen aufweist. Während eine positive Wirkung in mehreren Phasen grundsätzlich zu begrüßen ist, stellt der ebenfalls zu beobachtende Fall konträrer Wirkungen in verschiedenen Phasen oft genug ein Problem der Produktentwicklung dar. So führt die, auch gesetzlich forcierte, Absenkung von Kunststoffteilen im Automobil zwar zu einer Steigerung der Verwertungsquoten in der Reduktionsphase. Die dadurch bedingte Erhöhung des Fahrzeuggewichts ist jedoch gleichzeitig mit einer (weit größeren) Umweltschädigung aufgrund des erhöhten Treibstoffverbrauchs während der jahrelangen Nutzung des Fahrzeugs verbunden.

Eine andere Art der Systematisierung unterscheidet entsprechende Konzepte nach den abfallwirtschaftlichen Maßnahmen, deren Prioritätenfolge in § 4 KrW-/AbfG vorgegeben ist (vgl. Abschnitt 5.2):

- *Vermeidungsorientierte Produktkonzepte* zielen darauf ab, dass eine mit dem Produkt verbundene Umweltschädigung gar nicht oder in einem geringeren Umfang entsteht. Hierunter fallen etwa FCKW-freie Kühlschränke, aber auch die oben beschriebenen Beispiele der Verschnittminimierung im Rahmen der Produktion sowie der Energieeinsparung bei der Produktnutzung.

- *Verwertungsorientierte Produktkonzepte* senken vordergründig nicht die Quantität der durch das Produkt entstehenden Umweltschädigung, sehen aber vor, dass die Umweltschädigungen, vor allem die entstehenden Altprodukte selber, besser verwertet, d. h. in den Kreislauf zurückgeführt werden können. Hierfür lassen sich erneut die Maßnahmen im Rahmen der recyclinggerechten Konstruktion als Beispiele anführen.

- *Beseitigungsorientierte Produktkonzepte* haben mit verwertungsorientierten Konzepten gemeinsam, dass die mit ihnen verbundenen Abfälle bzw. Emissionen zwar anfallen, aber ihre umweltschädliche Wirkung in nachgelagerten Prozessen abgeschwächt wird. Hier steht allerdings nicht die Rückführung in den Wirtschaftskreislauf, sondern die möglichst umweltfreundliche Abgabe an die Natur im Vordergrund. Ein Beispiel für ein solches Konzept ist die Entwicklung natürlich abbaubarer Produkte oder Verpackungen.

Wie die genannten Beispiele verdeutlichen, schließen sich die beiden Systematisierungsansätze nicht aus, sondern betrachten die konkreten Produktkonzepte lediglich aus unterschiedlichen Perspektiven. Auch wenn sich theoretisch für alle Kombinationen der beiden Kriterien Konzepte finden lassen, sind in der Praxis einige Kombinationen eher untypisch, wohingegen andere in vielfältiger Form anzutreffen sind. Verwertungs- und beseitigungsorientierte Produktkonzepte zielen in erster Linie auf die Reduktionsphase ab, d. h. sie beschäftigen sich mit der Frage, wie Produkte gestaltet werden müssen, damit die nach ihrer Nutzung übrig bleibenden Altprodukte umweltfreundlich verändert werden können. Vermeidungsorientierte Produktkonzepte setzen dagegen vor allem in der Produktions- und der Konsumtionsphase an. Bei der Gestaltung der Produkte steht dann die Frage im Vordergrund, wie Umweltschädigungen, die mit ihrer Produktion und Nutzung verbunden sind, gar nicht erst anfallen können.

Während die Einsparung von Materialien und Rohstoffen in der Produktionsphase schon wegen der damit einher gehenden ökonomischen Vorteile seit jeher innovative Produktideen hervorgebracht hat, stand die Vermeidung von Umweltschädigungen in der Konsumtionsphase als Zielgröße lange Zeit im Hintergrund unternehmerischer Produktentwicklungsvorhaben. Aus diesem Grund ist zu vermuten, dass eine konsequente Verfolgung vermeidungsorientierter Produktnutzungskonzepte ein erhebliches Einsparpotenzial ökologischer Schädigungen besitzt. Dies gilt noch umso mehr, als neben neuartigen Konzepten für Sachgüter auch die parallele Entwicklung begleitender oder ersetzender Servicekonzepte einen hohen ökologischen Erfolg ermöglicht und gleichzeitig auch innovative Wettbewerbsideen hervorbringen kann.

12.2 Vermeidungsorientierte Produktnutzungskonzepte

12.2.1 LPNI-Klassifikation

Unter die *vermeidungsorientierten Produktnutzungskonzepte* sind insbesondere solche zu subsumieren, welche die Produkte selber vermeiden helfen, indem sie auf die Erhöhung und bessere Ausschöpfung des möglichen Nutzungsumfangs von Produkten in der Konsumtionsphase abzielen. Unterstellt man ein gleich bleibendes Gesamtnutzungsniveau innerhalb der Bevölkerung, so ergibt sich die umweltentlastende Wirkung der Konzepte nämlich in erster Linie dadurch, dass dann insgesamt weniger Produkte benötigt werden. Gleichsam werden dann wegen der geringeren Produktmenge auch weniger Ressourcen bei der Herstellung verbraucht und es entstehen weniger Emissionen bei der Herstellung und Nutzung der Produkte sowie der Verwertung und Beseitigung der Altprodukte.

In der Praxis lässt sich eine Vielzahl solcher (produkt-) vermeidungsorientierter Produktnutzungskonzepte beobachten, die sich unmittelbar in der Produktentwicklung von Unternehmungen realisieren lassen (z. B. die Erhöhung der Produktlebensdauer mittels verzinkter Autokarosserien). Daneben existieren aber auch Konzepte, die von Dienstleistungsunternehmungen oder den Konsumenten selbst initiiert werden. Beispiele hierfür sind das Car-Sharing oder die gemeinsame Nutzung von Gartengeräten.

Um einen besseren Überblick über die Vielzahl möglicher Konzepte zu erhalten, ist es notwendig, diese gemäß ihrer zentralen Stoßrichtung zu systematisieren. Hierzu wird nachfolgend mit dem *LPNI*-Schema ein erster Systematisierungsansatz vorgestellt, der verschiedene Formen der Nutzungsausweitung kennzeichnet. Abbildung 12-2 unternimmt den Versuch, diese verschiedenen Formen zu visualisieren.

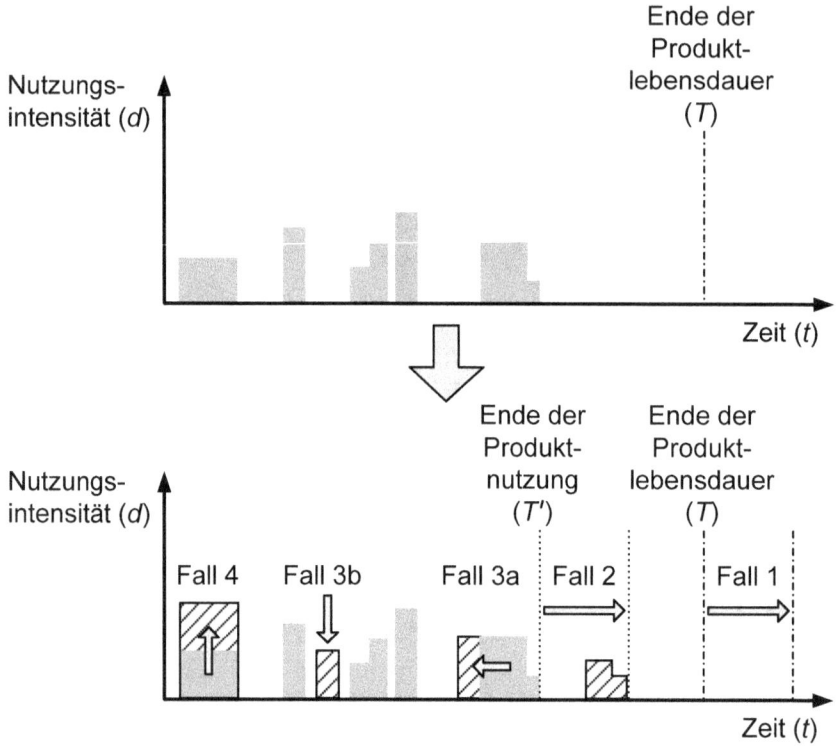

Abb. 12-2: Visualisierung der LPNI-Konzepte (nach Meyer 2002, S. 52ff.)

Die Systematisierung geht von der Prämisse aus, dass die umweltschutzbezogene Wirkung vermeidungsorientierter Produktnutzungskonzepte anhand der veränderten Gesamtnutzung eines physischen Produkts gemessen werden kann. Sie lässt sich annahmegemäß in zwei Dimensionen aufspalten: die *Nutzungszeit* (t) und die *Nutzungsintensität* (d), letztere definiert als abgegebene Nutzungseinheiten eines Produkts je Zeiteinheit. Auf Basis dieser beiden Dimensionen ist es möglich, die Nutzungsumfänge eines Produkts grafisch darzustellen. Ein Beispiel eines solchen Nutzungsprofils ist im oberen Teil der Abbildung 12-2 dargestellt. Dort sind die tatsächlichen Nutzungsumfänge des betrachteten Produkts als graue Felder gekennzeichnet. Zudem ist das Ende der Produktlebensdauer (T) angegeben.

Der untere Teil von Abbildung 12-2 skizziert nun vier Fälle, die eine Ausweitung der Produktnutzung bedingen und denen jeweils ein anderes Konzept des LPNI-Ansatzes zugrunde liegt:

- *L-Konzepte* (Fall 1): *Lebensdauerausweitende Produktnutzungskonzepte* stellen auf die Hinauszögerung des materiellen Verschleißes des Produktes und damit die Verlängerung der technisch möglichen Produktnutzungszeit (Ende der *Produktlebensdauer T*) ab. Hierzu zählt etwa der Einsatz haltbarer Materialien (z. B. verzinkte Autokarosserien) oder die Ermöglichung eines schonenderen Gebrauchs (z. B. Energiesparlampen). Aber auch die Beeinflussung der Konsumenten zu einem funktionsgerechten Produktgebrauch kann eine Ausweitung der Produktlebensdauer bedingen. Um beispielsweise die Speicherkapazität herkömmlicher Akkus in Handys nicht unnötig zu verringern, erschien früher bei einigen Modellen im Display der Hinweis, die Geräte bis zur vollständigen Entladung der Akkus zu betreiben. Heutzutage wird ein derartig lebensdauerausweitendes Nutzungsverhalten durch das selbständige Entladen der Akkus ab einer bestimmten Restkapazität auch technisch unterstützt.

- *P-Konzepte* (Fall 2): Konzepte zur *Produktnutzungsverlängerung* setzen nicht an der Ausweitung der technisch möglichen, sondern der tatsächlichen *Produktnutzungsdauer T'* an. Sie begegnen damit dem Phänomen, dass Produkte trotz bestehender Funktionstüchtigkeit nicht mehr länger genutzt werden. Da die Wirkung noch so guter L-Konzepte dann verpuffen würde, gilt es zu hinterfragen, warum Produkte nicht bis zu ihrem technischen Produktlebensende genutzt werden und wie sich die tatsächliche Nutzungszeit (T') ausweiten lässt. Möglichkeiten sind hier z. B. in einem zeitlosen Design der Produkte zu sehen, das zumindest einen Verzicht auf die Produktnutzung aus modischen Gründen verhindert. Eine weitere Option stellt das technologische Hochrüsten dar. Lässt sich etwa die Leistung eines bereits in Gebrauch befindlichen Produkts durch Austauschen einzelner Komponenten (z. B. Aufrüsten bestimmter Computerbausteine) erreichen, so ermöglicht dies die längere Nutzung des gesamten Produkts inklusive aller Komponenten (wie z. B. dem Gehäuse oder der Stromzufuhr).

- *N-Konzepte* (Fall 3): Gegenstand der *Nutzungsintervalloptimierung* ist die Ausdehnung der Nutzungszeit innerhalb des Zeitraums $[0, T']$. Die Reduzierung nutzungsunterbrechender Zeiten zwischen bestehenden Nutzungsintervallen kann einerseits durch Verlängerung von Nutzungsintervallen (Fall 3a), andererseits durch Schaffung zusätzlicher Nutzungsintervalle (Fall 3b) geschehen. Ein Beispiel für den letztgenannten Ansatzpunkt ist das Produkt-Sharing. Dabei wird das Produkt mittels zeitlich geteilter Inanspruchnahme mehreren Verwendern mit dem Ziel zugänglich gemacht, die Nutzungszeiten des Produkts insgesamt zu erhöhen. Neben gewerblich organisierten Car-Sharing-Angeboten zählt hierzu etwa auch die gemeinsame Nutzung von Garten- oder Reinigungsgeräten in Nachbarschaftsgruppen.

- *I-Konzepte* (Fall 4): Im Fokus *(nutzungs)intensitätssteigernder* Konzepte steht die Erhöhung von d in Abbildung 12-2. Anders als bei den N-Konzepten soll also nicht die ungenutzte Zeit des Produkts (entlang der Dimension t) verkürzt werden, sondern durch eine intensivere, *zeitgleiche* Nutzung sein Potenzial besser ausgeschöpft werden. Fahrgemeinschaften stellen ein Beispiel aus dieser Konzeptgruppe dar, durch das es gelingt, auf den Einsatz und evtl. sogar die Anschaffung, mehrerer Produkte zu verzichten. Darüber hinaus zählen auch Maßnahmen, die eine Erhöhung der maximalen Intensität bedingen, zu den I-Konzepten. So ermöglicht die Nutzung eines PKW mit 7 Sitzen unter Umständen den Verzicht auf die Anschaffung eines Zweitwagens.

Die vorgestellte Systematisierung eröffnet eine Vielzahl verschiedener Anknüpfungspunkte für die umweltgerechte Produktentwicklung im Rahmen vermeidungsorientierter Produktnutzungskonzepte. Die exemplarisch genannten Beispiele zeigen dabei, dass neben der technologiegetriebenen Entwicklung neuartiger Produktideen auch die Entwicklung neuartiger Konzepte bzw. Konzeptionen relevant ist, die sich durch mehr oder minder stark veränderte Konsummuster ergeben.

12.2.2 Kapazitätswirtschaftliche Überlegungen zur umweltfreundlichen Produktnutzung

Die Betrachtung von Leistungspotenzialen und Nutzungsintervallen, wie sie der Systematisierung im vorigen Abschnitt zugrunde liegt, ist ein in der Betriebswirtschaftslehre durchaus vertrautes Denkschema. Insbesondere die Produktionswirtschaftslehre beschäftigt sich im Rahmen von Kapazitätsüberlegungen mit ähnlichen Zusammenhängen. Fasst man die Konsumtion als einen Transformationsprozess im Sinne einer Haushaltsproduktion auf, so lässt sich die Nutzung langlebiger Produkte mit der Nutzung einer bzw. mehrerer Aggregate (Maschinen) in einem Industriebetrieb vergleichen. Dann können kapazitätswirtschaftliche Überlegungen auf die vermeidungsorientierten Produktnutzungskonzepte übertragen und die Systematisierung um einige bisher nur implizit angesprochene Facetten erweitert werden.

Unter Kapazität versteht man das „Leistungsvermögen einer wirtschaftlichen oder technischen Einheit [...] in einem Zeitabschnitt" (Kern 1962, S. 27). Sie lässt sich unterscheiden in die quantitative und die qualitative Kapazität. Die *quantitative Kapazität* einer Einheit bzw. eines Produktionssystems ergibt sich vereinfachend durch multiplikative Verknüpfung der drei Größen:

- maximale Nutzungszeit (t_{max})
- maximale Nutzungsintensität (d_{max})
- maximale Anzahl (gleichartiger) Aggregate (m_{max})

Die *qualitative Kapazität* q_{max} kann als das Vermögen des Produktionssystems aufgefasst werden, unterschiedliche Leistungsvarianten hervorbringen zu können. Von der Kapazität als (maximalem) Leistungsvermögen strikt abzugrenzen ist die *Kapazitätsauslastung (Beschäftigung)*, die die tatsächlich genutzte Leistung des Produktionssystems beschreibt.

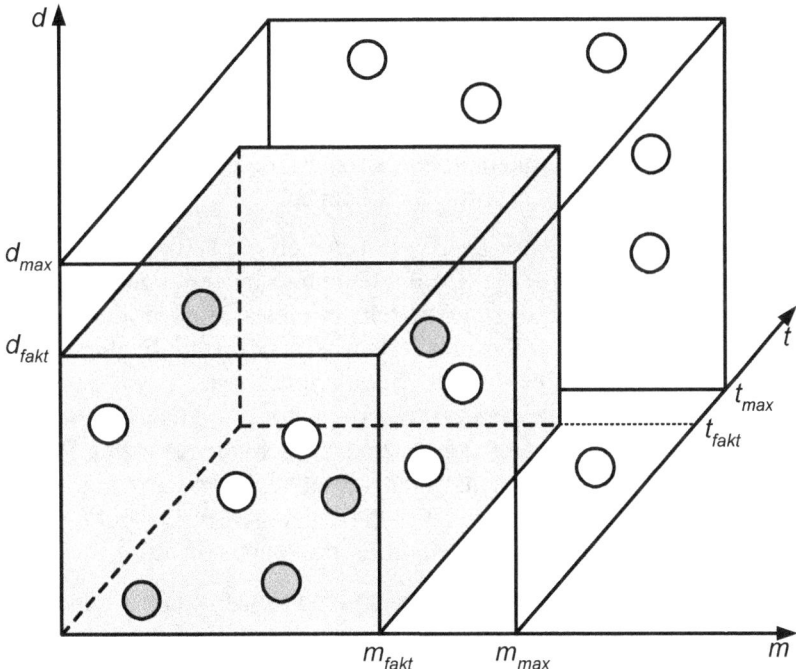

Abb. 12-3: Visualisierung von Kapazität und Kapazitätsauslastung
(Quelle: Souren/Dyckhoff/Ahn 2002, S. 371)

Abbildung 12-3 stellt den Versuch dar, die geschilderten Zusammenhänge zu visualisieren. Während das Volumen des großen Quaders die Kapazität abbildet, stellt das Volumen des kleinen, grau schattierten Quaders die tatsächliche Kapazitätsauslastung dar, die sich grob vereinfacht durch multiplikative Verknüpfung der tatsächlichen Nutzungszeit (t_{fakt}), der tatsächlichen Nutzungsintensität (d_{fakt}) und der tatsächlichen Anzahl genutzter Aggregate (m_{fakt}) ergibt. Zur Visualisierung der qualitativen Kapazität und Kapazitätsauslastung (q_{fakt}) sind innerhalb der Quader durch Kugeln die verschiedenen Leistungsvarianten dargestellt, wobei die grau ausgefüllten Kugeln die tatsächlich realisierten Leistungsvarianten verdeutlichen sollen. (Die hier gewählte Darstellung diskreter, nicht überlappender Leistungsvarianten dient lediglich der Vereinfachung.)

Bei allen Schwierigkeiten, die mit dieser Visualisierung verbunden sein mögen, macht sie doch deutlich, dass die Festlegung der Kapazität und ihrer tatsächlichen Auslastung verschiedene Optionen beinhaltet. Diese Überlegungen lassen sich nun auch auf die Dimensionierung des Leistungspotenzials sowie der tatsächlichen Dauer und Intensität der Nutzung langlebiger Gebrauchsgüter in Haushalten anwenden. Tabelle 12-1 listet exemplarisch mögliche Entscheidungsgegenstände beim Kauf bzw. der Nutzung eines bzw. mehrerer PKW auf. Dabei seien als Maße für die Kapazitätsauslastung Personen- oder Tonnenkilometer (quantitative Kapazität) bzw. die Anzahl verschiedener Fahrttypen (qualitative Kapazität), d. h. beispielsweise Personentransporte und Möbeltransporte angenommen.

Ausgehend von diesen Überlegungen lassen sich die Wirkungszusammenhänge vermeidungsorientierter Produktnutzungskonzepte nun wie folgt charakterisieren: Ihre Zielsetzung besteht in erster Linie in der Reduzierung der innerhalb eines Systems (Haushalt, Mehrfamilienhaus, Stadt, Region, Land) insgesamt benötigten Produktanzahl (m_{max}). Mit der Verringerung der Anzahl vorhandener Produkte einer Produktart geht in der Regel auch eine Reduzierung der Anzahl tatsächlich genutzter Produkte (m_{fakt}) einher. Damit ist zunächst eine Absenkung des Leistungsniveaus dieser Produktart verbunden (das Volumen der beiden Quader in Abbildung 12-3 nimmt durch Verringerung ihrer m-Dimension ab).

Die Wirtschaftssubjekte des betrachteten Systems können darauf auf zweierlei Weise reagieren. Entweder sie geben sich im Sinne einer nachhaltigkeitsorientierten Suffizienzstrategie mit dem geringeren Leistungsniveau zufrieden oder sie versuchen, im Sinne einer Effizienzstrategie das Leistungsniveau trotz sinkender Produktanzahl beizubehalten. Dies gelingt dann, wenn die anderen Dimensionen der faktischen Produktnutzung ausgeweitet werden können, d. h. es zu einer stärkeren zeitlichen (t_{fakt}) oder intensitätsmäßigen (d_{fakt}) Ausnutzung der verminderten Anzahl Produkte kommt. Beides ist dabei auch denkbar, wenn die Produkte im Rahmen eines umfangreicheren Leistungsspektrums (q_{fakt}) eingesetzt werden. Die Erhöhung der faktischen Kapazitätsauslastung der Produkte ist dabei in der Regel allerdings auch mit der Ausweitung des zeitlichen, intensitätsmäßigen oder qualitativen Leistungspotenzials (t_{max}, d_{max}, q_{max}) verbunden.

Tab. 12-1: Kapazitätsanpassungsformen des langlebigen Gebrauchsguts PKW

Veränderungen		des Leistungspotenzials (*max*)	der faktischen Auslastung (*fakt*)
der quantitativen Kapazität	Nutzungszeit (*t*)	Kauf langlebiger PKW	Fahrzeiten mit dem PKW
	Nutzungsintensität (*d*)	Festlegung der Anzahl Sitze	Anzahl beförderter Personen
	Anzahl (*m*)	Anschaffung eines Zweitwagens	parallele Nutzung des Zweitwagens
der qualitativen Kapazität (*q*)		geländetauglicher PKW / Transporter mit Sitzgelegenheiten	Nutzung für verschiedene Fahrttypen

Zur Absenkung der insgesamt benötigten Anzahl Produkte einer Produktart lassen sich somit bei gleich bleibendem Leistungsniveau sechs verschiedene Stoßrichtungen vermeidungsorientierter Produktnutzungskonzepte identifizieren:

- Steigerung der maximalen Einsatzzeit bzw. Lebensdauer (t_{max}), z. B. durch Konstruktion langlebiger Produkte oder lebensdauerausweitende Beeinflussung des Produktgebrauchs
- Steigerung der tatsächlichen Einsatzzeit (t_{fakt}), z. B. durch Produktsharing-Konzepte oder eine zeitlose Designplanung
- Steigerung der maximalen Nutzungsintensität (d_{max}), z. B. durch Schaffung von Reservekapazität wie etwa bei einem 7-Sitzer-PKW

- Steigerung der tatsächlichen Nutzungsintensität (d_{fakt}), z. B. durch gemeinschaftliche zeitgleiche Nutzung des Produkts wie im Beispiel von Fahrgemeinschaften

- Steigerung der qualitativen Kapazität (q_{max}), z. B. durch Mehrzweckprodukte, die eine Anschaffung mehrerer Produkte obsolet machen

- Steigerung der tatsächlichen Inanspruchnahme unterschiedlicher Leistungsoptionen (q_{fakt}), z. B. durch die sog. Kaskadennutzung, bei der Produkte im Laufe der Zeit für verschiedene Zwecke genutzt werden, wie dies etwa für Flugzeuge (zunächst Personen-, dann Gütertransport) der Fall ist.

Gegenüber der LPNI-Systematik konkretisieren die geschilderten kapazitätswirtschaftlichen Überlegungen die Stoßrichtungen vermeidungsorientierter Produktnutzungskonzepte, indem sie einerseits eine genauere Unterscheidung zwischen der (Maximal-) Kapazität und der (tatsächlichen) Kapazitätsauslastung treffen und andererseits auch die Optionen einer qualitativen Kapazitätsvariation explizieren. Beide Systematisierungskonzepte dienen letztlich der strukturierten Ideensuche im Rahmen der kreislaufgerechten Produktentwicklung. Dabei sei nochmals betont, dass sie nur die Basis für technische Produktentwicklungen darstellen können, überdies aber auch Anhaltspunkte für die Entdeckung und Beeinflussung der Kundeninteressen im Sinne eines nachhaltigkeitsorientierten Konsumverhaltens bieten.

12.2.3 Möglichkeiten und Grenzen

Die in den beiden vorigen Abschnitten vorgestellten Konzepte eröffnen Unternehmungen zahlreiche Optionen, ihre Produktentwicklung kreislaufgerecht auszugestalten. Die Entscheidung, ob ein bestimmtes Konzept bei der Entwicklung neuer oder der Variation vorhandener Produkte verfolgt werden soll, ist oftmals von erheblicher strategischer Relevanz und kann unter Umständen sogar gänzlich neuartige Geschäftsmodelle erfordern.

So stellte etwa ein Hersteller von Hochdruckreinigungsgeräten sein Leistungsangebot vor einigen Jahren dahingehend um, dass er seine Geräte nicht mehr nur verkaufte, sondern auch vermietet. Diese Strategie war der Tatsache geschuldet, dass diese Geräte von privaten Kunden nur sehr selten im Jahr genutzt werden. Gleichsam war damit eine stärkere Auslastung der Geräte im Sinne einer Nutzungsintervalloptimierung (N-Konzept bzw. Erhöhung von t_{fakt}) verbunden. Nachdem dieses Konzept von den Kunden angenommen wurde, bot der Hersteller letztlich sogar die gesamte Reinigungsleistung inklusive des dafür notwendigen Personals an und hat seine Produktkonzepte somit auch um Servicekonzepte erweitert.

Bevor eine Unternehmung eine derart weit reichende Entscheidung trifft, sollte sie die nachhaltigkeitsbezogenen Vorzüge und Nachteile abwägen. Auf die positiven Aspekte, insbesondere aus ökologischer Sicht, wurde in dieser Lektion schon ausführlich hingewiesen. Ohne die Eignung der Konzepte prinzipiell in Frage stellen zu wollen, werden deshalb nachfolgend auch einige kritische Überlegungen zur Umsetzbarkeit angesprochen.

Bei der *ökologischen* Beurteilung der Produktnutzungskonzepte gilt es zuallererst zu prüfen, welche Einsparpotenziale mit den vermeidungsorientierten Produktnutzungskonzepten tatsächlich realisiert werden können. Für Produkte, die hauptsächlich einem nutzungsbedingten Verschleiß unterliegen, führt die Nutzungsintervalloptimierung bzw. die Erhöhung der faktischen Nutzungszeit unweigerlich zu einer Absenkung der tatsächlichen Lebensdauer und einem verfrühten Neubeschaffungsbedarf. Ist etwa die Verdoppelung der tatsächlichen Nutzung mit einer Halbierung der Lebensdauer verbunden, so ist im Saldo keine Absenkung der notwendigen Produktanzahl gegeben. Da die meisten langlebigen Gebrauchsgüter jedoch auch einem zeitlichen Verschleiß unterliegen bzw. einen unterproportionalen Verschleiß bei Erhöhung der Nutzungsintensität aufweisen, dürften Nutzungsintervalloptimierung und -intensivierung oftmals mit positiven ökologischen Auswirkungen verbunden sein.

Ein weiterer Aspekt, den es bei der Beurteilung der Konzepte zu bedenken gilt, ist die Frage, ob eine Lebensdauerausweitung per se positiv ist oder nicht auch negative Wirkungen mit sich bringt. Dies kann etwa dann der Fall sein, wenn ein langlebiges Produkt technologisch veraltet ist und seine Nutzung höhere Umweltschädigungen als die Nutzung eines neuartigen Produkts bedingt. Der höhere Benzinverbrauch älterer PKW oder der höhere Energieverbrauch älterer Elektrogeräte sind hierfür Beispiele. Letztlich gilt es hier, ein ausgewogenes Verhältnis zwischen einer nachhaltigen Ausweitung der Produktlebensdauer und einer hohen Innovationsdynamik im Sinne der Umweltfreundlichkeit zu finden.

Dass die Einführung eines Produktnutzungskonzepts, das die Produkte selber vermeidet, auch mit *ökonomischen* Vorteilen verbunden sein kann, erscheint auf den ersten Blick zunächst wenig plausibel. Denn immerhin bedingt die Leitidee einer abgesenkten Produktanzahl zunächst einmal Umsatzeinbußen. Diese können jedoch durch eine proaktive Vermarktung ausgeglichen werden, die höhere Preise oder zumindest einen gesteigerten Marktanteil ermöglicht. Darüber hinaus eröffnen neuartige Produktkonzepte und Geschäftsmodelle zuweilen auch gänzlich neuartige Märkte, etwa wenn an die Stelle des Produktverkaufs das Angebot von Serviceleistungen tritt.

Letztlich hängt der ökonomische Erfolg vermeidungsorientierter Produktnutzungskonzepte stets davon ab, inwieweit die Konsumenten die umweltfreundliche Intention des Konzepts honorieren. Die heutzutage (immer noch) herrschenden Konsummuster stellen allzu häufig eine Implementierungsbremse dar. Diese offenbart sich bei vielen Produktarten (v. a. dem PKW) im Eigentumswunsch sowie in der auf vielen Märkten herrschenden modisch bedingten Innovationsdynamik. Produktarten, deren Nutzen beim Konsumenten eben nicht nur in der *Nutzung*, im Sinne der bloßen Funktionserfüllung, sondern z. B. auch in ihrem Erlebnis- oder Geltungs*nutzen* begründet ist, sind dementsprechend für eine ökonomisch erfolgreiche Umsetzung vermeidungsorientierter Produktnutzungskonzepte eher ungeeignet.

12.3 Recyclinggerechte Produktkonzepte

Neben den vermeidungsorientierten Produktnutzungskonzepten spielen verwertungsorientierte Produktkonzepte eine wichtige Rolle. Ihre Zielsetzung besteht darin, die Produkte so zu konstruieren, dass eine vereinfachte Verwertung der Altprodukte ermöglicht wird. Sie sind damit ein wesentlicher Bestandteil sogenannter recyclinggerechter Produktkonzepte, wie sie vor allem in der VDI-Richtlinie 2243 (*Recyclinggerechte Konstruktion*) thematisiert werden.

In Einklang mit der üblichen Unterscheidung des Recycling in Verwertung und Verwendung zählen zu den recyclinggerechten Produktkonzepten gemäß VDI-Richtlinie 2243 auch solche, die der Wieder- oder Weiter*verwendung* von Produkten oder Bauteilen im Rahmen der Konsumtion dienen. Hierunter fallen somit auch Maßnahmen zur besseren Produktinstandhaltung und -aufarbeitung. Mithin beinhalten diese Konzepte auch die Intention der Ausdehnung der Produktlebensdauer. Eine enge Verwandtschaft bzw. Überschneidung mit vermeidungsorientierten Produktnutzungskonzepten, wie etwa dem technologischen Hochrüsten von Elektrogeräten, ist dann direkt offensichtlich.

Die recyclinggerechten Konstruktionsprinzipien beinhalten sowohl material- als auch verfahrensorientierte Aspekte. Letzte äußern sich insbesondere in der Forderung nach einem demontagegerechten Produktaufbau. Dies betrifft einerseits die Verbindungstechnik; Schraub- und Schnappverbindungen sind dabei Klebeverbindungen vorzuziehen. Andererseits spielt auch die Produktgestalt eine Rolle, wenn ähnlich wie bei der montagegerechten Konstruktion die Zugänglichkeit für Werkzeuge gewährleistet werden muss.

Bezüglich der Werkstoffauswahl sind zum einen Materialverbote zu berücksichtigen, wie sie etwa im Altfahrzeug-Gesetz für die Materialien Cadmium, Quecksilber, Blei und Chrom (VI) geregelt sind. Zum anderen müssen die einzelnen Bauteile mit einer *Material-* bzw. *Werkstoffkennzeichnung* versehen werden, um eine sortenreine Verwertung zu ermöglichen. Diese lässt sich erleichtern, wenn auf Verbundmaterialien verzichtet wird und möglichst wenige Werkstoffe parallel verbaut werden. Ist eine gemeinsame Verwertung verschiedener Materialien denkbar, so muss in der Produktentwicklung auf deren Kompatibilität geachtet werden. So existieren beispielsweise Verträglichkeitsmatrizen für unterschiedliche Kunststoffe, anhand derer eine geeignete Zusammenstellung der Materialien erfolgen kann.

Zur erfolgreichen Umsetzung recyclinggerechter Konstruktionsprinzipien sind letztendlich auch Informationskonzepte erforderlich, die eine ökologische Verwertung der Altprodukte ermöglichen. Neben den oben angesprochenen Materialkennzeichnungen, die direkt auf den Produkten angebracht sind, zählen hierzu auch sog. *Recyclingpässe* und *Demontagehandbücher*. Die Zielsetzung dieser zuweilen auch gesetzlich vorgeschriebenen Dokumentationen besteht darin, die Verwertungsmöglichkeiten langfristig in der Unternehmung zugänglich zu machen und auch andere Akteure des Kreislaufs, insbesondere Demontage- und Verwertungsbetriebe ausreichend zu informieren. Neben Demontagehinweisen enthalten diese Informationsinstrumente auch Materialhinweise und Gewichtsangaben.

Ein besonders umfassendes Informationssystem besteht im Altfahrzeugbereich mit dem *International Dismantling Information System* (IDIS), in dem über 20 international tätige Automobilhersteller für ca. 900 Fahrzeugtypen eine Datenbank mit über 45000 Bauteilen und Komponenten angelegt haben. Ergänzt wird dieses System in der Automobilindustrie vom *International Material Data System* (IMDS), das von den führenden deutschen Automobilherstellern und Volvo initiiert wurde und als umfassendes Werkstoffdatensystem verwendet wird, das der gesetzlich geforderten Informationstransparenz dienen soll.

Wie schon in anderen Bereichen des Umweltmanagements stellt sich auch bei den kreislaufgerechten Produktkonzepten die Frage, inwiefern sie in der Praxis aus einer offensiven Umweltschutzstrategie der Unternehmung abgeleitet sind oder doch nur eine Reaktion auf gesetzliche Vorgaben darstellen. Die strategische Relevanz der Konzepte mag sich i. d. R. dadurch abschwächen, dass im Gegensatz zu den vermeidungsorientierten Produktnutzungskonzepten die Kundenbedürfnisse nahezu vollständig ausgeklammert werden. Wegen der scheinbar fehlenden Profilierungsmöglichkeiten auf dem Absatzmarkt scheuen Unternehmungen häufig eine umfassende Beschäftigung mit Konzepten, deren Relevanz vor allem bei langlebigen Produkten zudem oftmals noch in ferner Zukunft zu liegen scheint. Kooperationen mit Konkurrenten sind deshalb durchaus eine attraktive, weil Kosten sparende Lösung. Erst wenn individuelle Verwertungskonzepte auch von den Konsumenten honoriert werden, mögen sich eigenständige recyclinggerechte Produktkonzepte auch ökonomisch lohnen. Noch stärker als bei den vermeidungsorientierten Produktnutzungskonzepten, die bei den Konsumenten ein unmittelbares Interesse hervorrufen, erfordert dies jedoch ein Umdenken in der Bevölkerung.

12.4 Weiterführende Literatur

Grundlegende Überlegungen zu den Prozessen und Instrumenten der ökologisch nachhaltigen Produktentwicklung werden von Bennauer (1994), Frei (1999) und Pölzl (2002) behandelt. Behrendt et al. (1996) konkretisieren dies am Beispiel eines entsorgungsfreundlichen Farbfernsehers.

Die Systematisierung kreislaufwirtschaftlicher Produktkonzepte sowie eine kurze Darstellung der LPNI-Konzepte findet sich in Lektion V bei Dyckhoff (2000). Umfassend widmet sich Meyer (2002) diesen Konzepten; er zeigt dabei anhand zahlreicher Praxisbeispiele auch Umsetzungsmöglichkeiten und -probleme auf. Pionierarbeiten auf dem Gebiet der vermeidungsorientierten Produktnutzungskonzepte bilden die Bücher von Bellmann (1990) und Stahel (1991). Während erster sich einer ökonomischen Analyse der Nutzungsdauer widmet, beschreibt letzter zahlreiche Konzepte, die sich grob in eine LPN-Systematik einordnen lassen. Eine ausführlichere Darstellung der kapazitätswirtschaftlichen Überlegungen aus Abschnitt 12.2.2 findet sich bei Souren/Dyckhoff/Ahn (2002).

Zur umweltgerechten Produktentwicklung sind durch verschiedene Organisationen zahlreiche Normen entwickelt worden. Hierzu zählt neben der VDI-Richtlinie 2243 insbesondere die ISO/TR 14062, in der Strategien und Instrumente eines „Design for Environment" vorgeschlagen werden. Unter dem Begriff *EcoDesign* werden überdies in der Literatur zahlreiche, meist praxiserprobte Methoden und Instrumente vorgestellt, die einen stärkeren Lebenszyklusbezug der Produktentwicklung ermöglichen. Exemplarisch werden sie in Tischner/Schmincke/Rubik (2000) sowie Wimmer/Züst/Lee (2005) dargestellt. Umfangreiche Beispiele konkreter Produktideen finden sich darüber hinaus auch in Fuad-Luke (2006).

13 Umweltgerechte Produktion und Logistik

Als Planungsobjekte des betrieblichen Umweltmanagements sind nicht nur die hergestellten Produkte relevant, deren umweltschädigende Wirkung sich vorrangig in der Konsumtions- und Reduktionsphase und damit im Verfügungsbereich der Konsumenten und Entsorger offenbart. Vielmehr treten im Verfügungsbereich der Versorger auch direkt Umweltschädigungen in Form von Abfallstoffen sowie flüssigen und gasförmigen Emissionen auf. Sie fallen unweigerlich bei der Herstellung und Verteilung der Produkte im Rahmen der Produktion und Distribution an. Da ihre Entstehung an die Transformationsprozesse der Produkte gekoppelt ist, erfordert ein umweltgerechtes Produktions- und Logistikmanagement somit auch eine umfassende Berücksichtigung dieser (als „Übel" negativ bewerteten) Kuppelprodukte.

Abschnitt 13.1 arbeitet zunächst die geschilderten produktionswirtschaftlichen Zusammenhänge näher heraus und begründet, dass aus dem Blickwinkel des Umweltmanagements jedwede Produktion als Kuppelproduktion anzusehen ist. Anschließend wird in Abschnitt 13.2 der Einfluss von Umweltschutzvorgaben auf Produktionsentscheidungen skizziert. Nach einer kurzen Darstellung verschiedener Grenzwerttypen werden überblicksartig Reaktionsmöglichkeiten vorgestellt sowie deren Auswirkungen exemplarisch anhand eines fiktiven Beispiels verdeutlicht. Während dieser Abschnitt mit der Produktion solche Transformationsprozesse fokussiert, bei denen qualitative Objektveränderungen bei der Leistungserbringung im Vordergrund stehen, behandelt Abschnitt 13.3 raum-zeitliche Transformationsprozesse. Für verschiedene logistische Fragestellungen (Transportmittelwahl, Distributionsstruktur- und Liefermengenkonzepte) wird untersucht, wie sich das Logistiksystem umweltgerecht gestalten lässt und inwiefern hierbei ein Spannungsfeld zu vorrangig ökonomisch begründeten Gestaltungsansätzen besteht.

13.1 Kuppelproduktion als ökologischer Regelfall

Untersuchungsgegenstand der Produktionswirtschaftslehre sind die *Leistungsprozesse*, d. h. solche Prozesse, bei denen Input in Output mit dem

Zweck transformiert wird, bestimmte Leistungen (Nutzen, Werte) zu erbringen, üblicherweise für den Kunden als Nachfrager der Leistung. Die Leistungen materialisieren sich bei der Sachgütererzeugung in bestimmten Outputobjekten als den Hauptprodukten. Mit dem Transformationsprozess nicht bezweckter (beachteter) Output, wie Abfall und sonstige Emissionen, stellt dagegen ein Nebenprodukt des Prozesses der Leistungserbringung dar. Hauptursache für die Entstehung von Nebenprodukten ist die Kuppelproduktion im weiteren Sinne.

Ein (beachteter) Output heißt *Kuppelprodukt* in Bezug auf eine erbrachte Leistung, wenn der Output unvermeidbar mit der Leistung anfällt und von dieser in seiner Art verschieden ist. *Im weiteren Sinne* liegt *Kuppelproduktion* vor, wenn bei einem Leistungsprozess wenigstens ein Kuppelprodukt auftritt. Kuppelprodukte können sowohl Haupt- als auch Nebenprodukte sein. Im ersten Fall stellen sie selber auch eine von mehreren verschiedenen, mit dem Transformationsprozess bezweckten Leistungen dar. *Im engeren Sinne* wird deshalb von Kuppelproduktion nur dann gesprochen, wenn wenigsten zwei Hauptprodukte, also zwei verschiedenartige Leistungen ein und desselben Prozesses, (gegenseitige) Kuppelprodukte sind, d. h. zwangsläufig miteinander erzeugt werden. Alternativproduktion ist demgegenüber dadurch gekennzeichnet, dass verschiedene Hauptprodukte jeweils separat für sich produziert werden können, allerdings, im Unterschied zur unverbundenen Produktion, bei ihrer Herstellung um die verfügbaren Einsatzobjekte konkurrieren.

In der produktionswirtschaftlichen Literatur galt die Kuppelproduktion lange Zeit als „Sonderfall", und sie wird auch heutzutage noch eher stiefmütterlich behandelt. Das mag insbesondere aufgrund der Tatsache verwundern, dass wegen naturwissenschaftlicher Gesetzmäßigkeiten, nämlich wegen des Entropiegesetzes, streng genommen bei jeder Produktion außer der Leistung weitere, davon verschiedene Outputs anfallen, wenn auch zuweilen nur in Form nicht mehr nutzbarer Energie (v. a. Abwärme). Letztlich manifestiert sich die Einordnung einer Produktion als Kuppelproduktion jedoch immer in der Relevanz der anfallenden Outputobjekte und damit ihrer Beachtung sowie ihrer Einstufung als Haupt- oder Nebenprodukte. Da ökonomische Analysen regelmäßig jene Outputs ignorieren, die keine ökonomischen (monetären) Auswirkungen besitzen, ist es von daher verständlich, dass Kuppelproduktion in produktions*wirtschaftlichen* Analysen eben nicht den „Regelfall" darstellt. Allerdings stellen in manchen Branchen Kuppelprodukte wertvolle Haupt- oder Nebenprodukte dar, so in der Grundstoff- und der chemischen Industrie, aber auch in der Landwirtschaft und neuerdings verstärkt in der Entsorgungswirtschaft bei der Stoffverwertung.

Diese scheinbare Irrelevanz der Kuppelproduktion ändert sich jedoch diametral, wenn der Output nicht mehr nur auf seine ökonomische Relevanz hin untersucht wird, sondern auch sein ökologisches Schadens- bzw. Gefährdungspotenzial zum Tragen kommt. Abfallstoffe und andere Emissionen werden dann zum Gegenstand des Produktionsmanagements und Kuppelproduktion zum produktionswirtschaftlichen „Regelfall". Dabei ist eine Berücksichtigung der Kuppelprodukte nicht nur für Unternehmungen mit einer offensiven Umweltschutzpolitik vonnöten. Durch die gesetzliche Reglementierung vieler Abfallstoffe erfordert auch das Produktionsmanagement defensiv orientierter Unternehmungen eine umfassende Berücksichtigung der Kuppelprodukte, da die Beschränkung ihres Anfalls zumindest indirekt auch mit monetären Auswirkungen verbunden ist.

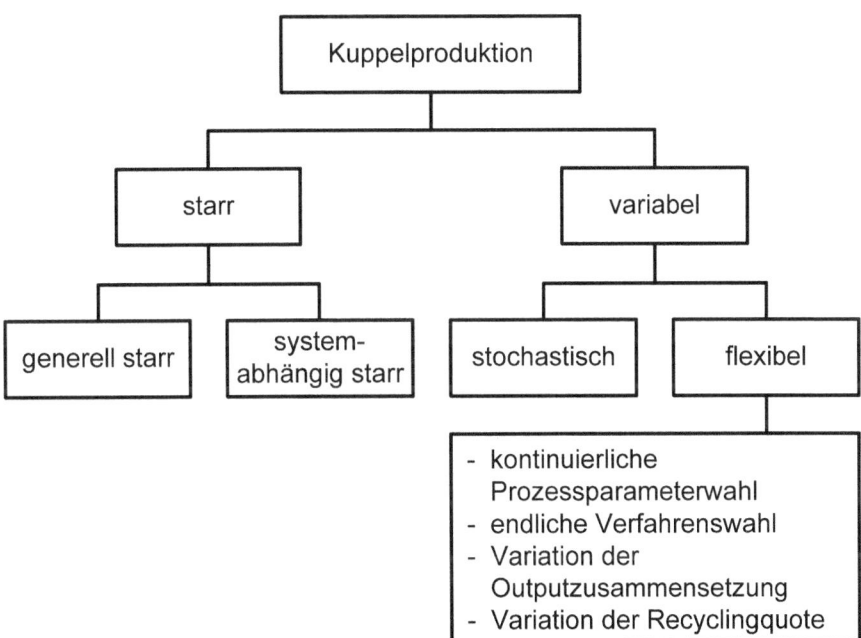

Abb. 13-1: Typologie der Kuppelproduktion
(Quelle: Dyckhoff/Oenning/Rüdiger 1997, S. 1152)

Für das umweltorientierte Produktionsmanagement zentral ist die Frage nach den quantitativen und qualitativen Verhältnissen zwischen den erbrachten Leistungen und den nicht bezweckten Kuppelprodukten. Die Beeinflussbarkeit der quantitativen Verhältnisse legt die Reaktionsmöglichkeiten der Unternehmung fest. Abbildung 13-1 typisiert demgemäß verschiedene Kuppelproduktionsformen.

Nach der Variabilität der quantitativen Relationen werden starre und variable Kuppelproduktionen unterschieden. *Starre Kuppelproduktion* ist durch Outputverhältnisse charakterisiert, die bei jedem Beschäftigungsniveau eindeutig bestimmt sind. Dies ist generell der Fall, wenn feste naturgesetzliche Beziehungen bestehen, wie etwa bei der chemischen Zerlegung von Stoffen gemäß ihrer stöchiometrischen Anteile. In der Praxis kommen darüber hinaus regelmäßig technikbedingte Einflüsse hinzu, die dazu führen, dass sich die Starrheit aus bestimmten Systembedingungen ergibt. Steht einer Unternehmung etwa nur ein bestimmtes Verfahren zur Aufspaltung eines Stoffes zur Verfügung, so ergeben sich daraus systembedingt starre Kopplungsverhältnisse, auch wenn in anderen Unternehmungen andere Aufspaltungsmöglichkeiten bestehen.

Eine variable Kuppelproduktion liegt dagegen dann vor, wenn sich die Kopplungsverhältnisse in bestimmten Grenzen verändern können. Eine stochastische Kuppelproduktion, bei der sich die Kopplungsverhältnisse mehr oder minder zufällig ergeben, ist dann zu beobachten, wenn die eingesetzten Faktoren oder die Produktionsprozesse qualitativen Schwankungen unterliegen (z. B. bei der Chargenproduktion). Bei der *flexiblen Kuppelproduktion* besitzt die Unternehmung dagegen die Möglichkeit, die Kopplungsverhältnisse bewusst zu beeinflussen, weshalb diese Form für ein aktives Produktionsmanagement von großem Interesse ist. Wie die verschiedenen Unterformen in Abbildung 13-1 verdeutlichen, können zur bewussten Variation der Quantitätsverhältnisse unterschiedliche Steuergrößen verwendet werden.

13.2 Einfluss von Umweltschutzvorgaben auf Produktionsentscheidungen

13.2.1 Gesetzliche Rahmenbedingungen und generelle Reaktionsmöglichkeiten

Den Großteil gesetzlicher Umweltschutzvorgaben bilden Auflagen, die im Rahmen von Ge- oder Verboten das Verhalten der Unternehmungen beeinflussen. Für das Produktionsmanagement erlangen Prozessauflagen besondere Relevanz, die am Input, Throughput und Output der Transformationsprozesse ansetzen (vgl. Abschnitt 5.1.1). Nachfolgend seien ausschließlich die Outputauflagen näher thematisiert, die durch eine Beschränkung der anfallenden Kuppelproduktquantität gekennzeichnet sind. Umweltschutzgesetze unterscheiden dabei drei Arten gesetzlicher Outputgrenzwerte:

- *Massenstrom-Grenzwerte* beziehen die erlaubte Kuppelprodukt- bzw. Emissionsquantität eines Schadstoffs auf eine bestimmte Zeiteinheit (Monat, Tag, Stunde). So beschränkt z. B. die Technische Anleitung Luft die Emission von Ammoniak (etwa in Mastbetrieben) auf 0,15 kg/Stunde. Je enger der Bezugszeitraum gewählt wird, umso stärker wird die zeitliche Flexibilität der Produktionsplanung eingeschränkt. Anders als bei den beiden nachfolgend beschriebenen Grenzwerten besteht jedoch keine (relative) Beschränkung der Kopplungsverhältnisse zwischen verschiedenen Outputobjektarten.

- *Massenverhältnis-Grenzwerte* beschränken das Kopplungsverhältnis zwischen einem schädlichen Kuppelprodukt und dem Hauptprodukt. Pro Produkteinheit darf somit nur eine bestimmte Quantität des Schadstoffs emittiert werden. Z. B. dürfen bei der Kokskühlung im Rahmen der Trockendestillation von Steinkohle die staubförmigen Emissionen 15 g/t Koks nicht übersteigen.

- *Massenkonzentration-Grenzwerte* beziehen die Emissionsquantität eines Schadstoffs auf die Quantität eines Trägermediums (z. B. Schadstoffeinheiten pro m^3 Abgas). So darf in der oben erwähnten Kokskühlung für die staubförmigen Emissionen ein Wert von 15 mg/m^3 Abgas nicht überschritten werden. Sofern das Medium als eine separate Outputobjektart aufgefasst wird, handelt es sich somit ebenfalls um eine Beschränkung eines Kopplungsverhältnisses. Allerdings besteht wegen der fehlenden Beziehung zum Hauptprodukt keine unmittelbare, wohl aber in der Regel eine mittelbare Auswirkung auf die Produktmengenplanung.

Die wesentliche Auswirkung dieser Grenzwerte auf die Produktionsplanung besteht darin, dass, legales Verhalten unterstellt, die Unternehmung eine Einschränkung ihrer maximal produzierbaren Produktquantitäten sowie der zur Herstellung eingesetzten Produktionsverfahren erfährt. Wegen der unterschiedlichen Berücksichtigung der Kopplungsverhältnisse bedingen Massenstrom- und Massenverhältnis-Grenzwerte dabei unterschiedliche Produktionsentscheidungen. Bei *starrer Kuppelproduktion* führen Massenstromgrenzwerte zu einer Beschränkung der innerhalb eines bestimmten Zeitraums herstellbaren Produktquantität auf einen bestimmten Wert. Massenverhältnis-Grenzwerte schränken die Produktion dagegen möglicherweise vollkommen ein. (Das gilt auch für Massenkonzentration-Grenzwerte, sofern die starre Kopplung sich auf das Verhältnis von Schadstoff und Trägermedium bezieht.)

Besitzt die Unternehmung im Rahmen einer *flexiblen Kuppelproduktion* dagegen die Möglichkeit, dass Kopplungsverhältnis in bestimmten Grenzen zu variieren, so besteht bei Massenverhältnis-Grenzwerten eine Reaktionsmöglichkeit der Unternehmung darin, auf umweltfreundlichere Verfahren oder Prozessparametereinstellungen auszuweichen. Die Produktion der maximal absetzbaren Produktquantität ist dann nicht unmittelbar gefährdet, wohl aber häufig mit einer Absenkung des ökonomischen Erfolgs verbunden. Gleichsam kann bei Massenstrom-Grenzwerten die maximale Produktquantität durch Auswahl solcher Verfahren(sbedingungen) erhöht werden, die weniger Schadstoffe pro Produkteinheit emittieren. Ein solcher Verfahrenswechsel ist immer dann auch ökonomisch vorteilhaft, wenn die damit einhergehenden Kostenerhöhungen durch erhöhte Produkterlöse kompensiert werden.

13.2.2 Exemplarische Darstellung produktionswirtschaftlicher Anpassungsmaßnahmen

Die im vorigen Abschnitt angesprochenen Reaktionsmöglichkeiten der Unternehmung auf Umweltschutzvorgaben sollen nachfolgend weiter spezifiziert werden. Um die generellen Auswirkungen einer Schadstoffrestriktion auf die optimale Produktionsentscheidung möglichst einfach zu verdeutlichen, wird ein fiktives Zahlenbeispiel verwendet, das lediglich eine Produkt- und eine Schadstoffart sowie zwei Einsatzfaktorarten vorsieht. Als Zielsetzung der Unternehmung sei ausschließlich die Maximierung des Deckungsbeitrags als ökonomischer Erfolgsgröße unterstellt. Die innerhalb der Planungsperiode emittierbare Schadstoffquantität wird auf einen (absoluten) Grenzwert fixiert, was einem Massenstrom-Grenzwert entspricht. Tabelle 13-1 enthält die Ausgangsdaten des Beispiels für einen Kuppelproduktionsprozess.

Mit der Herstellung einer Produkteinheit, d. h. bei einmaliger Prozessdurchführung, erzielt die Unternehmung einen Deckungsbeitrag von 18 € $(= 1 \cdot 30 - 30 \cdot 0{,}2 - 60 \cdot 0{,}1)$. Wegen der Emissionsrestriktion des Schadstoffs kann die Unternehmung den Prozess lediglich 50-mal durchführen und somit insgesamt einen Deckungsbeitrag von 900 € erzielen. Das Beispiel macht deutlich, dass die Emission des Schadstoffs zwar nicht direkt mit Kosten verbunden ist, dass seine Beschränkung jedoch Opportunitätskosten in Höhe von 180 € verursacht. Denn ohne die Schadstoffbeschränkung könnten bei den gegebenen Faktorbeschränkungen insgesamt 60 Produkteinheiten hergestellt und somit ein Deckungsbeitrag von 1080 € erzielt werden.

Tab. 13-1: Ausgangsdaten der Produktmengenplanung

Objekt-art	Einsatz-quantität pro Prozess-durchführung	Ausbringungs-quantität pro Prozess-durchführung	Preis	Beschaffungs- bzw. Emissions-restriktion
Faktor 1	30		0,2	≤ 4100
Faktor 2	60		0,1	≤ 3600
Produkt		1	30	
Schadstoff		6	0	≤ 300

Bei *starrer Kuppelproduktion*, d. h. fixiertem Kopplungsverhältnis zwischen Produkt- und Schadstoffquantität, besitzt die Emissionsrestriktion somit eine negative ökonomische Auswirkung. Für die Unternehmung ergibt sich jedoch immer dann eine Chance zur Erfolgssteigerung, wenn nicht die Schadstoffentstehung, sondern seine Abgabe beschränkt ist. Dann kann mittels additiver Umweltschutzmaßnahmen die Schadstoffquantität nachträglich verringert werden. Dabei lassen sich zwei Fälle unterscheiden:

- *Fremdentsorgung*: Besteht die Möglichkeit, den Schadstoff durch eine Entsorgungsunternehmung verwerten oder beseitigen zu lassen, so sollte die Unternehmung diese Option immer dann wahrnehmen, wenn die Entsorgungskosten geringer als die oben ermittelten Opportunitätskosten der Restriktion ausfallen. Im Beispiel werden deshalb dann 60 Schadstoffeinheiten fremdentsorgt, wenn die Entsorgungskosten 3 € pro Quantitätseinheit des Schadstoffs nicht übersteigen.

- *Eigenentsorgung*: Für eine additive Entsorgungsmaßnahme, die in der Unternehmung durchgeführt wird, gelten prinzipiell die gleichen Kostenüberlegungen wie bei der Fremdentsorgung. Der Einbau eines Filters wäre dementsprechend zweckmäßig, wenn die zusätzlichen Erlöse durch Erhöhung der Produktquantität die Kosten für den Einbau des Filters überkompensieren. Im Beispiel bedeutet das, dass die Unternehmung einen Filter einbaut, der innerhalb einer Periode mindestens 60 Schadstoffeinheiten zurückhält, wenn hierfür Kosten von maximal 180 € in der Periode anfallen. Dieser Betrag kann sich allerdings verringern, wenn die Eigenentsorgung auch noch interne Faktoren verbraucht, die dann zur Herstellung des Produktes nicht mehr zur Verfügung stehen. Muss etwa im Beispiel für die Kontrolle und Reinigung des Filters auch der Faktor 2 eingesetzt werden (z. B. Personal), so führt dies wegen der Verringerung der maximalen Produktquantitäten zu einer Absenkung der einsparbaren Opportunitätskosten und der damit verbundenen Zahlungsbereitschaft für die additive Entsorgungsmaßnahme.

Bei *flexibler Kuppelproduktion* ergeben sich für die Unternehmung dadurch weitere Reaktionsmöglichkeiten, dass sie jetzt auch das Verhältnis der Kopplungskoeffizienten beeinflussen kann, z. B. indem sie ein anderes Herstellungsverfahren einsetzt. Eine derartige prozessintegrierte Umweltschutzmaßnahme ließe sich im Beispiel etwa dadurch abbilden, dass auch ein *zweites Produktionsverfahren* eingesetzt werden kann, bei dem zur Herstellung einer Produkteinheit 80 Einheiten von Faktor 1 und 40 Einheiten von Faktor 2 benötigt werden und nur 3 Schadstoffeinheiten entstehen. Bei gleichen Produkt- und Faktorpreisen würde die Herstellung einer Produkteinheit nach diesem Verfahren einen Deckungsbeitrag von 10 € ($= 1 \cdot 30 - 80 \cdot 0,2 - 40 \cdot 0,1$) erzielen. Solange weder Faktor- noch Schadstoffrestriktionen die Produktion beschränken, wird die Unternehmung das erste, günstigere Herstellungsverfahren nach Tabelle 13-1 wählen.

Gelten jedoch weiterhin die in Tabelle 13-1 vorgegebenen Beschaffungs- und Schadstoffrestriktionen, so kann die Unternehmung nur 50 Produkteinheiten nach dem ersten Verfahren produzieren. Eine Ausweitung der Produktion ist jedoch möglich, wenn die Unternehmung ihre Produktion teilweise oder ganz auf das zweite Verfahren umstellt. Betrachtet man lediglich die Schadstoffrestriktion, so ließen sich bis zu 100 (= 300/3) Produkteinheiten herstellen. Wegen der Beschaffungsrestriktion von Faktor 1 sind allerdings im konkreten Fall auch kaum mehr als 50 (4100/80 = 51,25) Produkteinheiten alleine durch Verfahren 2 produzierbar.

Eine Ausweitung der Produktion lässt sich allerdings durch geeignete Kombination der beiden Verfahren erreichen, bei der die Faktor- und Schadstoffrestriktionen möglichst vollständig ausgelastet werden. So lassen sich bei vollständiger Ausschöpfung der Restriktionen des Schadstoffs und des Faktors 1 dann 70 Produkteinheiten herstellen, wenn das erste Verfahren 30-mal und das zweite Verfahren 40-mal angewendet wird.

Ob eine solche Ausweitung auch ökonomisch zweckmäßig ist, hängt nicht nur von den Deckungsbeiträgen der beiden Verfahren (18 € bei Verfahren 1 und 10 € bei Verfahren 2), sondern auch von den notwendigen Austauschverhältnissen ab. Sollen statt 50 Produkteinheiten 51 hergestellt werden, erhöht sich der Deckungsbeitrag lediglich um 2 €. Denn wegen der (bindenden) Schadstoffrestriktion muss auf eine nach Verfahren 1 produzierte Produkteinheit und somit auf 18 € verzichtet werden, damit zwei Produkteinheiten nach Verfahren 2 hergestellt und somit 20 € zusätzlicher Deckungsbeitrag erzielt werden können. Demgemäß bringt die maximale Ausweitung auf 70 Produkteinheiten (30 gemäß Verfahren 1 und 40 gemäß Verfahren 2) auch lediglich eine Deckungsbeitragserhöhung von 40 € gegenüber der ausschließlichen Produktion von 50 Produkteinheiten nach Verfahren 1 mit sich $(30 \cdot 18 + 40 \cdot 10 = 940 > 900 = 50 \cdot 18)$.

Die hier vorgestellten Beispielrechnungen sind bewusst einfach gehalten und erheben keinerlei Anspruch auf Allgemeingültigkeit. Das Beispiel soll lediglich einige Optionen verdeutlichen, die der Unternehmung im Rahmen der Produktionsplanung als Reaktionsmöglichkeit auf Umweltschutzvorgaben offen stehen. Neben additiven Maßnahmen (Fremd- bzw. Eigenentsorgung) eröffnen insbesondere prozessintegrierte Maßnahmen, die eine Variation der Kopplungsverhältnisse erlauben, die Möglichkeit, flexibel auf gesetzliche Restriktionen zu reagieren. Ob und inwieweit die Unternehmung allerdings von diesen Optionen Gebrauch macht, hängt letztlich vor allem, und bei Unternehmungen mit defensiver Umweltschutzpolitik sogar ausschließlich, von den ökonomischen Auswirkungen der Anpassungsmaßnahmen ab.

13.3 Umweltorientierung logistischer Entscheidungen

13.3.1 Ziele und Kennzahlen des Logistikmanagements

Anders als bei der Produktion stehen bei der Logistik raum-zeitliche Transformationsprozesse im Fokus. Der Zweck logistischer Systeme besteht demgemäß nicht in der Herstellung neuer Sachgüter, sondern lässt sich als Erbringung einer Dienstleistung kennzeichnen, bei der Objekte von einem zum anderen Ort transportiert oder an einem Ort umgeschlagen und gelagert werden. Im Rahmen des Produktkreislaufs treten in allen Phasen logistische Prozesse auf, wobei insbesondere die Distribution durch die raumzeitliche Veränderung von Produkten gekennzeichnet ist. Ähnlich wie die physischen Produktionsprozesse sind die logistischen Transformationen im Rahmen der Distribution mit der Entstehung unerwünschter Kuppelprodukte sowie dem Verbrauch von Rohstoffen verbunden. Hierzu zählen vor allem der Mineralölverbrauch sowie die Emissionen von Kohlenmonoxid,

-dioxid und Stickoxiden, die zu einem erheblichen Anteil durch den Güterverkehr verursacht werden. Darüber hinaus spielen auch der Flächenverbrauch sowie Lärm- und andere Belästigungen eine erhebliche Rolle bei der ökologischen Beurteilung logistischer Systeme und Prozesse.

Aus diesen Umwelteinwirkungen lassen sich unmittelbar ökologische Ziele des Logistikmanagements ableiten, wenn man Zielrichtung sowie Zielausprägung und Zeitbezug angibt. Für die nachfolgend exemplarisch im Vordergrund stehenden transportbedingten Umweltschädigungen lässt sich z. B. die Senkung der Kohlendioxidemissionen des unternehmerischen Fuhrparks innerhalb eines Jahres um 20 % als eine konkrete Zielsetzung formulieren. Zur Ableitung unternehmerischer Strategien und Maßnahmen müssen dann ähnlich wie bei den Produktionsprozessen die funktionalen Abhängigkeiten zwischen den Umweltschädigungen und den sie bedingenden Leistungsgrößen der logistischen Prozesse abgebildet werden. Hierzu bedarf es in einem ersten Schritt der näheren Kennzeichnung der logistischen Leistung anhand bestimmter Kennzahlen. Für Transportprozesse lässt sich hierfür exemplarisch die Transport- bzw. Verkehrsleistung heranziehen, die im Gütertransport in Tonnenkilometern gemessen wird und sich multiplikativ aus der Transportquantität bzw. dem Transportaufkommen (gemessen in Tonnen) und der mittleren Transportentfernung bzw. -weite (gemessen in Kilometern) zusammensetzt.

Gemäß amtlicher Verkehrsstatistiken hat sich die mittlere Transportweite des innerdeutschen Güterverkehrs seit Anfang der 1950er Jahre bis heute nur geringfügig erhöht, wohingegen das Transportaufkommen und dadurch auch die (binnenländische) Transportleistung sich ungefähr verfünffacht hat.

Während eine gesamtwirtschaftliche Strategie zur Senkung der transportbedingten Umweltschädigungen im Sinne des Suffizienzgedankens auch eine Senkung des Transportaufkommens beinhalten könnte, spielen für unternehmerische Entscheidungen vorrangig Effizienzüberlegungen eine Rolle. Sie können sich vorrangig in drei Strategien des umweltorientierten Logistikmanagements offenbaren:

- *Senkung der (mittleren) Transportentfernung*: Durch geeignete Auslegung des logistischen Systems werden die insgesamt zurückzulegenden Fahrstrecken und dadurch die Umweltschädigungen des unternehmerischen Logistiksystems verringert.

- *Erhöhung der Transportmittelauslastung*: Bei konstantem Transportaufkommen kann durch bessere Auslastung der Transportmittel die Anzahl notwendiger Transportvorgänge gesenkt werden. Da die transportbedingten Umweltschädigungen einer einzelnen Fahrt hauptsächlich von der Fahrstrecke und nur geringfügig von der

Beladung des Transportmittels abhängig sind, schlägt die Verringerung der Transportvorgänge nahezu vollständig auf die Gesamtquantität an Emissionen und den Energieverbrauch durch.

- *Verlagerung des Transports auf umweltfreundliche Transportmittel*: Da die spezifischen Umweltbelastungen verschiedener Transportmittel stark differieren, kann die Unternehmung durch geeignete Auswahl des Transportmittels die Emissionen und den Energieverbrauch absenken. Diese Strategie setzt unmittelbar am Kopplungsverhältnis zwischen Emissionen bzw. Energieverbrauch und Transportleistung an und ähnelt damit dem Verfahrenswechsel im Rahmen der Produktion (vgl. Abschnitt 13.2.2).

Die Umsetzung dieser drei Strategien in konkrete Maßnahmen bedarf einer Abwägung der verschiedenen Zielwirkungen. So führt die Steigerung der Transportmittelauslastung durch erhöhte Liefermengen zwar zur Absenkung der transportbedingten Umweltschädigungen, sie kann aber gleichzeitig mit einer Erhöhung der lagerbedingten Umweltschädigungen durch erhöhte Lagermengen und ein größeres Risiko, die Güter nicht vollständig absetzen zu können, verbunden sein. Das umweltorientierte Logistikmanagement muss daher die Auswirkungen auf die verschiedenen Unterziele gegeneinander abwägen und dabei nicht nur die ökologischen, sondern auch die ökonomischen Effekte berücksichtigen.

Dabei kommt es häufig vor, dass eine konkrete Maßnahme bzgl. eines ökologischen Unterziels und seines „ökonomischen Pendants" eine komplementäre Zielbeziehung aufweist, z. B. wenn durch erhöhte Transportauslastung sowohl der Energieverbrauch als auch die Energiekosten gesenkt werden. Dass bei einer ganzheitlichen Betrachtung ökonomischer und ökologischer Ziele dennoch regelmäßig ein Spannungsfeld auftritt, begründet sich deshalb meist weniger durch die durchaus auch auftretenden konträren Wirkungen auf ökonomische und ökologische Unterziele. Vielmehr ist bei der gesamthaften Abwägung die Gewichtung der Unterziele aus ökologischer und ökonomischer Sicht oft unterschiedlich. So könnte die oben angesprochene Maßnahme zur Steigerung der Transportmittelauslastung bei Abwägung der transport- und lagerbedingten Umweltschädigungen aus ökologischer Sicht positiv beurteilt werden. Die Gegenüberstellung von Transportkostensenkung und Lagerkostensteigerung führt jedoch unter Umständen dazu, dass die Maßnahme aus ökonomischen Gründen nicht realisiert wird.

13.3.2 Transportmittelwahl

Für den Gütertransport stehen der Unternehmung im Wesentlichen fünf verschiedene Transportmittelarten zur Verfügung: Lastkraftwagen (LKW), Bahn, Schiff, Flugzeug und Rohrleitung.

Laut gesamtwirtschaftlicher Statistik teilte sich die binnenländische Gütertransportleistung in den letzten Jahren stets zu ungefähr 70 % auf LKW sowie zu ca. 15 % auf die Bahn und ca. 12 % auf Binnenschiffe auf. Dagegen spielen Rohrleitungen mit ca. 3 % und vor allem der Luftverkehr mit weniger als 0,2 % nur eine untergeordnete Rolle. Der LKW-Verkehr hat dabei in den letzten Jahrzehnten überproportional zugenommen, während sogar die absoluten Transportleistungen von Bahn und Binnenschifffahrt stagnieren.

Wie verschiedene Ökobilanzen seit Mitte der 1980er Jahre gezeigt haben, ist mit dem LKW-Transport bei allen wichtigen Emissionen eine deutlich höhere Umweltschädigung verbunden als mit Bahn und Binnenschiff. Die Erhöhung logistikbedingter Umweltschädigungen aufgrund des gesteigerten Transportaufkommens wird demgemäß durch die Entwicklung der Verkehrsträgeranteile (des sog. Modal Splits) hin zu mehr LKW-Verkehr noch verstärkt.

Auch wenn die meisten Studien eindeutige ökologische Vorteile der Bahn und des Binnenschiffs gegenüber dem LKW ausweisen, sollten unternehmerische Entscheidungen über die Transportmittelwahl die Übertragbarkeit der unterstellten Prämissen auf die genaue einzelwirtschaftliche Situation überprüfen, weil die Höhe der Umwelteinwirkungen verschiedener Transportmittelalternativen in hohem Maß von den getroffenen Annahmen abhängt. Neben den technischen Eigenschaften der konkret zur Verfügung stehenden Transportmittel spielt hierbei insbesondere ihre Auslastung eine zentrale Rolle. Da Lastkraftwagen einen hohen transportmengenfixen Energieverbrauch und Schadstoffausstoß besitzen, verringert sich ihre relative Schädlichkeit gegenüber Bahn- und Binnenschiffen, wenn die tatsächliche Auslastung steigt.

Zudem können die meisten Lieferbeziehungen nicht alleine durch Bahn oder Binnenschiff realisiert werden, sondern bedürfen einer Ergänzung durch den LKW-Verkehr. Die ökologische Vorteilhaftigkeit des kombinierten Verkehrs ist vor allem abhängig vom Verhältnis der durch Bahn oder Binnenschiff zurückgelegten Transportentfernung und der vom LKW zurückgelegten Vor- bzw. Nachlieferstrecke. Je geringer dieses Verhältnis ist, umso geringer werden die Einsparpotenziale des kombinierten Verkehrs gegenüber dem alleinigen LKW-Transport. Zuweilen kann der kombinierte Verkehr wegen der verlängerten Transportstrecke und der Umwelteinwirkungen durch Umladevorgänge sogar ökologisch nachteilig sein.

Auch wenn die aufgeführten Faktoren die ökologische Vorteilhaftigkeit der Bahn oder des Binnenschiffs gegenüber dem LKW in einigen Fällen zumindest relativieren, dürfte der ansteigende Einsatz des LKW in der Hauptsache nicht ökologisch gerechtfertigt, sondern auf ökonomische Gründe zurückzuführen sein. Neben den Transportkosten sind hierfür vor allem die Auswirkungen auf den Lieferservice entscheidend. Insbesondere bezüglich der Schnelligkeit (Lieferzeit) sind die Bahn und in noch verstärktem Maß das Binnenschiff dem LKW weit unterlegen. Außerdem fehlen beiden häufig die notwendigen Kapazitäten sowie die Flexibilität bezüglich Einsatzzeiten und angebotener Strecken.

Für manche Produkte, insbesondere für Massenschüttgüter, sind die Nachteile beim Lieferservice zwar weniger gravierend, woraus sich auch ihr relativ hoher Anteil am Bahn- und Binnenschiffverkehr erklärt. Für die meisten Produkte des täglichen Bedarfs wiegen die ökonomischen Nachteile jedoch so schwer, dass selbst Unternehmungen mit einer stark offensiv ausgerichteten Umweltschutzpolitik kaum auf die ökologisch verträglicheren Transportmittel umsteigen. Ihr Beitrag zur Senkung logistischer Umwelteinwirkungen besteht dann eher im Einsatz ökologisch verbesserter LKW (z. B. Kraftstoff sparende LKW oder sog. Flüster-LKW) sowie in Maßnahmen, welche die in den nächsten beiden Abschnitten analysierte Distributionsstruktur und Liefermengenplanung betreffen.

13.3.3 Festlegung der Distributionsstruktur

Die Festlegung der Distributionsstruktur bedarf in erster Linie strategischer Entscheidungen über die räumliche und institutionelle Ausgestaltung des logistischen Netzwerkes. Als Beurteilungskriterium für eine ökonomisch und ökologisch ausgewogene Entscheidung spielt insbesondere die (mittlere) Transportentfernung eine entscheidende Rolle. Bei der Festlegung der Distributionsstruktur müssen allerdings parallel auch die Auswirkungen auf die Transportmittelauslastung berücksichtigt werden.

Bezüglich der *Stufigkeit der Lieferkette* lassen sich vereinfacht einstufige Systeme (Direktbelieferung) und mehrstufige Systeme unterscheiden. Aus ökologischer Sicht spricht für die Direktbelieferung insbesondere die Tatsache, dass Auslieferungslager eingespart werden können und dadurch der Flächen- und Rohstoffverbrauch für ihre Errichtung entfällt. Überdies führt die Direktbelieferung in jedem Fall zu einer Absenkung der Transportstrecke pro Lieferungsvorgang, da auf Umwege über Auslieferungslager verzichtet werden kann. Dies wirkt sich sowohl auf die transportbedingten Umwelteinwirkungen als auch auf die Transportkosten positiv aus. Diesem Vorteil steht jedoch insbesondere bei einer Aufsplittung in kleinste Direktbelieferungsquantitäten eine Verringerung der Transporteffizienz gegenüber. Denn dann ist es oft nicht möglich, die Transportmittel genügend auszulasten. Die Direktbelieferung stellt demgemäß nur bei großen und gleichmäßigen Lieferquantitäten eine ökonomisch und ökologisch sinnvolle Alternative dar.

Auch bei der Entscheidung über die *Zentralisierung der* einzurichtenden *Lager* steht die Frage nach den Bündelungsmöglichkeiten im Vordergrund. Bei einer dezentralen Lagerstruktur kann eine Bündelung der zu transportierenden Mengen insbesondere im Fernverkehr einfacher realisiert werden. Demgegenüber ist eine zentrale Lagerstruktur tendenziell mit einer geringeren Auslastung der Transportmittel und einer Erhöhung der insgesamt zurückgelegten Transportstrecken verbunden. Auf der anderen Seite sinken jedoch die lagerbedingten Umwelteinwirkungen sowie die komplementären Lagerkosten, da zum einen weniger Lager gebaut werden und zum anderen die Bestände gesenkt werden können. Letzter Aspekt folgt dabei aus der Tatsache, dass bei gleicher Lieferbereitschaft eine zentrale Lagerhaltung geringere Sicherheitsbestände benötigt, da Nachfrageschwankungen besser ausgeglichen werden können.

Die Abwägung der Vor- und Nachteile zentraler und dezentraler Lagerstrukturen läuft also vor allem auf die Gegenüberstellung der ökologischen und ökonomischen Wirkungen des Transports und der Lagerung hinaus. Dabei überwiegen häufig die transportbedingten Umwelteinwirkungen die lagerbedingten Umwelteinwirkungen, sodass aus ökologischer Sicht die dezentrale Lagerstruktur vorzuziehen ist. Auf der anderen Seite sind die Transportkosten jedoch häufig im Verhältnis zu den Lagerkosten zu gering, als dass diese Entscheidung auch aus ökonomischen Gründen unterstützt wird.

Hinsichtlich der *institutionellen Organisation der Güterdistribution* stellt sich für Unternehmungen insbesondere die Frage, ob sie die Güter selber verteilen oder einen Logistikdienstleister (z. B. einen Spediteur) beauftragen. Die Beauftragung von Logistikdienstleistern bringt aus ökologischer Sicht den Vorteil mit sich, dass die Rückfahrten eines Transportauftrags oft besser genutzt werden. Zudem besitzen Logistikdienstleister aufgrund der Transportaufträge mehrerer Kunden bessere Bündelungsmöglichkeiten. Deshalb ergeben sich dann oft auch niedrigere Transportkosten bei Einschaltung von Logistikdienstleistern gegenüber dem Transport in Eigenregie. Für Unternehmungen mit geringen oder unregelmäßigen Liefermengen lohnt der Unterhalt eines eigenen Fuhrparks daher kaum.

Neben den bilateralen Kooperationsmöglichkeiten gibt es auch andere, umfangreichere Kooperationsarrangements, die die Bündelung von Transportaufträgen ermöglichen und somit eine umweltfreundliche Distribution fördern. *Güterverkehrszentren* (GVZ) bestehen aus einer Ansammlung mehrerer Logistikdienstleister an einem Standort und sind durch das Zusammentreffen von mindestens zwei Verkehrsträgern (meist Straße und Schiene) gekennzeichnet. Unter dem Begriff *City-Logistik* sind Konzeptionen zusammengefasst, die sich eine Bündelung der Warenflüsse im innerstädtischen Bereich und damit eine Verminderung der innerstädtischen Verkehrsbelastung zum Ziel gesetzt haben. Der wesentliche Vorteil beider Konzepte besteht in den ökologischen (und ökonomischen) Einsparpotenzialen durch die Bündelung des Nahverkehrs und der damit verbundenen Steigerung der Transporteffizienz. Die GVZ ermöglichen zudem eine effektivere Durchführung des kombinierten Verkehrs und dadurch ein Ausweichen auf umweltfreundlichere Verkehrsträger im Fernverkehr. Ein wesentlicher Kritikpunkt an beiden Konzepten ergibt sich allerdings aus dem Flächenverbrauch für die Installation der Anlagen und die Errichtung der Gebäude.

13.3.4 Liefermengenplanung

Die bessere Auslastung der Transportmittel als wesentliche Strategie des umweltorientierten Logistikmanagements wird zwar durch die Lieferstruktur beeinflusst, hängt in erster Linie aber von der strategischen und operativen Planung der Liefermengen und -rhythmen ab. Eine weit verbreitete strategische Option bildet hier das *Just-in-time-(Jit-)Prinzip*, das durch eine bedarfssynchrone Anlieferung der nötigen Bauteile gekennzeichnet ist. Wegen des (nahezu) vollständigen Wegfalls der Bauteillager ergeben sich zumindest beim Empfänger sowohl gesenkte Lagerkosten als auch verringerte lagerbedingte Umweltschädigungen. Die lagerbedingten Vorzüge der Jit-Belieferung gehen jedoch oft mit Nachteilen bei den transportbedingten Umwelteinwirkungen und den Transportkosten einher. Denn die geringeren Liefermengen führen i. d. R. zu häufigeren Transporten, mehr Umschlagsprozessen und wesentlich geringeren Auslastungen der Transportmittel. Letztlich müssen somit ähnlich wie bei der Beurteilung der Distributionsstrukturen die ökologischen und ökonomischen Wirkungen in der gesamten Lieferkette abgewogen werden. Trotz der verschiedenen ökologischen Vorteile des Jit-Prinzips ist eine Jit-Lieferbeziehung zwischen Lieferant und Empfänger zumeist nur dann eine ökonomisch und zugleich auch ökologisch sinnvolle Alternative, wenn eine hohe Auslastung der Transportmittel durch größere, sichere und konstante Liefermengen gewährleistet wird.

Überlegungen zur Transportmittelauslastung sind auch bei der operativen Planung der Liefermengen und -rhythmen notwendig. Dabei stehen der Unternehmung grundsätzlich zwei Stoßrichtungen einer umweltorientierten Liefermengenplanung zur Verfügung, die zwar komplexe Planungsüberlegungen zur Folge haben, aber dafür auch zum Teil erhebliche ökonomische und ökologische Einsparpotenziale eröffnen:

- *Bildung von Sammeltouren*: In der Verknüpfung mehrerer Auslieferungsfahrten zu einer gemeinsamen Sammeltour sind sowohl ökonomische als auch ökologische Einsparpotenziale begründet, die sich vor allem in der Einsparung von Transportstrecken (gegenüber mehreren Pendeltouren) und einer höheren Transporteffizienz der eingesetzten Transportmittel offenbaren. Darüber hinaus kann eine integrierte Lagerbestands- und Tourenplanung immer dann auch zu absinkenden Lagerquantitäten und den damit verbunden Lagerkosten und Umweltschädigungen führen, wenn aufgrund der gebündelten Auslieferung für die einzelnen Kunden auch kleinere Auslieferungsquantitäten wirtschaftlich sinnvoll werden.

- *Bildung stauraumoptimaler logistischer Einheiten*: Durch die Bündelung einzelner Güter in logistischen Einheiten mittels Transport- und Umverpackungen gelingt es, die Anzahl notwendiger Handhabungsvorgänge zu verringern und somit die Handlingkosten erheblich abzusenken. Die Bündelung von Produktmengen durch Verpackungen führt jedoch unweigerlich zur Verminderung der Transportmittelauslastung. Zum einen nehmen die Verpackungen selbst einen gewissen Raum im Transportmittel ein, zum anderen wird es umso schwieriger, ein Transportmittel möglichst voll auszulasten, je größer die zu verstauenden Einheiten sind. Letztgenanntem Aspekt kann das umweltorientierte Logistikmanagement sowohl mittels der *Stauraumoptimierung* als auch durch Maßnahmen der (eher strategischen) *Verpackungsgestaltung* entgegenwirken. Die Stauraumoptimierung versucht, mit Hilfe EDV-gestützter Verfahren die bezüglich ihrer Ausmaße vorgegebenen Verpackungen so anzuordnen, dass der Transportmittelraum möglichst vollständig ausgelastet wird. Liegen dagegen die Ausmaße der Verpackung noch nicht fest, so können im Rahmen der Verpackungsgestaltung Maßnahmen ergriffen werden, mit denen sich die Auslastung der Transportmittel steigern lässt. So ist es selbst bei gleich bleibendem Verpackungsvolumen möglich, durch geringfügige Änderungen der Verpackungsabmessungen einzelner Verpackungsmodule sowie durch eine abgestimmte Verpackungsgestaltung unterschiedlicher Verpackungsmodule höhere Auslastungsgrade zu erzielen.

13.4 Weiterführende Literatur

Die in Abschnitt 13.1 thematisierte und aus dem Blickwinkel des Umweltmanagements besonders relevante Tatsache, dass die Kuppelproduktion im Grunde genommen den Regelfall der Wirtschaftslehre bildet (bilden sollte), und nicht den Ausnahme- oder Sonderfall, als der sie regelmäßig in den Lehrbüchern der Betriebswirtschaftslehre zu finden ist, wurde von Strebel (1981) und Dyckhoff (1994, S. 14) deutlich artikuliert. Sich daraus ergebende Implikationen für die Produktionsplanung und das Stoffstrommanagement bei Kuppelproduktion finden sich u. a. bei Dyckhoff (1996) sowie Oenning (1997) und in der dort genannten Literatur. Mit der Kuppelproduktion als ökonomischem, ökologischem und ethischem Phänomen setzen sich Baumgärtner/Faber/Schiller (2006) grundlegend auseinander. Die moralische Problematik resultiert aus den „üblen" Kuppelprodukten als unerwünschten, aber für die angestrebte Zweckerfüllung unvermeidbaren Nebenwirkungen (Dyckhoff 1994, S. 41 ff.), die bei unbeteiligten Dritten zu externen Kosten führen können und so eine Verantwortung des Akteurs für sein Handeln implizieren.

Verschiedene Typen von Emissionsgrenzwerten werden z. B. bei Michaelis (1999), Kapitel II.2, beschrieben. Dort finden sich auch Aussagen zu produktionswirtschaftlichen Anpassungsmaßnahmen, wie sie exemplarisch in Abschnitt 13.2.2 und vertieft in Dinkelbach/Rosenberg (2004) und Dyckhoff/Souren (1997) behandelt werden.

Neben diesen Erklärungsansätzen werden in der Literatur zahlreiche Gestaltungskonzepte vorgestellt, die den produktionsintegrierten Umweltschutz (PIUS) betreffen. Einen Überblick zu diesen Konzepten liefern etwa das Buch von Haasis/Müller/Winter (2000) oder die Hefte 8/1994 und 2/1999 der Zeitschrift *UmweltWirtschaftsForum*.

Optimierungsmodelle zur nachhaltigen Produktion sind insbesondere von Rentz und seinen Mitarbeitern an der TU Karlsruhe entwickelt worden, was z. B. die Bücher von Haasis/Spengler (2004), Schultmann (2003) und Spengler (1998) umfassend belegen. Die Modelle bleiben dabei oft nicht auf innerbetriebliche Produktionsprozesse beschränkt, sondern behandeln im Rahmen eines überbetrieblichen Stoffstrommanagements auch Aspekte der Distributions- und Kollektionslogistik.

Das in Abschnitt 13.3 beschriebene Spannungsfeld zwischen ökologischem und ökonomischem Logistikmanagement wird in Souren (2004) sowie Lektion VII in Dyckhoff (2000) ausführlich dargestellt. Grundlegende und weiterführende Überlegungen zur umweltorientierten Logistik finden sich darüber hinaus z. B. bei Pfohl/Hoffmann/Stölzle (1992) und Kraus (1997).

14 Umweltorientiertes Marketing

Gegenstand des Marketings sind die Analyse und Gestaltung der unternehmerischen Markttransaktionen. In der Hauptsache beinhaltet dies die Informationsgewinnung (Marktforschung), die Festlegung des Betätigungsfelds (Marktabgrenzung bzw. -segmentierung) und die Beeinflussung von Transaktionspartnern (Marktbearbeitung). Auch wenn sich das Marketing grundsätzlich sowohl auf die Absatz- als auch auf die Beschaffungsseite der Unternehmung bezieht, erfolgt hier eine Beschränkung der Untersuchungen auf den Absatzmarkt. Umweltorientiertes Marketing befasst sich dabei mit jenen Fragestellungen des Marketings, die eine Verbindung zur natürlichen Umwelt aufweisen. Diese Verbindung ergibt sich hauptsächlich durch umweltorientierte Anforderungen der Konsumenten. Sie basieren insbesondere auf dem Umweltbewusstsein der Bevölkerung, das demgemäß einen zentralen (externen) Einflussfaktor des umweltorientierten Marketings darstellt.

In dieser Lektion wird die umweltorientierte Marktbearbeitung auf Absatzmärkten für Konsumgüter untersucht. Anhand eines dreistufigen Marketing-Konzepts, das sich in die Phasen Zielbildung, Strategiefindung und Instrumenteinsatz untergliedert, werden die notwendigen Schritte zur erfolgreichen Darbietung umweltfreundlicher Produkte verdeutlicht. Die Ableitung der Marketingziele in Abschnitt 14.1 stützt sich auf einen Erklärungsansatz des Kaufentscheidungsprozesses, der in engem Zusammenhang mit dem Modell umweltorientierten Verhaltens (Abschnitt 1.3) steht und verschiedene Facetten des Umweltbewusstseins beinhaltet. Abschnitt 14.2 geht dann der Frage nach der umweltorientierten Ausweitung verschiedener Marketingstrategien nach. Abschließend werden in Abschnitt 14.3 systematisch verschiedene umweltorientierte Marketinginstrumente vorgestellt, und es wird untersucht, wie sie das Umweltbewusstsein der Konsumenten ansprechen.

14.1 Ableitung umweltorientierter Marketingziele

14.1.1 Umweltschutz im Zielsystem des Marketings

Marketingziele sind Vorgaben bezüglich zukünftiger Ereignisse oder Zustände auf den bearbeiteten Märkten. Als bereichsbezogene Unterziele müssen diese Planvorgaben mit den Zielen der gesamten Unternehmung kompatibel sein. Sie bedürfen insofern einer Abstimmung mit der normativen und generellen strategischen Unternehmensführung. Die Verfolgung umweltorientierter Marketingziele ist dabei nicht auf den Fall beschränkt, dass die Unternehmung, im Sinne einer offensiven Umweltschutzpolitik, Umweltschutz als gleichberechtigtes Oberziel neben gewinnbezogenen Zielgrößen ansieht. Umweltorientierte Marketingziele sind auch dann relevant, wenn ihre Verfolgung (ausschließlich) für die Erreichung gewinnbezogener Oberziele einen instrumentellen Charakter aufweist (vgl. hier und im Folgenden Abbildung 14-1).

Abb. 14-1: Umweltschutz im Zielsystem des Marketingbereichs

Die absatzmarktgerichteten Unterziele lassen sich aus den Verhaltensweisen der Marktteilnehmer bzw. speziell der Konsumenten ableiten. Hierzu zählen in erster Linie ihr Kauf-, aber auch ihr Verwendungs- und Kommunikationsverhalten. In allen drei Bereichen ist eine Umweltorientierung denkbar. So ist z. B. eine umweltfreundliche, weil geringe Dosierung von Waschmitteln eine Zielgröße, die auf das Verwendungsverhalten abzielt.

Sie lässt sich durch Beipackzettel oder persönliche Beratungen erreichen. Eine auf das Kommunikationsverhalten der Konsumenten abstellende Zielsetzung ist dagegen etwa die Steigerung des Anteils der Konsumenten, die den Kauf eines umweltfreundlichen Produktes aktiv gegenüber Nachbarn und Freunden kundtun.

Hauptsächlich dürfte der Umweltschutzgedanke in Zielgrößen implementiert werden, die sich auf das Kaufverhalten der Konsumenten beziehen. Umweltorientiertes Kaufverhalten lässt sich dabei vorrangig durch den Marktanteil umweltfreundlicher Produkte messen. Als Zielgröße, an der unmittelbar konkrete Maßnahmen ansetzen können, ist der Marktanteil allerdings weniger geeignet. Hier gilt es vielmehr die bestimmenden Faktoren der Kaufentscheidung näher zu hinterfragen. Unterziele des umweltorientierten Marketings sind deshalb vor allem solche kaufrelevanten Ziele, die sich aus der psychischen Prägung der Konsumenten ableiten. Hierzu zählen neben der (Marken-) Bekanntheit des umweltfreundlichen Produktes die umweltorientierten Kenntnisse und Interessen der Konsumenten als Teile des Umweltbewusstseins.

14.1.2 Umweltorientierung des Kaufentscheidungsprozesses

Grob vereinfacht lässt sich der *Kaufentscheidungsprozess* eines Konsumenten wie in Abbildung 14-2 verdeutlichen. (Dieses Modell scheint zumindest für den Kauf sog. High-Involvement-Produkte adäquat, für die unterstellt wird, dass dem Kauf ein ausgewogener kognitiver Prozess vorausgeht.)

Der Konsument beurteilt mittels kognitiver Programme, die „in seinem Kopf ablaufen", jede ihm bekannte und nicht bereits vorher verworfene Marke einer bestimmten Produktart, die er kaufen möchte. Marken, die bei der Einstellungsbildung relativ gut eingeschätzt werden, besitzen eine hohe Markenwahlwahrscheinlichkeit und werden insofern beim Kaufentscheidungsprozess eher ausgewählt. Der Kauf der Marke hängt jedoch zusätzlich von situativen Einflüssen ab. So wird etwa die am besten beurteilte Marke dann nicht gekauft, wenn sie zum Zeitpunkt des Kaufvorgangs nicht im Regal des Handels vorhanden ist.

Wie geschildert, steht im Mittelpunkt des Kaufentscheidungsprozesses die Markenbeurteilung. Ein einfaches Einstellungsmodell, mit dem die Beurteilung abgebildet werden kann, lautet etwa wie folgt:

$$E_j = \sum_i w_i \cdot e_{ij} \quad \text{für alle } j = 1, \ldots, J$$

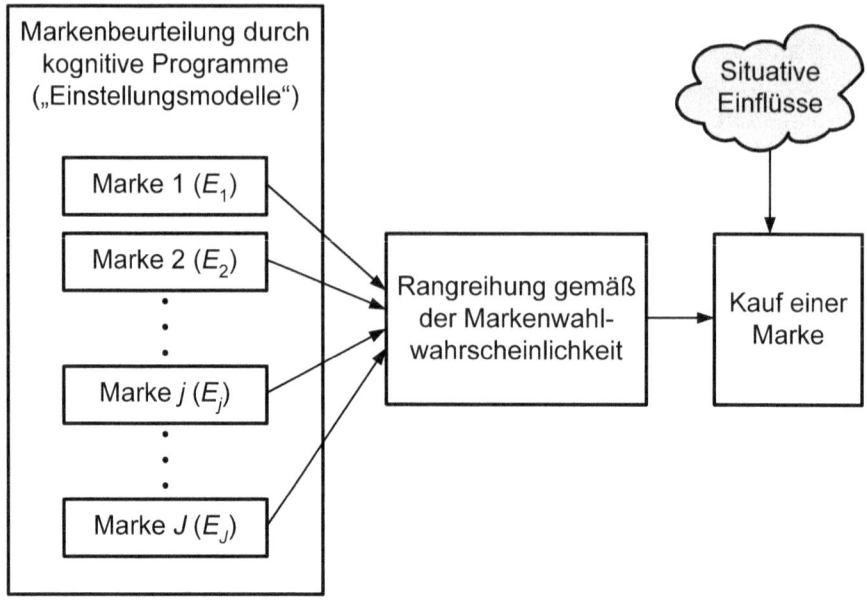

Abb. 14-2: Schematische Darstellung des Kaufentscheidungsprozesses

Bei diesem so genannten Idealvektormodell ergibt sich der (kognitiv gebildete) Einstellungswert E_j einer Marke j als Summe der mit den Wichtigkeiten w_i der Attribute i gewichteten Attributausprägungen e_{ij} der Marke j. Je höher der Einstellungswert einer Marke ist, umso besser wird sie beurteilt.

Für Attribute, bei denen ein Mehr an Attributsausprägung nicht durchgehend positiv eingeschätzt wird, müssen entweder die Attributsausprägungen gemäß der Konsumentenpräferenzen in Nutzwerte transformiert oder andere Einstellungsmodelle verwendet werden, z. B. so genannte Idealpunktmodelle.

Über beide Komponenten des Einstellungsmodells fließen Teile des kaufgerichteten Umweltbewusstseins, direkt oder indirekt, in die Einstellungsbildung mit ein. Die subjektiv empfundene Ausprägung umweltorientierter Attribute (bzw. Produkteigenschaften) ergibt sich vor allem aus produkt- und eigenschaftsgerichteten Kenntnissen. Die Wichtigkeiten der einzelnen Attribute sind gleichbedeutend mit den eigenschaftsgerichteten Interessen des Konsumenten.

Obwohl sich umweltorientiertes Interesse (als Teil des Umweltbewusstseins) durch eine hohe (absolute) Wichtigkeit der Produkteigenschaft Umweltfreundlichkeit im Rahmen des Kaufentscheidungsprozesses äußert, ist es keinesfalls ein Garant dafür, dass beim Kaufentscheidungsprozess nicht anderen Produkteigenschaften eine größere (relative) Wichtigkeit zukommt. Genau dies ist ein wesentlicher Grund dafür, dass viele Konsumenten trotz hohen Umweltbewusstseins keine umweltfreundlichen Produkte kaufen.

Die relative Wichtigkeit der Umweltfreundlichkeit dürfte dabei von Produktart zu Produktart unterschiedlich sein. So ordnen die meisten Konsumenten beim Autokauf Attributen, die sich aus dem Prestigestreben ableiten (z. B. Höchstgeschwindigkeit), ein höheres Gewicht zu als der Umweltfreundlichkeit. Beim Kauf von Produkten, die geringes soziales Ansehen versprechen, treten diese Attribute dagegen in den Hintergrund.

Aus dem skizzierten Modell der Einstellungsbildung lässt sich eine Reihe von Anknüpfungspunkten für eine umweltorientierte Zielausrichtung der Unternehmung ableiten (vgl. Abbildung 14-1). Ein Ziel des umweltorientierten Marketings besteht in der Steigerung der *umweltorientierten Interessen*, d. h. in der Erhöhung der Wichtigkeit umweltorientierter Produkteigenschaften (also der w_i entsprechender Attribute i). Die Steigerung des umweltorientierten Interesses ist allerdings nicht die einzige Möglichkeit, die Einstellung zu einem umweltfreundlichen Produkt und damit seinen Marktanteil zu erhöhen. Eine zieladäquate Berücksichtigung der Umweltfreundlichkeit erfordert gleichzeitig, dass der Konsument mit dem Produkt eine hohe Ausprägung bezüglich der *umweltorientierten Produkteigenschaft* verbindet (also das e_{ij} für die umweltorientierte Produkteigenschaft i bei der Marke j einen hohen Wert annimmt). Eine zentrale Zielgröße des umweltorientierten Marketings ist es daher, die umweltorientierten Produktkenntnisse beim Konsumenten aufzubauen bzw. zu verbessern.

Die Umweltfreundlichkeit der Produkte muss nicht nur bekannt gemacht werden; sie muss für den Konsumenten auch glaubhaft sein. Bei umweltorientierten *Produkteigenschaften* handelt es sich oft um sog. *Vertrauenseigenschaften*, die anders als sog. *Such-* oder *Erfahrungseigenschaften* weder beim Kauf noch bei der Nutzung des Produktes vom Konsumenten festgestellt werden können. Da letztlich nur der Produzent über die Umweltfreundlichkeit des Produktes, insbesondere bei seiner Herstellung, informiert ist, liegt eine asymmetrische Informationsverteilung vor, die von unseriösen Anbietern für opportunistisches Verhalten ausgenutzt wird.

Gleichwohl ist hierin nicht nur ein Problem der Konsumenten begründet, die Skepsis gegenüber der Vertrauenseigenschaft Umweltfreundlichkeit schlägt auch auf die seriösen Unternehmungen zurück, da sie sich nur schwierig von „schwarzen Schafen" der Branche abgrenzen können. Da man tendenziell sagen kann, dass die Beurteilung eines Produktes umso schlechter ausfällt, je unsicherer sich die Produkteigenschaften beurteilen lassen, ist die Festigung der Glaubwürdigkeit als umweltorientiertes Marketingziel von großer Bedeutung. Durch sie werden das subjektive Kaufrisiko vermindert und die Markenwahlwahrscheinlichkeit erhöht.

14.2 Umweltorientierte Marketingstrategien

Marketingstrategien sind Verhaltenspläne zur konsumentengerechten Entwicklung und Sicherung unternehmerischer Erfolgspotenziale auf Absatzmärkten. Bildlich gesprochen geben Marketingstrategien die Richtung vor, durch die sich Marketingziele erreichen lassen. In den nachfolgenden Unterabschnitten wird die Umweltorientierung verschiedener Strategiedimensionen untersucht. Die in den einzelnen Abschnitten dargestellten Überlegungen hinsichtlich Markt-, Konkurrenz- und Zeitbezug beruhen jeweils auf einem anderen Blickwinkel, sollten bei der Marketingstrategieplanung aber parallel betrachtet werden, zumal konkrete Strategien meistens Aspekte mehrerer Strategiedimensionen enthalten.

14.2.1 Marktbezug: Marktbearbeitungsstrategien

Zentrale Grundlage der Marktbearbeitungsstrategien ist eine eindeutige *Marktabgrenzung* und *-segmentierung*. Hierzu lassen sich insbesondere produkteigenschafts- und nachfragerbezogene Merkmale heranziehen. Ein Beispiel für eine umweltorientierte Marktabgrenzung, die auf einer Produkteigenschaft beruht, stellt der Markt für biologisch-abbaubare Waschmittel dar. Ein nachfrager- bzw. zielgruppenbezogenes Marktsegment bilden dagegen z. B. alle Konsumenten, die in Öko-Läden einkaufen.

Ziel einer nachfragerbezogenen Marktsegmentierung muss es sein, Zielgruppen zu bilden, die bezüglich ihrer Verhaltensweisen als homogen eingestuft werden können, während sie sich von anderen Zielgruppen möglichst stark unterscheiden. Die gewählten Segmentierungskriterien sollten dabei insbesondere die Reaktionsbereitschaft der Konsumenten auf die Marktbearbeitung der Unternehmung berücksichtigen. Da die Reaktionsbereitschaft empirisch schwer zu überprüfen ist, muss man sich zur Segmentierung jedoch oft bestimmter Hilfskriterien bedienen, zu denen demographische, sozio-ökonomische, psychographische sowie Verhaltensmerkmale zählen. Als Bündel psychographischer Merkmale könnte das Umweltbewusstsein eine zentrale Stellung bei der umweltorientierten Marktabgrenzung und -segmentierung einnehmen, zumal es in vielen Fällen eine enge Beziehung zum umweltorientierten Verhalten aufweist. Dagegen spricht allerdings neben den zu beobachtenden Divergenzen zwischen Umweltbewusstsein und umweltorientiertem Verhalten vor allem die Tatsache, dass das Umweltbewusstsein ähnlich wie das umweltorientierte Verhalten eine Abgrenzung eigenständig bearbeitbarer Segmente kaum zulässt.

Eine segmentspezifische Marktbearbeitung begründet sich jedoch nicht nur durch die unterschiedlichen Erfolgspotenziale, sondern auch dadurch, dass selten genügend finanzielle Ressourcen zur Verfügung stehen, um alle Märkte in idealer Weise zu bearbeiten. Darum muss die Unternehmung bei der Marketingstrategieplanung folgende eng verbundenen Fragen beantworten:

- Worin soll sich die Marktbearbeitung vor allem ausdrücken?
- Soll man sich eher auf einzelne Märkte konzentrieren oder viele Märkte gleichzeitig bearbeiten?
- Welche Märkte sollen in Zukunft verstärkt bearbeitet werden?

Die erste Frage nach der Art der Marktbearbeitung lässt sich beantworten, wenn man die dem Konsumenten zu vermittelnden Produkteigenschaften heranzieht und dadurch die *Positionierung* der Produkte vorgibt, die letztlich für das subjektive Image des Produktes beim Konsumenten verantwortlich ist. Ziel einer umweltorientierten Produktpositionierung ist die Hervorhebung der Produkteigenschaft Umweltfreundlichkeit.

Die Positionierungsentscheidung einzelner Produkte ist eng verknüpft mit der zweiten Frage nach der Anzahl der zu bearbeitenden Märkte. Hierbei lassen sich drei Marktbearbeitungsstrategien unterscheiden:

- *Konzentrierte Marktbearbeitung*: Die Positionierung des Produktes richtet sich ausschließlich auf die Nutzenerwartungen einer Konsumentengruppe. Eine umweltorientierte konzentrierte Marktbearbeitung dürfte in der Praxis jedoch nur dann langfristig durchgehalten werden können, wenn das bearbeitete Marktsegment ausreichende Umsätze bzw. Gewinne garantiert.

- *Differenzierte Marktbearbeitung*: Bei dieser Marktbearbeitungsstrategie werden für die verschiedenen Käufergruppen unterschiedliche Produkte angeboten. So lassen sich umweltbewusste Konsumenten durch spezielle Angebote umweltfreundlicher Produkte bedienen, ohne auf die Umsatz- und Gewinnpotenziale anderer Käufergruppen verzichten zu müssen. Eine umweltorientierte Marktbearbeitung wird allerdings dann unglaubwürdig, wenn die Unternehmung neben umweltfreundlichen auch die Umwelt schädigende Produkte anbietet.

- *Undifferenzierte Marktbearbeitung*: Für den Fall, dass der Glaubwürdigkeitsaspekt zu stark ins Gewicht fällt und eine konzentrierte Marktbearbeitung wegen zu geringem Marktvolumen des umweltorientierten Teilmarktes nicht lukrativ erscheint, bietet es sich für eine Unternehmung letztlich nur an, sämtliche Käufersegmente durch ein und dasselbe Produkt zu bedienen. Das angebotene Produkt muss allerdings zwangsläufig eine stärker standardisierte Positionierung aufweisen, um möglichst viele Konsumenten anzusprechen. Da dann die Produkteigenschaft Umweltfreundlichkeit nur eine Nutzendimension unter vielen ist, muss ihre Wichtigkeit bei der Marktbearbeitung genau abgewogen werden.

Eine stärker dynamische Ausrichtung ergibt sich für die Marktbearbeitungsstrategien, wenn man der dritten Frage nach den in Zukunft zu bearbeitenden Märkten nachgeht. In Anlehnung an die von Ansoff entwickelten marktstrategischen Stoßrichtungen beschreibt Tabelle 14.1 vier verschiedene Optionen.

Tab. 14-1: Marktstrategische Stoßrichtungen zukünftiger Marktbearbeitung

Produkte; Produktgruppen \ Käufersegmente	vom Unternehmen bislang bearbeitet	vom Unternehmen bislang nicht bearbeitet
vom Unternehmen bislang geführt	Marktdurchdringung	Marktentwicklung
vom Unternehmen bislang nicht geführt	Produktentwicklung	Diversifikation

Bei einer *umweltorientierten Marktdurchdringung* versucht die Unternehmung, die Umweltfreundlichkeit ihrer Produkte den bisher bearbeiteten Käufersegmenten näher zu bringen, um die Markenwahlentscheidung bisheriger Käufer zu festigen und weitere potenzielle Käufer dieses Käufersegments für den Kauf des Produktes zu gewinnen. Die *umweltorientierte Produktentwicklung* bezieht sich ebenfalls auf ein bisher schon bearbeitetes Käufersegment, versucht aber, den Marktanteil durch neuartige, besonders umweltfreundliche Produkte zu steigern.

Spiegelbildlich ist das Vorgehen bei der *umweltorientierten Marktentwicklung*. Hier bietet die Unternehmung ihre herkömmlichen Produkte auch neuen, umweltorientiert abgegrenzten Käufersegmenten an. Zum Beispiel könnte ein Lebensmittelhersteller seine natürlich angebauten Produkte auch über Ökoläden verkaufen und somit ein neuartiges Käufersegment erreichen. Von einer *umweltorientierten Diversifikation* wird dann gesprochen, wenn eine Unternehmung neuartige umweltbewusste Käufersegmente durch neuartige umweltfreundliche Produkte bedient.

Eng verbunden mit den beschriebenen Marktbearbeitungsstrategien ist die Frage, ob ein Produkt umpositioniert werden kann oder besser eine neuartige Marke auf den Markt gebracht werden soll. Aus umweltorientiertem Blickwinkel spricht gegen eine Umpositionierung (Relaunch) der eventuell eintretende Glaubwürdigkeitsverlust, der sich dadurch ergibt, dass bei einem bisher stets anders positionierten Produkt plötzlich die Umweltfreundlichkeit in den Vordergrund tritt. Problematisch ist solch eine Umpositionierung immer dann, wenn die bisherigen Nutzendimensionen der Umweltfreundlichkeit widersprechen. So dürfte es für einen Waschmittelhersteller schwierig sein, die Umweltfreundlichkeit seines Waschmittels herauszustellen, wenn er bis dato große Sauberkeit versprach und diese mit dem Einsatz von Tensiden als Inhaltsstoffen begründete. Hier erscheint die Einführung einer neuen Marke unumgänglich.

14.2.2 Konkurrenzbezug: Wettbewerbsstrategien

Bei der Festlegung der Wettbewerbsstrategien muss sich die Unternehmung zuerst darüber klar werden, ob sie sich von den Konkurrenten abgrenzen oder bezüglich der angebotenen Produkte und ihrer Positionierung eine ähnliche Strategie wie ein oder mehrere Konkurrenten verfolgen will. Diese Entscheidung hängt vor allem von der Größe des Marktes ab. Nur wenn das Marktvolumen eine gleichartige Marktbearbeitung mehrerer Anbieter erlaubt, ist eine *Me-too-Strategie* empfehlenswert. Bei ihrer Anwendung ist die Unternehmung aber i. d. R. einem erhöhten Konkurrenzdruck ausgesetzt.

Will sich eine Unternehmung dagegen von ihren Konkurrenten abheben, so sind hierfür drei Strategien denkbar. Eine umweltorientierte *Differenzierungsstrategie (Qualitätsführerschaft)* zeichnet sich durch den Versuch der Unternehmung aus, dem Konsumenten ein umweltfreundlicheres Produkt als die Konkurrenten anzubieten. Beschränkt sich dieser Versuch nur auf ein bestimmtes Käufersegment, so spricht man von einer sog. *Nischen- bzw. Teilmarktstrategie*.

Im Gegensatz zu diesen beiden Strategietypen versucht die Unternehmung bei einer *Preis- oder Kostenführerschaftsstrategie* sich dadurch von den Konkurrenten abzugrenzen, dass sie niedrigere Stückkosten für die Herstellung der Produkte erzielen und dann höhere Gewinne abschöpfen oder die Produkte günstiger am Markt anbieten kann. Die Umweltorientierung widerspricht allerdings oft der (reinen) Kostenführerschaftsstrategie, denn umweltfreundliche Produkte sind zumeist in der Herstellung teurer als herkömmliche Produkte.

14.2.3 Zeitbezug: Timingstrategien

Die Festlegung der Marketingstrategien sollte auch Überlegungen zu ihrer Entwicklung im Laufe der Zeit beinhalten. Eine zentrale Rolle bezüglich des Zeitbezugs der Marketingstrategien spielt dabei die Frage nach dem optimalen Markteintrittszeitpunkt. Daraus abgeleitete Strategien werden als Timingstrategien bezeichnet. Mit der *Pionierstrategie* und der *Folgerstrategie* lassen sich grob zwei Strategien unterscheiden, die den Markteintrittszeitpunkt am Markteintritt weiterer Konkurrenten relativieren und somit eine enge Beziehung zu den Wettbewerbsstrategien aufweisen.

Die Wahl der Timingstrategie ist vom prognostizierten Zeitpunkt des Eintritts weiterer Anbieter abhängig sowie von den Chancen und Risiken, die man einem frühzeitigen, den Konkurrenten zuvorkommenden Markteintritt beimisst. Aus ökonomischen Gründen spricht für die Pionierstrategie die Möglichkeit, sich bezüglich des Produktpreises frei entscheiden und somit hohe Anfangsgewinne abschöpfen zu können. Darüber hinaus hat der Pionier einen Vorsprung auf der Erfahrungskurve und damit die Möglichkeit, frühzeitig Kostendegressionseffekte zu realisieren. Nachteilig wirken sich dagegen die hohen Entwicklungskosten aus sowie das Risiko, dass die Einführung des Produktes ein Flop wird. Ein Anbieter, der ein umweltfreundliches Produkt als Erster auf den Markt bringt, muss daneben auch mit großen Marktwiderständen in Form hohen Misstrauens rechnen. Als nicht zu unterschätzender Vorteil einer umweltorientierten Pionierstrategie ist dagegen der dauerhafte Imageerfolg eines „Umweltpioniers" anzusehen.

14.3 Umweltorientierte Marketinginstrumente

Marketinginstrumente sind Bündel konkreter Maßnahmen, die der Beeinflussung anderer Marktakteure dienen. Durch ihren Einsatz sollen die Marketingstrategien verfolgt und die Marketingziele erreicht werden. Gemäß Abbildung 14-3 werden sie hier danach unterschieden, auf welchen Aspekt der Austauschbeziehung (Transaktion) sie gerichtet sind. In den nachfolgenden Unterabschnitten werden die drei verschiedenen Instrumentkategorien exemplarisch auf ihre Integration von Umweltschutzbelangen hin analysiert. Zuvor sei betont, dass eine eindeutige Zuordnung eines Instruments zu einer Instrumentgruppe nicht immer gelingt und der erfolgreiche Instrumenteinsatz sich in der Regel durch ein abgestimmtes Zusammenspiel mehrerer Instrumente (Marketing-Mix) auszeichnet.

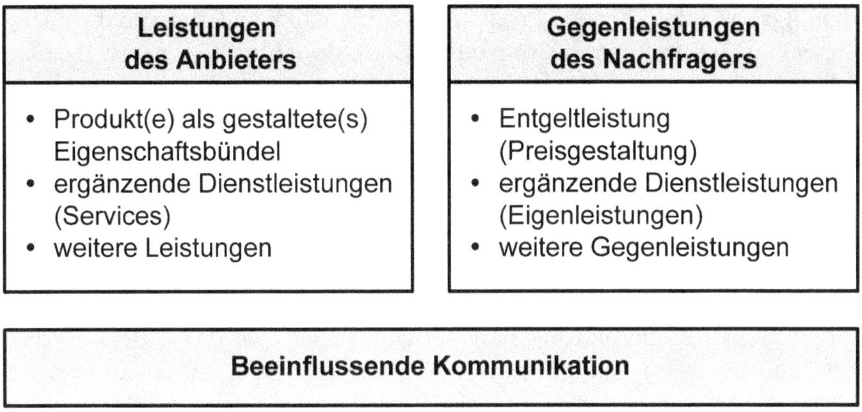

Leistungen des Anbieters	Gegenleistungen des Nachfragers
• Produkt(e) als gestaltete(s) Eigenschaftsbündel • ergänzende Dienstleistungen (Services) • weitere Leistungen	• Entgeltleistung (Preisgestaltung) • ergänzende Dienstleistungen (Eigenleistungen) • weitere Gegenleistungen

Beeinflussende Kommunikation

Abb. 14-3: Transaktionsorientierte Systematisierung von Marketinginstrumenten (nach Steffenhagen 2004, S. 129)

14.3.1 Gestaltung anzubietender Leistungen

Bei der Gestaltung anzubietender Leistungen steht das Produkt (inklusive seiner Verpackung) im Mittelpunkt. Seine Konzipierung und damit die Festlegung seiner wesentlichen Eigenschaften ist in erster Linie Aufgabe der Produktentwicklung (vgl. Lektion 12). Umweltorientierte Maßnahmen sehen hier etwa eine geeignete Materialauswahl, die recyclinggerechte Konstruktion sowie die Verminderung von Abfallquantitäten z. B. durch Nachfüllpacks vor. Die Produktentwicklung erfolgt jedoch nicht ausschließlich technologiegetrieben und somit losgelöst von absatzwirtschaftlichen Überlegungen. Aufgabe des Marketings ist es deshalb, die Ansprüche der Konsumenten zu erfassen und in eine kundenorientierte Produktentwicklung einzubringen.

Ansprüche an die Umweltfreundlichkeit des Produktes ergeben sich bei (umweltbewussten) Konsumenten vor allem bezüglich jener Kreislaufphasen, an denen sie direkt beteiligt sind (Produktnutzung und erste Schritte der Entsorgung, wie etwa die getrennte Sammlung). Immer häufiger erwarten die Konsumenten jedoch auch, dass insbesondere die Herstellung der Produkte und die Distribution der Produkte sowie eingesetzter Materialien und Produktbestandteile ökologischen Ansprüchen genügen. Unternehmungen mit offensiver Umweltschutzpolitik gehen daher dazu über, auch diese Phasen des ökologischen Produktlebenszyklus zu berücksichtigen. Die Produktgestaltung erfordert dann eine verstärkte Verzahnung mit

Planungsüberlegungen des Produktions-, Logistik- und Entsorgungsmanagements. Das Marketinginstrument „Produktgestaltung" ist somit Bestandteil einer umfassenden Produktpolitik.

Die vielfältigen Maßnahmen zur Produktgestaltung dienen der Positionierung des Produktes und verfolgen häufig eine umweltfreundliche Qualitätsführerschaftsstrategie. Zu bedenken ist dabei jedoch, dass die Umweltfreundlichkeit der Produkte und Verpackungen zur Verschlechterung anderer Qualitätseigenschaften führen kann. (Als Beispiel hierfür diente jahrelang das Recyclingpapier, auch wenn schon früh konstatiert werden musste, dass die Qualitätsnachteile teilweise eher subjektiver denn objektiver Natur waren.) Zudem weisen umweltfreundliche Produkte oftmals höhere Herstellungskosten auf. Die Marketingplanung muss daher abwägen, ob die Wettbewerbsvorteile, die sich durch umweltfreundliche Produkte und die eventuell aufgebaute umweltfreundliche Produktpersönlichkeit ergeben, die beschriebenen Nachteile aufwiegen.

Neben der Produktgestaltung sind auch Serviceleistungen Bestandteil der anzubietenden Leistungen. Eine umweltorientierte *Serviceleistung* ist etwa die Beratung über die umweltfreundliche Nutzung der Produkte. Sie äußert sich in persönlichen Verkaufsgesprächen (im Handel), Ratschlägen in TV- und Hörfunkspots oder Verpackungsinformationen (Beispiel: Hinweise zur richtigen Dosierung von Waschmitteln). Zu den Serviceleistungen zählen überdies die Distributions- und Redistributionsleistungen, deren Planung eng mit dem Logistikmanagement verbunden ist und die oft durch Absatzmittler (v. a. Handelsbetriebe) übernommen werden. Ein Beispiel stellt etwa die Mitnahme einer alten Waschmaschine bei der Auslieferung einer neuen Waschmaschine dar. Neben dem Umweltbewusstsein spricht diese Maßnahme die Bequemlichkeit der Konsumenten an. Ist die Rücknahme der Altprodukte auf die Marke der Unternehmung beschränkt, fördert dies zudem die Markentreue.

14.3.2 Gestaltung erwarteter Gegenleistungen

Für die Hergabe ihrer Produkte sowie das Angebot an Serviceleistungen erwartet die Unternehmung eine Gegenleistung. Als Tauschobjekt am Point of Sale fungiert dabei in erster Linie ein vom Konsumenten zu entrichtender Geldbetrag. Die Höhe dieses Geldbetrags wird in vielen Fällen nicht originär vom Konsument bestimmt, sondern im Rahmen der Preisgestaltung, mehr oder minder starr, bereits vor der Anbahnung des Verkaufs von der Unternehmung vorgegeben. Neben der Festsetzung des

Geldbetrages spielen auch die genauen Zahlungsmodalitäten (Zeitpunkt, Preisnachlässe) eine Rolle.

Bei der *Preisgestaltung* umweltfreundlicher Produkte ist insbesondere relevant, ob die Konsumenten die Produkteigenschaft Umweltfreundlichkeit honorieren. Ist dies der Fall, kann die Unternehmung die umweltfreundlichen Produkte teurer anbieten als herkömmliche Produkte und somit auch die oftmals höheren Herstellungskosten auf die Konsumenten abwälzen. Dies ist allerdings dann nicht möglich, wenn die umweltfreundlichen Produkte bezüglich anderer Produkteigenschaften schlechter beurteilt werden und diese Qualitätsverschlechterung trotz gestiegener Umweltfreundlichkeit nur durch einen geringeren Preis kompensiert werden kann.

Da die Wichtigkeit der Produkteigenschaft Umweltfreundlichkeit bei verschiedenen Käufersegmenten zum Teil stark variiert, erscheint in den meisten Fällen eine differenzierte, segmentspezifische Preisgestaltung angeraten. Preis- und Produktgestaltung müssen dabei eng aufeinander abgestimmt sein. Nur wenn die Vertrauenseigenschaft Umweltfreundlichkeit für den Konsumenten glaubhaft vermittelt wird, ist er auch bereit, einen höheren Preis zu zahlen (oder über qualitative Schwächen des Produktes hinwegzusehen). Vermutet der Konsument hingegen eine bloße Preisdifferenzierung herkömmlicher Produkte ohne eine tatsächliche ökologische Produktmodifikation, so wird seine Zahlungsbereitschaft in erheblichem Maß geschmälert.

Die Ausrichtung der Preisgestaltung auf strategische Überlegungen äußert sich neben einer entsprechenden Marktbearbeitung auch in der Berücksichtigung zeitlicher und wettbewerbswirksamer Aspekte. Vor allem bei Produkten, die sich als Umweltschutzinnovationen kennzeichnen lassen, erleichtert ein niedriger Preis die zügige Markteinführung und eine schnelle Marktdurchdringung. Außerdem unterstützt er den Pionieranbieter dabei, einen möglichst großen Vorsprung auf der Kostenerfahrungskurve zu erlangen. Dadurch lassen sich zum Teil die erhöhten Herstellungskosten umweltfreundlicher Produkte gegenüber den herkömmlichen Produkten der Wettbewerber absenken.

Langfristig können niedrige Preise umweltfreundlicher Produkte jedoch nur dann beibehalten werden, wenn ihre Herstellungskosten gesenkt werden. Für eine Unternehmung, die neben den umweltfreundlichen Produkten auch noch andere Produkte vertreibt, besteht prinzipiell die Möglichkeit einer umweltorientierten Mischkalkulation, bei der den umweltfreundlichen Produkten ein möglichst geringer Anteil der Gemeinkosten zugerechnet wird. Dass hierdurch die Herstellung herkömmlicher Produkte verteuert wird, dürfte eine Unternehmung mit offensiver Umweltschutzpolitik zumindest solange hinnehmen, wie die verteuerten Produkte nicht das Kerngeschäft der Unternehmung betreffen und diese Maßnahme keine hohen Umsatzeinbußen erwarten lässt.

Neben dem Produktpreis können als umweltorientierte Marketinginstrumente auch andere erwartete Gegenleistungen eine Rolle spielen. Denkbar sind etwa *Rückgabeverpflichtungen*, die spiegelbildlich zur Rücknahmeverpflichtung der Hersteller die Konsumenten auffordern, die Produkte nach dem Konsum zur Verfügung zu stellen. Im Rahmen von (Öko-) Leasingverträgen ist dies bei institutionellen Käufern häufiger zu beobachten, wie das Beispiel von Kopiergeräten verdeutlicht. Die zeitlich vorausbestimmte Rücknahme geschieht auch, um die Aufarbeitung des Kopierers oder das Recycling bestimmter Bauteile besser planen zu können. Durch Rückgabeanreize, wie die Inzahlungnahme von Altgeräten, besteht überdies die Möglichkeit, die Kollektionslücke zu privaten Haushalten zu schließen. Der ökonomische Anreiz zum Neuproduktkauf wird dann mit dem ökologischen Anreiz zur Altproduktrückgabe verknüpft.

14.3.3 Marktkommunikation

Die bloße Gestaltung von Leistungen und Gegenleistungen reicht für eine erfolgreiche Gütertransaktion häufig nicht aus. Erst durch den geschickten Einsatz von Instrumenten der Marktkommunikation entfalten die in den vorherigen Abschnitten beschriebenen Instrumente ihre Wirkung.

So wird eine umweltfreundliche Produktgestaltung nur dann erfolgreich sein, wenn sie den Konsumenten auch bekannt wird. *Umweltorientierte Werbung* muss daher auf umweltfreundliche Produkte (und Herstellungsverfahren) aufmerksam machen. Sie ist darüber hinaus aber auch auf andere Zielgrößen ausgerichtet, die sich aus dem Kaufentscheidungsprozess bzw. der psychischen Prägung des Konsumenten ergeben (vgl. Abschnitt 14.1.2). So zielt sie neben der Bekanntheit der Produkteigenschaft Umweltfreundlichkeit auf ihre Glaubwürdigkeit und auf das umweltorientierte Interesse (d. h. die Wichtigkeit der Umweltfreundlichkeit im Kaufentscheidungsprozess) ab. Zur Steigerung der Glaubwürdigkeit bedienen sich Unternehmungen in ihrer Werbung dabei oft sachverständiger Organisationen oder objektiv erscheinender Personen, wie z. B. vertrauenswürdigen Verbrauchern oder sachkundigen Prominenten.

Außer produktgerichteter Werbung führen Unternehmungen auch umweltorientierte *Public Relations-Maßnahmen* (PR) durch, die die Unternehmung als umweltorientierten Problemlöser darstellen und dadurch ihre offensive Umweltschutzpolitik vermitteln. Außerdem sind sie immer dann angebracht, wenn umweltfreundliche Produkteigenschaften als Standard angesehen werden und die Markenwahl des Konsumenten eher von der beobachtbaren Umweltschutzpolitik der Unternehmung abhängt (z. B. bei Kraftstoffen oder Motorölen verschiedener Tankstellen).

Neben der Frage nach Produkt- oder Unternehmensbezug bei der Gestaltung der Werbung muss sich die Marketingplanung u. a. auch Gedanken über deren Tonalität machen, also darüber, ob die Werbung stärker sachlich oder emotional auszurichten ist. Abhängig ist diese Entscheidung davon, welcher Teil der psychischen Prägung durch die Werbebotschaft angesprochen werden soll. Soll eher die emotionale Komponente bei der Einstellungsbildung angesprochen werden, so erfordert dies eine emotionale Werbung (bei Printmedien: Einsatz von Bildern, große Schriften, emotional behaftete Schlagwörter). Sachlich gestaltete Werbung zielt dagegen auf die kognitive Disposition der Einstellung sowie das umweltorientierte Wissen der Konsumenten ab. Sie zeichnet sich durch Textelemente mit sachlicher, beschreibender Sprache aus.

Außer Werbung gibt es noch andere Formen der Marktkommunikation. Vor allem die *Produktmarkierung* kann dabei ebenfalls umweltorientiert ausgerichtet werden. Zur Produktmarkierung zählen die Namensgebung sowie firmen- bzw. produktspezifische Logos. Die Gestaltung beider Instrumente muss langfristig angelegt sein, um die Wiedererkennung der Unternehmung oder des Produktes zu gewährleisten und ein mit dem Namen verbundenes Image aufzubauen. Ein umweltorientierter *Produktname* wird deshalb i. d. R. nur dann gewählt, wenn eine ausschließlich umweltorientierte Positionierung des Produktes angestrebt wird. Dann werden dem Produktnamen z. B. Vorsilben wie „Öko", „Recycling" oder „Bio" vorangestellt, durch die entsprechende Hinweise über Herstellungsweise und Verwertungsmöglichkeiten für den Konsumenten direkt offensichtlich gemacht werden sollen.

Manche dieser Vorsilben sind in der Produktart weit verbreitet. So findet man bei Druck- oder Kopierpapieren häufig die Vorsilbe „Recycling". Beispiele für eine produktartuntypische – und daher zur erfolgreichen Positionierung besonders geeignete – umweltorientierte Namensgebung sind der Öko-Lavamat (Waschmaschine) oder der Eco-Contact (Autoreifen).

Öko-Logos sind Zeichen, die vor allem auf der Produktverpackung angebracht sind und dem Konsumenten die Umweltfreundlichkeit eines Produktes plakativ vor Augen führen sollen. Neben firmenindividuellen Logos werden, insbesondere zur Steigerung der Glaubwürdigkeit, auch solche Logos eingesetzt, die von unabhängigen Institutionen vergeben werden (z. B. Blauer Engel, Bio-Siegel). Viele dürften allerdings wegen der Fülle verwendeter Öko-Logos und der oftmals unbekannten Vergabekriterien keine starke Wirkung erzielen.

Eine weitere, spezielle Form der Marktkommunikation bildet das *Ökosponsoring*. Als konkrete Sponsoringmaßnahmen eignen sich vor allem die Förderung von Umweltverbänden, die Bezuschussung bestimmter Umweltprojekte oder die Auslobung von Umweltpreisen. Neben der Imagewirkung beim Konsumenten können solche Maßnahmen auch den Aufbau einer umweltorientierten Unternehmenskultur positiv beeinflussen.

Es sei abschließend erwähnt, dass Konsumenten sowohl dem Ökosponsoring als auch den Öko-Logos, aber auch den anderen Kommunikationsmaßnahmen zum Teil starkes Misstrauen entgegenbringen. Nur eine langfristige Marktbearbeitung und eine glaubwürdige Vermittlung der umweltorientierten Aspekte können diesem Misstrauen entgegenwirken. Sollte eine Kommunikationsmaßnahme an Glaubwürdigkeit verlieren, weil z. B. nachgewiesen wird, dass die Umweltfreundlichkeit des Produktes objektiv nicht gegeben ist, so wird eine ehrliche Umweltorientierung für einen langen Zeitraum unmöglich. Eine Abstimmung der Marktkommunikation mit der übergeordneten unternehmensstrategischen Ausrichtung sowie den beiden anderen Instrumentgruppen ist schon deswegen unbedingt erforderlich.

14.4 Weiterführende Literatur

Als Pionier- und Standardwerk zum umweltorientierten Marketing gilt auch heute noch das bereits 1992 in der ersten Auflage erschienene Werk von Meffert/Kirchgeorg (1998) über „marktorientiertes Umweltmanagement". Es behandelt nahezu alle hier dargestellten Aspekte der Ziel-, Strategie- und Instrumentplanung und konkretisiert dadurch ein marktorientiertes strategisches Umweltmanagementkonzept.

Eine Gegenüberstellung dieses Konzepts mit fünf weiteren Ansätzen des Öko-Marketings findet sich bei Belz (2001), der gleichzeitig ein eigenes integratives Konzept entwickelt, das mit dem transformativen Öko-Marketing auch eine Veränderung der politischen und öffentlichen Rahmenbedingungen anstrebt.

Neuere Arbeiten, wie die Monographie von Balderjahn (2004), die Beiträge in den Sammelbänden von Belz/Bilharz (2005) und Schrader/Hansen (2001) sowie in den Heften 2/2001 und 4/2002 der Zeitschrift *UmweltWirtschaftsForum*, geben nicht nur Einblicke in verschiedene Produktbereiche, sondern erweitern das umweltorientierte Marketing explizit zum Nachhaltigkeits-Marketing. Neben die ökologische Dimension tritt dabei vor allem die soziale Dimension, die sich z. B. beim *Fair Trade*-Gedanken im Handel mit Lebensmitteln aus Entwicklungsländern offenbart.

Anhang

Die Zukunft der Menschheit: Balance oder Zerstörung

von Prof. Dr. Dr. Franz Josef Radermacher

Vorstand des Forschungsinstituts für anwendungsorientierte Wissensverarbeitung/n (FAW/n); zugleich Professor für Informatik, Universität Ulm; Präsident des Bundesverbandes für Wirtschaftsförderung und Außenwirtschaft (BWA), Berlin; Vizepräsident des Ökosozialen Forum Europa, Wien sowie Mitglied des Club of Rome; Korrespondenzadresse: FAW/n, Lise-Meitner-Str. 9, D-89081 Ulm, Tel. 0731-50 39 100, Fax 0731-50 39 111, E-Mail: radermacher@faw-neu-ulm.de, http://www.faw-neu-ulm.de

Der Text basiert auf einem Vortrag am 29.11.2006 im Heinz Nixdorf Museumsforum, Paderborn

Die Welt sieht sich spätestens seit der *Weltkonferenz von Rio 1992* vor der Herausforderung, eine nachhaltige Entwicklung bewusst zu gestalten. Das bedeutet insbesondere eine große Designaufgabe bezüglich der Wirtschaft, nämlich die Gestaltung eines nachhaltigkeitskonformen Wachstums bei gleichzeitiger Herbeiführung eines (welt-) sozialen Ausgleichs und den Erhalt der ökologischen Systeme. Die Chancen zur Erreichung dieses Ziels sind alles andere als gut. Wie im Folgenden beschrieben wird, ist das eine von drei prinzipiellen Zukunftsperspektiven für die Menschheit. Die anderen sind ein Kollaps oder eine Brasilianisierung, wahrscheinlich verbunden mit Terror und Bürgerkrieg. Der vorliegende Text skizziert die drei Optionen und gibt mit dem Global Marshall Plan Hinweise zu einem konkreten Programm, wie vielleicht Balance noch rechtzeitig entwickelt werden kann.

A.1 Weltweite Problemlagen: Szenarien und deren Auswirkungen

Die Welt befindet sich zum Anfang des neuen Jahrhunderts in einer extrem schwierigen Situation. Als Folge der ökonomischen *Globalisierung* befindet sich das weltökonomische System in einem Prozess zunehmender Entfesselung und Entgrenzung unter teilweise inadäquaten weltweiten Rahmenbedingungen. Das korrespondiert zu dem eingetretenen Verlust des Primats der Politik, weil die politischen Kernstrukturen nach wie vor national oder, in einem gewissen Umfang, kontinental, aber nicht global sind. In diesem Globalisierungsprozess gehen die Entfaltung der neuen technischen Möglichkeiten zur Substitution menschlicher Arbeitskraft wie auch die zunehmende Integration von Teilen des Arbeitskräftepotenzials der ärmeren Länder in den Weltmarkt teilweise zu Lasten der Arbeitsplatzchancen der weniger qualifizierten Arbeitnehmer in den reichen Ländern, die sich deshalb zu Recht als Verlierer der Globalisierung wahrnehmen. Die beschriebenen Entwicklungen beinhalten zwar gewisse Chancen für Entwicklung, laufen aber gleichzeitig wegen fehlender internationaler Standards und Regulierungsmöglichkeiten und der daraus resultierenden Fehlorientierung des Weltmarktes dem Ziel einer nachhaltigen Entwicklung entgegen. Die Entwicklungen erfolgen zu Lasten des sozialen Ausgleichs, der Balance zwischen den Kulturen und der globalen ökologischen Stabilität.

Das rasche Wachsen der Weltbevölkerung in Richtung auf 10 Milliarden Menschen und das Hineinwachsen von Hunderten Millionen weiterer Menschen in ressourcenintensive Lebensstile verschärft die Situation. Es könnte deshalb in den nächsten Jahrzehnten trotz massiver Steigerung der Nahrungsmittelproduktion eng werden hinsichtlich der Ernährung der Weltbevölkerung. Um 2015 ist der Höhepunkt der Ölproduktion zu erwarten. Hier drohen erhebliche Problemlagen und Konflikte. Im Bereich der CO_2-Emissionen bewegen wir uns wahrscheinlich heute schon auf eine Klimakatastrophe zu. Mit Blick auf den aktuellen Bestseller „Kollaps: Warum Gesellschaften überleben oder untergehen" von Jared Diamond, der aufzeigt, welche Konstellationen in einer historischen Perspektive zum Zusammenbruch ganzer Gesellschaften geführt haben, deuten sich erhebliche Verwerfungen an. Der Ressourcendruck verschärft sich von mehreren Seiten und die (welt-) politische Situation ist nicht günstig, um mit diesem Thema adäquat umzugehen. Hinzu kommt, dass große Teile der Eliten, weltweit, eine Bewältigung dieser Herausforderungen bisher nicht als ihre zentrale Aufgabe ansehen.

Die Frage der Limitation des Verbrauchs nicht erneuerbarer Ressourcen und der Begrenzung der Umweltbelastungen in einer globalen Perspektive tritt vor dem beschriebenen Hintergrund in das Zentrum aller Versuche zur Erreichung zukunftsfähiger Lösungen. Denn der technische Fortschritt alleine, so sehr er die Umweltbelastungen pro produzierter Einheit zu senken vermag (Dematerialisierung, Erhöhung der Ökoeffizienz), führt aufgrund des sog. *Bumerang-Effekts* in der Summe zu eher mehr als zu geringeren Gesamtbelastungen der ökologischen Systeme. Mit jeder Frage nach Begrenzung, etwa der CO_2-Emissionen, stellt sich aber sofort die weltweite und bis heute unbeantwortete Verteilungsproblematik in voller Schärfe.

Dabei ist zwischen „großväterartigen" Aufteilungsansätzen, bei denen man sich im wesentlichen am Status Quo orientiert (und dadurch der armen Welt ein Aufschließen an das Niveau der Erzeugung von Umweltbelastungen der reichen Welt vorenthält) oder „pro Kopf gleichen Zuordnungen" von Verschmutzungsrechten und deren ökonomischer Handelbarkeit zu unterscheiden.

Richtet man den Blick auf das weltweite Geschehen und berücksichtigt die nächsten 50 Jahre, so resultieren aus der beschriebenen Gesamtkonstellation drei mögliche Zukünfte – im Sinne von Attraktoren komplexer (nichtlinearer) dynamischer Systeme –, die im Weiteren kurz diskutiert werden und von denen zwei extrem bedrohlich und nicht mit Nachhaltigkeit vereinbar sind. Die drei Fälle ergeben sich aus der Frage, ob die beiden großen weltethischen Postulate: (1) Schutz der Umwelt und angemessener Ressourcenverbrauch sowie (2) Beachtung der Würde aller Menschen erreicht werden. Gelingt (1) nicht, machen wir weiter wie bisher, kommt der Kollaps. Gelingt (1), ist die Frage „Wie?". Durch Macht zu Gunsten weniger, zu Lasten vieler, landen wir in der Brasilianisierung, nur im Fall von Konsens landen wir in einem Modell mit Perspektive, einer weltweiten öko-sozialen Marktwirtschaft.

A.1.1 Business as usual: Kollaps

Fährt man weiter entlang der bisherigen, im Wesentlichen an Freihandelsprinzipien orientierten Logik à la WTO (World Trade Organization), IWF (Internationaler Währungsfond) etc., dann befindet man sich in einem Szenario, das die ultimativen Grenzen der Naturbelastbarkeit nicht in das welt-ökonomische System integriert hat. Zugleich werden große Teile der Humanpotenziale auf diesem Globus nicht voll entwickelt. Damit werden viele Menschen und Kulturen in die Zweitklassigkeit gebracht bzw. dort

„eingemauert". Dieses System wird schon in 20 bis 30 Jahren gegen definitive Grenzen laufen und mit Kämpfen um Ressourcen verbunden sein, die exorbitante Kosten nach sich ziehen werden. Gewisse Rückfallpositionen vor Ort in der Grundversorgung (im Sinne einer Minimal-Autonomie) können überlebensrelevant werden, insbesondere Ernährung und Energie. Dieser Weg des Business as usual ist nicht nachhaltig und zukunftsfähig, weder global noch regional. Aus Sicht des Autors ist dieser Fall eher unwahrscheinlich (15 %).

A.1.2 Brasilianisierung: Öko-diktatorische (ressourcendiktatorische) Sicherheitsregime

Es steht zu erwarten, dass bei einem Zuspitzen der beschriebenen Krisenpotenziale der Norden entschieden für Lösungen zur Begrenzung der Ressourcennutzung und der weltweiten Umweltverschmutzungen aktiv werden wird. Dies kann im weltweiten Konsens oder durch Machteinsatz geschehen. Aus Sicht des Autors wird die Zukunft mit etwa 50 % Wahrscheinlichkeit in einem auf massivem Einsatz militärischer Macht beruhenden asymmetrischen Ansatz bestehen, der gemäß einer im Kern „großvaterartigen" Logik dem ärmeren Teil der Welt, in verdeckter oder gar offener Form, die Entwicklung erschwert.

Das öko- oder ressourcendiktatorische Muster ist massiv asymmetrisch, ungerecht und unfair, es erzeugt massiven Hass, Ablehnung und Terror. Die Auseinandersetzung führt zum Rückbau der Bürgerrechte in den entwickelten Ländern. Die Kosten für „Heimatschutz" wachsen gewaltig. Die internationale Kooperation wird beeinträchtigt. Die Staaten und Regionen des Nordens stehen dabei insgesamt auf der besseren Seite, aber das ist nur ein relativer Vorteil, kein absoluter. Die Auswirkungen eventueller weltweiter Konflikte können allerdings problematisch sein. Hier stellt sich dann die Frage einer Basis-Autonomie bzgl. der Grundversorgung in der Region als Verantwortung der Politik gegenüber den Menschen. Die relative Verarmung von 80 % der eigenen Bevölkerung kommt als Problemfeld hinzu, ebenso eventuelle Bürgerrechtsauseinandersetzungen in den heute reichen Ländern bei einem sich möglicherweise verschärfenden Kampf gegen den Terror bzw. gegen den (nachvollziehbaren) Widerstand gegen diese Art von Politik in den entwickelten Ländern.

A.1.3 Öko-soziale Marktwirtschaft

Als Ausweg erscheint der öko-soziale und im Kern ordoliberale Ansatz regulierter Märkte, wie er für Europa (soziale Marktwirtschaft) und die asiatischen Volkswirtschaften (Netzwerkökonomien) typisch ist. Dieses Modell wäre im Rahmen der Weltökonomie fortzuentwickeln. Einen aktuellen Ansatz stellt ein Global Marshall Plan dar, der Strukturbildung und Durchsetzung von Standards mit der Co-Finanzierung von Entwicklung verknüpft. Dies wird weiter unten beschrieben.

Die Europäische Union beweist in ihren Ausdehnungsprozessen permanent die Leistungsfähigkeit dieses Ansatzes, der sich im Regionalen in den letzten Jahren durchaus auch in den alten EU-Ländern, insbesondere auch Deutschland und Österreich, positiv ausgewirkt hat. International sei ebenso auch auf das erfolgreiche *Montrealer Protokoll* verwiesen, das nach derselben Logik vereinbart wurde.

Das europäische Modell ist in dieser Logik der wohl einzige Erfolg versprechende Ansatz für Friedensfähigkeit und eine nachhaltige Entwicklung. Er steht in scharfem Kontrast zu dem marktradikalen Modell der Entfesselung der Ökonomie (Turbokapitalismus) ohne die Durchsetzung einer Verantwortung für die Umwelt und das Soziale. Dabei ist zu beachten, dass es den Marktfundamentalisten gelungen ist, deren Position über manipulierte Bilder tief in den Gehirnen vieler Menschen zu verankern.

A.2 Aktuelle Probleme europäischer Politik: Die Bedeutung eines situativen Vorgehens (Doppelstrategie)

Der beschriebene Hintergrund einer globalen marktradikalen Entfesselung hat schwerwiegende Auswirkungen auf die Möglichkeiten von Politik in Europa. Die Sicherung der Wettbewerbsfähigkeit Europas unter den bestehenden weltweiten Rahmenbedingungen zwingt auch die Europäer immer stärker dazu, sich der Logik des marktradikalen, entfesselten Wirtschaftsmodells zu unterwerfen, auch weit über einen sicher ebenfalls erforderlichen, vernünftigen Umfang an Deregulierung hinaus. Das größte Problem besteht darin, dass globale Akteure unter dem Aspekt der Sicherung der Wettbewerbsfähigkeit auch bei uns nicht mehr adäquat besteuert werden können. Dies gilt übrigens auch für viele gut verdienende Steuerzahler. Anders betrachtet muss eingesetztes Eigenkapital mit überzogenen Renditen bedient werden, da dieses sonst an andere Standorte ausweicht. Steueroasen, Off-shore-Bankplätze und manche Sonderentwicklungszonen sind Teil des Problems.

Die Folgen dieser Prozesse sind in Europa zunehmend zu beobachten, und zwar in Form des Rückbaus der Sozialsysteme, Privatisierung von Gemeingütern, Rückbau im Gesundheitsbereich sowie ein Rückbau der breiten Ausbildung der gesamten Bevölkerung, die bisher noch auf das Ziel der vollen Entfaltung aller humanen Potenziale ausgerichtet ist. Hier geschickt gegenzuhalten ist ein wichtiges Anliegen für Europa im Allgemeinen und eine gedeihliche Regionalpolitik im Besonderen.

Situatives Handeln / Doppelstrategie

In der beschriebenen Situation ist ein situatives Handeln, eine Doppelstrategie à la Nato-Doppelbeschluss erforderlich. (Zu Beginn der 1980er Jahre beschloss die Nato, in Westeuropa eigene atomar bestückte Mittelstreckenraketen aufzustellen, falls die Sowjetunion nicht ihre Mittelstreckenraketen aus Osteuropa entfernte.) Ein solches Handeln besteht darin, einerseits gegenüber den Bürgern deutlich zu machen, wie aktuelle Globalisierungsprozesse sozialen Rückbau und zunehmende Unterlaufung ökologischer Standards zur Folge haben, und anderseits konsequent an besseren weltweiten Rahmenbedingungen zu arbeiten, um diese inakzeptable Situation baldmöglichst durch internationale Abkommen zu überwinden.

Ein Sofortprogramm für die Politik in Europa

Eine „intelligente doppelstrategische Verteidigungslinie" in Europa zur Bewältigung der aktuellen Probleme vor dem Hintergrund der Globalisierung ist aufgrund des Gesagten das Ziel. Dies erfordert:

- Anstrengungen für ein vernünftiges Design der globalen Ökonomie (Aktive Globalisierungsgestaltung). Zu denken ist hier an einen Global Marshall Plan zur Umsetzung der *Millenniumsziele* der Vereinten Nationen (bis 2015 und längerfristig die Erreichung einer weltweiten öko-sozialen Marktwirtschaft). Hierauf wird unten eingegangen.

- Organisation intelligenter Verteidigungsprozesse in Deutschland und Europa, solange ein vernünftiges weltweites Ordnungsregime noch nicht implementiert ist.

A.3 Was macht ein Land reich?

Vor dem Hintergrund des Gesagten nähern wir uns der zentralen Frage, wo die Quellen von monetärem Reichtum tatsächlich liegen. Wir fragen nach der Wohlfahrt von Ländern und den systemischen Voraussetzungen dafür.

Zusammenfassend können mit einem systemischen Ansatz acht wesentliche, zum Teil bereits genannte Elemente identifiziert werden, die von besonderer Bedeutung für den Reichtum eines Landes sind. Wohlstand ist demnach primär systemischer Natur und wird nicht hauptsächlich durch die Exzellenz einzelner „Wertschöpfer" generiert.

Dies ist in dem Sinne gemeint, dass ein massiver Einbruch bei jedem der nachfolgend genannten acht Punkte zur Folge hat, dass der Reichtum verloren geht, ungeachtet dessen, ob die anderen sieben Punkte erfüllt sind oder nicht, während in einer empirischen Betrachtung alle Länder, bei denen alle acht Punkte gleichzeitig gegeben sind, reich sind. Die acht Aspekte sind:

- *ein gut funktionierendes, leistungsfähiges Governance-System*: Hierzu gehören insbesondere auch die Rolle und Funktionsbeiträge der Regionen innerhalb der EU sowie das Subsidiaritätsprinzip.
- *exzellent ausgebildete und geeignet orientierte und motivierte Menschen*: Schlagworte wie Brain-drain-back, ein durchgängiges und durchlässiges Ausbildungssystem sind hier zu nennen.
- *hervorragende Infrastrukturen auf internationalem Niveau*: Infrastruktur ist dabei nicht nur im herkömmlichen Sinn zu verstehen, sondern beinhaltet auch technologische Infrastruktur zur innovationsorientierten Unternehmensentwicklung und Flächenbevorratung.
- *ein hervorragender Kapitalstock*, also Industrieanlagen, Maschinen, Rechner etc.
- *Zugriff auf benötigte Ressourcen im weitesten Sinne*, also zum einen Wasser, Nahrung, Energie, aber auch bestimmte Metalle, reine Chemikalien etc.
- *eine leistungsfähige Forschung und international konkurrenzfähige Innovationsprozesse*: Anziehungskraft als Standort im Sinne von „Unternehmer-/Managerimport", Ideenimport, Chancenklima (Nische)

- *ein leistungsfähiges Finanzsystem*, also stabiles Geld, Kreditmöglichkeiten, ein funktionierender Finanzmarkt etc.

- *eine enge Einbettung der Unternehmen und Menschen in weltweite Wertschöpfungsnetzwerke* (Internationalität der Ökonomie).

A.4   Ein Programm für einen neuen Anfang

Massive und wachsende Armut, Spannungen zwischen Kulturen und ein zunehmendes ökologisches Desaster erzwingen heute einen neuen Ansatz. Die Probleme, deren Zeuge wir sind, haben mit historischen Entwicklungen, mit unglücklichen Umständen, aber z. T. auch mit einem unfairen globalen Design zu tun. Die bestehenden institutionellen Asymmetrien, die Machtdifferenzen und die Unterschiede bzgl. des Zugriffs auf Ressourcen wurden in ein weltökonomisches Design übersetzt, das systematisch die Mächtigen bevorteilt und die Armen ausplündert. Hier sind Veränderungen des globalen institutionellen Designs in Richtung auf eine faire globale Governancestruktur nötig, die allen Menschen volle Partizipation ermöglicht.

Gleichzeitig ist auch eine Veränderung im Denken und in der Wahrnehmung erforderlich. Wir brauchen Entwicklung und Veränderungen in allen Ländern. Der Norden ist nicht einfach das Modell, dem man folgen muss. Nord und Süd könnten beide voneinander lernen, um gemeinsam einen Weg in die Zukunft zu finden, der nachhaltig ist. Ein gemeinsamer Lernprozess, der in einen fairen globalen Vertrag münden sollte, ist der richtige Weg in die Zukunft.

Ein *Global Marshall Plan* oder ein Planetarischer Vertrag, wie er im Folgenden beschrieben wird, ist eine Antwort auf diese Situation. Es ist dieses Design, das die Nöte aller Menschen auf diesem Globus adressiert, ein Konzept für eine „Welt in Balance".

Die Wertebasis für eine weltweite Balance

Das vorliegende Konzept für eine Welt in Balance ist das Konzept der Global Marshall Plan Initiative. Es gründet auf ethischen und moralischen Grundprinzipien, die

- im interreligiösen Bereich zwischen den Weltreligionen in Form eines „Weltethos"

- im weltpolitischen Bereich durch das InterActionCouncil ehemaliger Staats- und Regierungschefs in Form einer *Menschenpflichtenerklärung* – Declaration of Human Responsibilities – (www.interactioncouncil.org) und

- im zivilgesellschaftlichen Bereich in Form einer *Erdcharta* (http://www.earthcharter.org)

als Basis für das globale Zusammenleben formuliert werden. Das Konzept favorisiert Prinzipien der Gerechtigkeit und insbesondere die Goldene Regel der Reziprozität: „Was Du nicht willst, das man dir tut, das füg auch keinem andern zu." Oder positiv: „Was du willst, das man dir tut, das tue auch den anderen!" Im Sinne der oben vertretenen weltethischen Ausrichtung resultiert die Notwendigkeit einer ökologischen und sozio-kulturellen Ausrichtung jedes verantwortlichen und ethisch tragfähigen Handelns auf dem Globus.

Das Konzept für eine Welt in Balance besteht aus fünf fest miteinander verknüpften Kernzielen als strategischen Eckpfeilern:

(1) *Rasche Verwirklichung der weltweit vereinbarten Millenniumsentwicklungsziele der Vereinten Nationen* als Zwischenschritt zu einer gerechten Weltordnung und zu nachhaltiger Entwicklung

(2) *Aufbringung von durchschnittlich 100 Mrd. US-$ pro Jahr zusätzlich im Zeitraum 2008-2015* für Entwicklungszusammenarbeit. Dies ist im Vergleich zum Niveau der Entwicklungsförderung und Kaufkraft 2004 zu sehen. Zusätzliche Mittel in mindestens dieser Höhe sind zur Verwirklichung der Millenniumsentwicklungsziele und damit unmittelbar zusammenhängender Weltgemeinwohlanliegen erforderlich und ausschließlich für diesen Zweck einzusetzen.

(3) *Faire Mechanismen zur Aufbringung der benötigten Mittel.* Die Global Marshall Plan Initiative unterstützt das angestrebte 0,7 %-Finanzierungsniveau für Entwicklungszusammenarbeit auf Basis nationaler Budgets. Doch selbst bei optimistischer Annahme werden in den nächsten Jahren erhebliche Volumina im Verhältnis zu dem für die Erreichung der Millenniumsentwicklungsziele erforderlichen Mittelbedarf fehlen. Deshalb und aus ordnungspolitischen Gründen soll ein wesentlicher Teil der Mittel zur Verwirklichung der Millenniumsziele *über Abgaben auf globale Transaktionen und den Verbrauch von Weltgemeingütern* aufgebracht werden.

(4) Schrittweise Realisierung einer *weltweiten öko-sozialen Marktwirtschaft* und Überwindung des globalen Marktfundamentalismus durch Etablierung eines *besseren Ordnungsrahmens der Weltwirtschaft*. Dies soll im Rahmen eines *fairen Weltvertrages* geschehen. Dazu gehören Reformen und eine Verknüpfung bestehender Regelwerke und Institutionen für Wirtschaft, Umwelt, Soziales und Kultur (z. B. in den Regelungsbereichen UN, WTO, IWF, Weltbank, ILO, UNDP, UNEP und UNESCO).

(5) Voraussetzung zur Erreichung eines vernünftigen Ordnungsrahmens sind eine *faire partnerschaftliche Zusammenarbeit auf allen Ebenen* und ein adäquater Mittelfluss. Die Förderung von Good Governance, die Bekämpfung von Korruption sowie koordinierte und basisorientierte Formen von Mittelverwendung werden als entscheidend für eine *selbstgesteuerte Entwicklung angesehen*.

Für die rasche Umsetzung der Millenniumsziele der Vereinten Nationen müssen im Zeitraum 2008-2015 mit Bezug auf das Niveau der Entwicklungsförderung und Kaufkraft des Jahres 2004 im Mittel 100 Milliarden USD ($) pro Jahr zusätzlich für Entwicklungsförderung aufgewendet werden, finanziert u. a. durch globale Abgaben. Dies sind etwa 70 Milliarden USD pro Jahr mehr als heute für diesen Zeitraum, vor allem durch die Europäische Union, bereits als zusätzliche Mittel zugesagt sind. Über die Verwirklichung der Millenniumsentwicklungsziele hinaus geht es in Form der Co-Finanzierung von Entwicklung in Verbindung mit einem geeigneten weltweiten institutionellen Design um die Realisierung einer weltweiten öko-sozialen Marktwirtschaft. Auf diesem Wege soll eine faire weltweite Partnerschaft verwirklicht werden. Integrativer Bestandteil des Konzepts sind die Förderung von Good Governance auf allen gesellschaftlichen Ebenen sowie koordinierte und kohärente Formen basisorientierter Umsetzung von Entwicklungszusammenarbeit.

Mit dem Global Marshall Plan liegt ein Konzept vor, wie eine Zukunft in Balance erreicht werden kann. Die zunehmende Unterstützung für diesen Ansatz gibt Hoffnung, aber der Weg, der vor uns liegt, ist noch lang.

A.5 Weiterführende Literatur

Lakoff (2004) veranschaulicht die „Gehirnmanipulation" in der politischen Debatte an Hand von Beispielen in den USA, in der bestimmte Begriffe mit positiven oder negativen „Vorurteilen" belegt werden, die eine objektive Auseinandersetzung über Inhalte erschweren.

Der Historiker Diamond (2005) erläutert an vielen Beispielen, wie in der Vergangenheit Zivilisationen selber die Grundlagen ihrer Existenz untergraben haben und deshalb untergegangen sind. (In einigen Fällen, wie beim Untergang der Kultur auf der Osterinsel, gibt es unter Wissenschaftlern allerdings auch konkurrierende Hypothesen.)

Millenniumsziele der Vereinten Nationen: www.un.org/millenniumgoals/

Informationen zum Global Marshall Plan: www.globalmarshallplan.org. Unter dieser Adresse können kostenlos der wöchentliche Newsletter der Global Marshall Plan Initiative abonniert sowie Bücher bestellt werden.

Weitere Literatur im Themenumfeld Global Marshall Plan und öko-soziale Marktwirtschaft:
Alt/Gollmann/Neudeck (2004); Jarass/Obermeier (2002, 2003); Kapitza (2005); Neirynck (1994); Radermacher (2002, 2004); Radermacher/Beyers (2007); Riegler/Radermacher (2004); Spiegel (2005); von Weizsäcker/ Young/Finger (2005); Wuppertal Institut für Umwelt, Klima, Energie (2005).

Weitere Informationen unter:

- www.bwa-deutschland.de
- www.faw-neu-ulm.de

Literaturverzeichnis

Ahn, H. (2003): Effektivitäts- und Effizienzsicherung – Controlling-Konzept und Balanced Scorecard, Frankfurt.

Ahn, H./Dyckhoff, H. (2003): Die strategische Lücke im betrieblichen Umweltschutz aus Sicht des Controllings, in: UmweltWirtschaftsForum, 11. Jg., Heft 2, S. 12-16.

Alt, F./Gollmann, R./Neudeck, R. (2004): Eine bessere Welt ist möglich – Ein Marshallplan für Arbeit, Entwicklung und Freiheit, München.

Antes, R. (1996): Präventiver Umweltschutz und seine Organisation in Unternehmen, Wiesbaden.

Antes, R./Hansjürgen, B./Letmathe, P. (2006): Emissions Trading and Business, Heidelberg.

Arbeitsgemeinschaft Energiebilanzen (2007): Auswertungstabellen zur Energiebilanz für die Bundesrepublik Deutschland 1990 bis 2005 – Berechnungen auf Basis des Wirkungsgradansatzes, Stand: Juni 2007, Berlin/Köln.

Balderjahn (2004): Nachhaltiges Marketing-Management – Möglichkeiten einer umwelt- und sozialverträglichen Unternehmenspolitik, Stuttgart.

Baumgärtner, S./Faber, M./Schiller, J. (2006): Joint Production and Responsibility in Ecological Economics, Cheltenham/Northampton.

Behrendt, S./Köplin, D./Kreibich, R./Rogall, H./Seidemann, T. (1996): Umweltgerechte Produktgestaltung – ECO Design in der elektronischen Industrie, Berlin.

Bellmann, K. (1990): Langlebige Gebrauchsgüter – Ökologische Optimierung der Nutzungsdauer, Wiesbaden.

Belz, F.-M. (2001): Integratives Öko-Marketing – Erfolgreiche Vermarktung von ökologischen Produkten und Leistungen, Wiesbaden.

Belz, F.-M./Bilharz, M. (2005): Nachhaltigkeits-Marketing in Theorie und Praxis, Wiesbaden.

Bennauer, U. (1994): Ökologieorientierte Produktentwicklung – Eine strategisch-technologische Betrachtung der betriebswirtschaftlichen Rahmenbedingungen, Heidelberg.

Breidenbach, R. (1999/2002): Umweltschutz in der betrieblichen Praxis – Erfolgsfaktoren zukunftsorientierten Umweltengagements, 1./2. Aufl., Wiesbaden.

Bruhn, M./Meffert, H. (2006): Umweltbewusstsein in der Bevölkerung der Bundesrepublik Deutschland – Empirische Ergebnisse einer Langzeitstudie, in: Die Unternehmung, 60. Jg., S. 7-26.

Bundesumweltministerium/Umweltbundesamt (BMU/UBA 2001): Handbuch Umweltcontrolling, 2. Aufl., München.

Burschel, C./Losen, D./Wiendl, A. (2004): Betriebswirtschaftslehre der Nachhaltigen Unternehmung, München/Wien.

Cansier, D. (1996): Umweltökonomie, 2. Aufl., Stuttgart.

Costanza, R./Cumberland, J./Daly, H./Goodland, R./Norgaard, R. (1997): An Introduction to Ecological Economics, Boca Raton.

Crane, A./Matten, D. (2007): Business Ethics, 2. Ed., Oxford.

Davis, G. (1990): Energy for Planet Earth, in: Scientific American, Vol. 263, Issue 3 (Sept.), pp. 55-62.

Diamond, J. (2005): Kollaps – Warum Gesellschaften überleben oder untergehen, Frankfurt.

Diekmann, A. (1996): Homo ÖKOnomicus – Anwendungen und Probleme der Theorie rationalen Handels im Umweltbereich, in: Diekmann, A./Jaeger, C.C. (Hrsg.): Umweltsoziologie, Opladen, S. 89-118.

Diekmann, A. (1998): Moral oder Ökonomie? – Zum Verhalten in Niedrigkostensituationen, in: Steinmann, H./Wagner, G.R. (Hrsg.): Umwelt und Wirtschaftsethik, Stuttgart, S. 233-247.

Dinkelbach, W./Rosenberg, O. (2004): Erfolgs- und umweltorientierte Produktionstheorie, 5. Aufl., Berlin u. a.

Dyckhoff, H. (1994): Betriebliche Produktion, 2. Aufl., Berlin u. a.

Dyckhoff, H. (1995): Umweltschutz – Ein Thema für die BWL?, in: Daecke, S.M. (Hrsg.): Ökonomie contra Ökologie?, Stuttgart/Weimar, S. 108-130.

Dyckhoff, H. (1996): Kuppelproduktion und Umwelt – Zur Bedeutung eines in der Ökonomik vernachlässigten Phänomens für die Kreislaufwirtschaft, in: Zeitschrift für angewandte Umweltforschung, 9. Jg., S. 173-187.

Dyckhoff, H. (1998): Umweltschutz – Gedanken zu einer allgemeinen Theorie umweltorientierter Unternehmensführung, in: Dyckhoff, H./Ahn, H. (Hrsg.): Produktentstehung, Controlling und Umweltschutz, Heidelberg, S. 61-94.

Dyckhoff, H. (2000): Umweltmanagement – Zehn Lektionen in umweltorientierter Unternehmensführung, Berlin u. a.

Dyckhoff, H./Ahn, H./Schwegler, R. (2003): Rollenkonflikte zwischen Umweltmanagern und Controllern – Fallbeispiele, Ursachenanalyse und Ansatzpunkte zur Konfliktauflösung, in: Schmidt, M./Schwegler, R. (Hrsg.): Umweltschutz und strategisches Handeln, Wiesbaden, S. 253-267.

Dyckhoff, H./Oenning, A./Rüdiger, C. (1997): Grundlagen des Stoffstrommanagement bei Kuppelproduktion, in: Zeitschrift für Betriebswirtschaft, 67. Jg., S. 1139-1165.

Dyckhoff, H./Souren, R. (1997): Der Einfluß von Umweltschutzvorgaben auf betriebliche Produktionsentscheidungen, in: Kaluza, B. (Hrsg.): Unternehmung und Umwelt, 2. Aufl., Hamburg, S. 77-104.

Dyllick, T./Belz, F.-M./Schneidewind, U. (1997): Ökologie und Wettbewerbsfähigkeit von Unternehmen, München/Zürich.

Dyllick, T./Hamschmidt, J. (2000): Wirksamkeit und Leistung von Umweltmanagementsystemen – Eine Untersuchung von ISO 14001-zertifizierten Unternehmen in der Schweiz, Zürich.

Endres, A. (2000): Umweltökonomie – Eine Einführung, 2. Aufl., Stuttgart u. a.

Engelfried, J. (2004): Nachhaltiges Umweltmanagement, München/Wien.

Enquete-Kommission „Schutz des Menschen und der Umwelt" (1994): Die Industriegesellschaft gestalten – Perspektiven für einen nachhaltigen Umgang mit Stoff- und Materialströmen, Bundestagsdrucksache 12/8260, Bonn.

Faber, M./Manstetten, P./Petersen, Th. (1997): Homo Oeconomicus and Homo Politicus – Political Economy, Constitutional Interest and Ecological Interest, in: Kyklos, Vol. 50, pp. 457-483.

Feess, E. (2004): Mikroökonomie – Eine spieltheoretische und anwendungsorientierte Einführung, 3. Aufl., Marburg.

Feess, E. (2007): Umweltökonomie und Umweltpolitik, 3. Aufl., München.

Franz, G./Herbert, W. (1987): Wertewandel und Mitarbeitermotivation, in: Harvard Manager, 9. Jg., Heft 9, S. 96-102.

Frei, M. (1999): Öko-effektive Produktentwicklung – Grundlagen, Innovationsprozess, Umsetzung, Wiesbaden.

Freimann, J. (1996): Betriebliche Umweltpolitik, Bern u. a.

Frenz, W. (2002): Kreislaufwirtschafts- und Abfallgesetz – Kommentar, Köln.

Fuad-Luke, A. (2006): Eco Design – The Sourcebook, San Francisco.

Gade, C. (2005): Ökologieorientierte Anreizgestaltung – Erklärung ökologieschonenden Arbeitsverhaltens und Gestaltung ökologieorientierter Anreizsysteme, München/Mering.

Gastl, R. (2005): Kontinuierliche Verbesserung im Umweltmanagement – Die KVP-Forderung der ISO 14001 in Theorie und Praxis, Zürich.

Glance, N.S./Huberman, B.A. (1994): Das Schmarotzer-Dilemma, in: Spektrum der Wissenschaft, Heft 5 (Mai), S. 36-41.

Gore, A. (1992): Wege zum Gleichgewicht – Ein Marshallplan für die Erde, Frankfurt.

Grimmel, E. (2006): Kreisläufe der Erde – Eine Einführung in die Geographie, 3. Aufl., Münster.

Gröner, S./Zapf, M. (1998): Unternehmen, Stakeholder und Umweltschutz, in: UmweltWirtschaftsForum, 6. Jg., Heft 1, S. 52–57.

Günther, E./Kaulich, S./Scheibe, L./Uhr, W./Heidsieck, C./Fröhlich, J. (2006): Leistung und Erfolg im betrieblichen Umweltmanagement – Die Software EPM-KOMPAS als Instrument für den industriellen Mittelstand zur Umweltleistungsmessung und Erfolgskontrolle, Köln.

Haasis, H.-D. (1996): Betriebliche Umweltökonomie, Berlin u. a.

Haasis, H.-D./Müller, W./Winter, G. (2000): Produktionsintegrierter Umweltschutz und Eigenverantwortung der Unternehmen, Frankfurt u. a.

Haasis, H.-D./Spengler, T. (2004): Produktion und Umwelt, Berlin u. a.

Haber, W. (1995): Ökosystem, in: Junkernheinrich, M./Klemmer, P./Wagner, G.R. (Hrsg.): Handbuch zur Umweltökonomie, Berlin, S. 193-198.

Homann, K./Blome-Drees, F. (1992): Wirtschafts- und Unternehmensethik, Göttingen.

Homann, K./Suchanek, A. (2005): Ökonomik – Eine Einführung, 2. Aufl., Tübingen.

Hopfenbeck, W. (1990): Umweltorientiertes Management und Marketing, Landsberg/Lech.

Hopfenbeck, W./Willig, M. (1995): Umweltorientiertes Personalmanagement – Umweltbildung, Motivation, Mitarbeiterkommunikation, Landsberg/Lech.

Hubbert, M. K. (1971): The energy resources of the earth; in: Scientific American, Vol. 225, Issue 3 (Sept.), pp. 60-70.

Institut der deutschen Wirtschaft (2004): Betriebliche Instrumente für nachhaltiges Wirtschaften, Köln.

ISO 14001: Umweltmanagementsysteme – Anforderungen mit Anleitung zur Anwendung, ISO 14001:2004.

ISO/TR 14062: Umweltmanagement – Integration von Umweltaspekten in Produktdesign und -entwicklung, Ausgabe 2002-11.

Jacobs, R. (1994): Organisation des Umweltschutzes in Industriebetrieben, Heidelberg.

Jarass, L./Obermaier, G.M. (2002): Wer soll das bezahlen?, Marburg.

Jarass, L./Obermaier, G.M. (2003): Geheimnisse der Unternehmenssteuern, Marburg.

Kapitza, S. (2005): Population Blow-up and after – Report to the Club of Rome and the Global Marshall Plan Initiative, Hamburg.

Kern, W. (1962): Die Messung industrieller Fertigungskapazitäten und ihrer Ausnutzung – Grundlagen und Verfahren, Köln/Opladen.

Kieser, A./Oechsler, W.A. (2004): Unternehmungspolitik, 2. Aufl., Stuttgart.

Kirchgeorg, M. (1999): Marktstrategisches Kreislaufmanagement – Ziele, Strategien und Strukturkonzepte, Wiesbaden.

Klingelhöfer, H.E. (2006): Finanzwirtschaftliche Bewertung von Umweltschutzinvestitionen, Wiesbaden.

Kraus, S. (1997): Distributionslogistik im Spannungsfeld zwischen Ökologie und Ökonomie, Nürnberg.

Kunig, P./Paetow, S./Versteyl, L.-A. (2003): Kreislaufwirtschafts- und Abfallgesetz (Krw/AbfG) – Kommentar, München.

Küpper, H.-U. (2006): Unternehmensethik – Hintergründe, Konzepte, Anwendungsbereiche, Stuttgart.

Lakoff, G. (2004): Don't Think of an Elephant! Know Your Values and Frame the Debate – The Essential Guide for Progressives. White River Junction/Vermont.

Lebreton, B. (2007): Strategic Closed Loop Supply Chain Management, Berlin u. a.

Letmathe, P. (1998): Umweltbezogene Kostenrechnung – Theoretische Grundlagen und praktische Konzepte, München.

Letmathe, P./Wagner, G.R. (2002): Umweltkostenrechnung, in: Küpper, H.-U./Wagenhofer, A. (Hrsg.): Handwörterbuch Unternehmensrechnung und Controlling, 4. Aufl., Stuttgart, Sp. 1988-1997.

Lohmann, D. (1999): Umweltpolitische Kooperationen zwischen Staat und Unternehmen aus Sicht der Neuen Institutionenökonomik, Marburg.

Matzel, M. (1994): Die Organisation des betrieblichen Umweltschutzes, Berlin.

Meadows, D./Meadows, D.L./Randers, J./Behrens, W.W. (1972): Die Grenzen des Wachstums – Bericht des Club of Rome zur Lage der Menschheit, München.

Meadows, D./Meadows, D.L./Randers, J. (2006): Grenzen des Wachstums – Das 30-Jahre-Update, Stuttgart.

Meffert, H./Kirchgeorg, M. (1992/1998): Marktorientiertes Umweltmanagement – Konzeption, Strategie, Implementierung mit Praxisfällen, 1./3. Aufl., Stuttgart.

Meyer, C. (2002): Lebenszyklusintegrierte Produkt- und Servicestrategien für langlebige Gebrauchsgüter, Frankfurt.

Michaelis, P. (1999): Betriebliches Umweltmanagement, Herne/Berlin.

Möller, A. (2000): Grundlagen stoffstrombasierter Betrieblicher Umweltinformationssystemen, Hamburg.

Müller, A. (2005): Die Reformlüge – 40 Denkfehler, Mythen und Legenden, mit denen Politik und Wirtschaft Deutschland ruinieren, München.

Müller-Christ, G. (2001): Umweltmanagement, München 2001.

Müller-Christ, G./Ehnert, I. (2006): Nachhaltigkeit und Personalmanagement, in: Göllinger, T. (Hrsg.): Bausteine einer nachhaltigkeitsorientierten Betriebswirtschaftslehre, Marburg, S. 373-390.

Neirynck, J. (1994): Der göttliche Ingenieur, Renningen.

Oenning, A. (1997): Theorie betrieblicher Kuppelproduktion, Heidelberg.

Petermann, J. (2006): Sichere Energie im 21. Jahrhundert, Hamburg.

Pfohl, H.-C./Hoffmann, A./Stölzle, W. (1992): Umweltschutz und Logistik – Eine Analyse der Wechselbeziehungen aus betriebswirtschaftlicher Sicht, in: Journal für Betriebswirtschaft, 42. Jg., S. 86-103.

Pfriem, R. (1995): Unternehmenspolitik in sozial-ökologischen Perspektiven, Marburg.

Pölzl, A. (2002): Umweltorientiertes Innovationsmanagement, Sternenfels.

Posch, A. (2006): Zwischenbetriebliche Rückstandsverwertung, Wiesbaden.

Poundstone, W. (1992): Prisoner's Dilemma, New York u. a.

Proft, N. (1996): Ökologieorientierte Personalentwicklung im (offensiven) Umweltmanagement, in: Malinsky, A.H. (Hrsg.): Betriebliche Umweltwirtschaft, Wiesbaden, S. 291-305.

Promberger, K./Kössler, W./Baumann, W. (2005): Betriebliche Umweltmanagementsysteme – Anforderungen, Umsetzungen, Erfahrungen, Wien.

Radermacher, F.J. (2002): Balance oder Zerstörung – Ökosoziale Marktwirtschaft als Schlüssel zu einer weltweiten nachhaltigen Entwicklung, Wien.

Radermacher, F.J. (2004): Global Marshall Plan/Ein Planetary Contract. Für eine weltweite Ökosoziale Marktwirtschaft, Wien.

Radermacher, F.J./Beyers, B. (2007): Welt mit Zukunft – Überleben im 21. Jahrhundert, Hamburg.

Remer, A./Sandholzer, U. (1992): Ökologisches Management und Personalarbeit, in: Steger, U. (Hrsg.): Handbuch des Umweltmanagements, München, S. 511-536.

Riegler, J./Radermacher, F.J. (2004): Global Marshall Plan – Balance the World with an Eco-Social Market Economy, Wien/Hamburg.

Riekhof, H.-C. (1989): Die Personalentwicklung strategisch ausrichten – Von der Problemlösung im Einzelfall zum strategischen Wettbewerb, in: Zeitschrift Führung und Organisation, 58. Jg., S. 293–300.

Ruckriegel, K. (2007): Quo vadis, Homo oeconomicus?, in: Das Wirtschaftsstudium, 36. Jg., S. 198-201.

Rüdiger, C. (2000): Betriebliches Stoffstrommanagement, Wiesbaden.

Rüegg-Stürm, J. (2002): Das neue St. Galler Management-Modell – Grundkategorien einer integrierten Managementlehre: der HSG-Ansatz, 2. Aufl., Bern/Stuttgart/Wien.

Schaltegger, S./Sturm, A. (2000): Ökologieorientierte Entscheidungen in Unternehmen, 3. Aufl., Bern.

Schmid, U. (1999): Perspektiven eines ökologisch nachhaltigen Managements, in: Bellmann, K. (Hrsg.): Betriebliches Umweltmanagement in Deutschland, Wiesbaden, S. 191-229.

Schmidt, M./Häuslein, A. (1997): Ökobilanzierung mit Computerunterstützung, Berlin/Heidelberg.

Schmidt, M./Schorb, A. (1995): Stoffstromanalysen in Ökobilanzen und Ökoaudits, Berlin u. a.

Schneider, D. (1993): Betriebswirtschaftslehre, Bd. 1: Grundlagen, München/Wien.

Schrader, U./Hansen, U. (2001): Nachhaltiger Konsum – Forschung und Praxis im Dialog, Frankfurt.

Schultmann, F. (2003): Stoffstrombasiertes Produktionsmanagement – Betriebswirtschaftliche Planung und Steuerung industrieller Kreislaufwirtschaftssysteme, Berlin.

Schwarz, E. (1994): Unternehmensnetzwerke im Recyclingbereich, Wiesbaden.

Schwegler, R./Schmidt, M. (2003): Lücken im Umweltmanagement – Forschungsansatz für ein rationales Umweltmanagement auf Basis der St. Galler Management-Lehre, in: Schmidt, M./Schwegler, R. (Hrsg.): Umweltschutz und strategisches Handeln, Wiesbaden, S. 25-90.

Seidel, E. (1990): Zur Organisation des betrieblichen Umweltschutzes, in: Zeitschrift Führung und Organisation, 59. Jg., S. 334-341.

Seip, K.L./Wenstop, F. (2006): A Primer on Environmental Decision-Making – An Integrative Quantitative Approach, Dordrecht.

Siegenthaler, C.P. (2006): Ökologische Rationalität durch Ökobilanzierung – Eine Bestandsaufnahme aus historischer, methodischer und praktischer Perspektive, Marburg.

Souren, R. (1996): Theorie betrieblicher Reduktion – Grundlagen, Modellierung und Optimierungsansätze stofflicher Entsorgungsprozesse, Heidelberg.

Souren, R. (2002): Konsumgüterverpackungen in der Kreislaufwirtschaft – Stoffströme, Transformationsprozesse, Transaktionsbeziehungen, Wiesbaden.

Souren, R. (2003): Ein Kreislaufmodell als Analyserahmen einer transformations- und transaktionsorientierten Umweltwirtschaft, in: Zabel, H.U. (Hrsg.): Theoretische Grundlagen und Ansätze einer Umweltwirtschaft, Halle, S. 95-112.

Souren, R. (2004): Betriebliche Logistik im Spannungsfeld zwischen Ökonomie und Ökologie, in: Arnold, D./Isermann, H./Kuhn, A./Tempelmeier, H. (Hrsg.): Springers Handbuch Logistik, 2. Aufl., Berlin u. a., S. D.4.1-D.4.11.

Souren, R./Dyckhoff, H./Ahn, H. (2002): Systematisierung vermeidungsorientierter Produktnutzungskonzepte, in: Zeitschrift für Betriebswirtschaft, 72. Jg., S. 359-382.

Spengler, T. (1998): Industrielles Stoffstrommanagement – Betriebswirtschaftliche Planung und Steuerung von Stoff- und Energieströmen in Produktionsunternehmen, Berlin.

Spiegel, P. (2005): Faktor Mensch – Ein humanes Weltwirtschaftswunder ist möglich, Ein Report an die Global Marshall Plan Initiative, Stuttgart.

Stahel, W.R. (1991): Langlebigkeit und Materialrecycling – Strategien zur Vermeidung von Abfällen im Bereich der Produkte, Essen.

Steinmann, H./Löhr, A. (1992): Grundlagen der Unternehmensethik, Stuttgart.

Steffenhagen, H. (2004): Marketing – Eine Einführung, 5. Aufl., Stuttgart u. a.

Sterr, T. (2003): Industrielle Stoffkreislaufwirtschaft im regionalen Kontext, Berlin u. a.

Strebel, H. (1980): Umwelt und Betriebswirtschaft, Berlin.

Strebel, H. (1981): Umweltwirkungen der Produktion, in: Zeitschrift für betriebswirtschaftliche Forschung, 33. Jg., S. 508-521.

Strebel, H./Schwarz, E. (1998): Kreislauforientierte Unternehmenskooperationen, München/Wien.

Terhart, K. (1986): Die Befolgung von Umweltschutzauflagen als betriebswirtschaftliches Entscheidungsproblem, Berlin/München.

Tischner, U./Schmincke, E./Rubik, F. (2000): Was ist EcoDesign?, Basel.

Ulrich, P. (2005): Zivilisierte Marktwirtschaft, 2. Aufl., Freiburg.

Umweltbundesamt (UBA 2004): Umweltdelikte 2004 – Eine Auswertung der Statistiken, Texte19/06, Dessau.

VDI-Richtlinie 2243: Recyclingorientierte Produktentwicklung.

Wagner, G.R. (1997): Betriebswirtschaftliche Umweltökonomie, Stuttgart.

Wagner, G.R./Matten, D. (1995): Betriebswirtschaftliche Konsequenzen des Kreislaufwirtschaftsgesetzes, in: Zeitschrift für angewandte Umweltforschung, 8. Jg., S. 45-57.

Ward, P.D. (2007): Tod aus der Tiefe; in: Spektrum der Wissenschaften, Heft 3 (März), S. 26-33.

WCED (1987): Report of the UN World Commission on Environment and Development: Our Common Future, UN General Assembly document A/42/427 (Brundtland-Report), Oxford/New York.

Weizsäcker, E.U. von/Young, O.R./Finger, M. (2005): Limits to Privatization – How to Avoid Too Much of a Good Thing, London.

Wicke, L./Haasis, H.-D./Schafhausen, F./Schulz, W. (1992): Betriebliche Umweltökonomie, München.

Wimmer, W./Züst, R./Lee, K.-M. (2005): Ecodesign Implementation – A Systematic Guidance on Integrating Environmental Considerations into Product Development, Berlin u. a.

Wuppertal Institut für Umwelt, Klima, Energie (2005): Fair Future – Begrenzte Ressourcen und globale Gerechtigkeit, München.

Stichwortverzeichnis

A

ABC-Analyse, ökologische 168
Abfall 87
Abfallbeseitigung 88
Abfallentsorgung 88
Abfallvermeidung 88
Abfallverwertung 88
Abgabe 78
Abwasserabgabe 78
Abwasserabgabengesetz 65
Anreizinstrumente 150
Anspruchsgruppen 123
Auflage 78

B

Barriere zwischen Umweltbewusstsein und Umweltverhalten
   - Gewohnheitsbarriere 23
   - Informationsbarriere 23
   - Qualitätsbarriere 23
Beseitigung 88
Betriebsbilanz 166
Bilanzauswertung 168
Bilanzsystem 165, 167
Biomasse 30
Brent Spar 109
Brundtland-Report 48
Bumerang-Effekt 51, 231

C

City-Logistik 209
Controlling
   - rationalitätsorientiertes 161
   - wirtschaftlichkeitsfokussiertes 161

D

Demontagehandbuch 193
Dilemma
   - Gefangenen- 63
   - soziales 66
Distribution 57
Duales System Deutschland 58

E

Ebene des Wirtschaftssystems
   - materielle 11
   - Informations- 11
   - Wert- 11
EcoDesign 194
Effizienz 51
Einheit, funktionale 167
Einstellung 21
EMAS 112
Emissionsfaktor 40
Emissionszertifikat 42, 79
Energie
   - Entstehung 30
   - Verbrauch 30
Energieeffizienzsteigerung 52
Energieträger, fossile 30
   - Potenzial 31
   - Reichweite 31
Entflechtung 53
Entropie 27
Entscheidungsprozess, unternehmensethischer 106
Entschleunigung 53
Entsorger 59

Entsorgung 88
 - Eigen- 201
 - Fremd- 201
Entstofflichung 52
Erdcharta 237
Erderwärmung 37
Erfahrungseigenschaft 217
Externe Kosten 64
Externer Effekt 64

F

Fair Trade 228
Funktionsorientierung, Prinzip der 52

G

Gefangenendilemma 63
Gemeinlastprinzip 75
Gerechtigkeit
 - intergenerationale 48
 - intragenerationale 48
Gewohnheitsbarriere 23
Globalisierung 230
Global Marshall Plan 236
Grenzen des Wachstums 5
Gut, öffentliches 65
Güterverkehrszentrum 209

H

Homo oeconomicus 24, 68
Hubbert-Peak 33

I

Induktion 57
Industriebetrieb 1
Industrielle Revolution 26
Informationsbarriere 23
Interaktion 11
International Dismantling Information System 193

International Material Data System 193
Interesse 21
ISO 14001 112

J

Just-in-time-Prinzip 209

K

Kenntnisse 21
Kennzahlen, ökologische 166
Kohlendioxid 36
Kollektion 57
Konsistenz 51
Konsument 54, 58
Konsumtion 57
Konstruktion, recyclinggerechte 192
Kooperation
 - soziale 68
 - umweltschutzpolitische 85
Kooperationsprinzip 52
Kreislaufmodell 55
Kreislaufprinzip 52
Kreislaufwirtschafts- und Abfallgesetz 87
Kuppelprodukt 196
Kuppelproduktion 196
 - flexible 198
 - starre 198
Kyoto-Protokoll 39

L

Lebensdauerausweitung 185
Leistungssystem 17
Life Cycle Assessment 167
Low-Cost-Hypothese 23
Low-Cost-Situation 69
LPNI-Schema 183

M

Managementebene
- normative 18, 93
- operative 18
- strategische 18
- taktische 18

Managementsystem 17
Marktwirtschaft, öko-soziale 71, 233
Massenkonzentration 78, 199
Massenstrom 78, 199
Massenverhältnis 78, 199
Materialkennzeichnung 193
Menschenpflichtenerklärung 237
Metabolismus, industrieller 51
Milleniumsziele 234
Mitarbeitermotivation 152
Mitarbeitertypen 152
Mitwelt 46
Montrealer Protokoll 43, 233

N

Nachhaltigkeit 48
- ökologische 49
- ökonomische 49
- soziale 49

Nutznießerprinzip 75
Nutzungsintervalloptimierung 185

O

Ökobilanzierung 167
Öko-Checkliste 163
Ökocontrolling 159
Öko-Logo 227
Ökosponsoring 227
Ökosteuer 65, 78
Ökosystem, natürliches 54
Ozonloch 43

P

Petri-Netz-Theorie 171
Photosynthese 29
Point of (Re-) Entry 59
Point of Return 59
Point of Sale 59
Prinzip staatlicher Umweltschutzpolitik
- Gemeinlast- 75
- Nutznießer- 75
- Verursacher- 75

Produkt(linien)bilanz 165
Produkteigenschaft
- Erfahrungseigenschaft 217
- Sucheigenschaft 217
- Vertrauenseigenschaft 217

Produktlebensdauer 185
Produktlebensweg, ökologischer 14
Produktnutzungsdauer 185
Produktion 57
Produktkonzept, kreislaufgerechtes 181
Produktnutzungskonzept 181
- kapazitätswirtschaftliches 186
- (produkt-) vermeidungsorientiertes 183

Produktverantwortung 89
Produzent 54

Q

Qualitätsbarriere 23

R

Rebound-Effekt 51
Recycling 27
Recyclingpass 193
Reduktion 57
Reduzent 54

Regenerationsrate 30
Rohstoff
 - Potenzial 31
 - Reichweite 31
 - Reserven 31
 - Ressourcen 32

S

Sachbilanzierung 167
Selbstverpflichtung, freiwillige 86
Soziales Dilemma 66
Staatsziel, Umweltschutz als 75
Stakeholder 123
Stauraumoptimierung 210
Stoff- und Energiebilanz 165
Stoffstromanalyse 171
Stoffstrommanagement 169
Stoffstromsystem 56, 165
Strafkosten 81
Strahlungsbilanz der Erde 28
Subventionen 78
Sucheigenschaft 217
Suffizienz 51
Supply Chain 57
Supply Chain Management 14
Sustainability (s. Nachhaltigkeit)
 - strong 50
 - weak 50

T

Tragedy of the Commons 65
Transaktion 11
Transformation 11
Treibhauseffekt 35
Trittbrettfahrer 66

U

Umberto 172
Umwelt 47

Umweltbasisstrategie
 - abwehrorientierte 118
 - outputorientierte 119
 - prozessorientierte 119
 - verwertungsorientierte 120
 - zyklusorientierte 121
Umweltbewusstsein 22
Umwelthaftungsgesetz 79, 103
Umweltkostenrechnung 176
Umweltmanagement
 - adaptives 161
 - offensives 161
Umweltmanagement, Ansatz des
 - managementorientierter 16
 - marketingorientierter 16
 - produktionswirtschaftlicher 16
 - sozial-ökologischer 17
Umweltmanagementsystem nach ISO 14001 113
Umweltschonung 48
Umweltschutz 45
 - additiver 119
 - direkter 117
 - indirekter 117
 - nachgeschalteter 117
 - präventiver 117
 - produktionsintegrierter 119
 - produkt- und serviceintegrierter 121
 - recyclingorientierter 120
Umweltschutzbeauftragter 136
Umweltschutzeinheit
 - dezentrale 138
 - zentrale 138
Umweltschutzpolitik, betriebliche
 - defensive 94
 - illegale 94
 - offensive 94
Umweltschutzpolitik, staatliche 74

Umweltschutzpolitische Instrumente des Staates
- flankierende 77
- marktwirtschaftliche 76
- ordnungsrechtliche 76
Umweltstraftaten 100
Unternehmensethik, Hauptsatz der 72
Unternehmensleitbild 95
Unternehmenskultur 93
Unternehmenspolitik 18, 93
- defensive 94
- illegale 94
- offensive 94
Unternehmensverfassung 93

V

Verantwortungsprinzip 51
Verhalten, umweltorientiertes 22
Verhaltensbereitschaft 21
Vermeidung 88
Vermeidungskosten 81
Verpackungsgestaltung 210
Versorger 58
Vertrauenseigenschaft 217
Verursacherprinzip 75
Verwaltungshandeln, informales 86
Verwertung 88
Verwertungsnetzwerk 52

W

Wasserpfennig 76
Wechselwirkungen zwischen Natur und Wirtschaftssystem 26
Weltethos 236
Weltkonferenz von Rio 229
Werkstoffkennzeichnung 193
Werthaltung 21
Wertvorstellung, autorisierte 93
Wirkungsabschätzung 168

Wirtschaftsethik, Hauptsatz der 72

Z

Zertifikat, Emissions- 42, 79
Zielhierarchie, abfallwirtschaftliche 88

GPSR Compliance

The European Union's (EU) General Product Safety Regulation (GPSR) is a set of rules that requires consumer products to be safe and our obligations to ensure this.

If you have any concerns about our products, you can contact us on

ProductSafety@springernature.com

In case Publisher is established outside the EU, the EU authorized representative is:

Springer Nature Customer Service Center GmbH
Europaplatz 3
69115 Heidelberg, Germany

www.ingramcontent.com/pod-product-compliance
Lightning Source LLC
Chambersburg PA
CBHW071501230426
43749CB00027B/662